普通高等教育"十一五"国家级规划教材

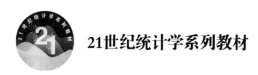

21世纪统计学系列教材

应用回归分析

（第5版）

何晓群　刘文卿　编著

Applied Regression Analysis

(Fifth Edition)

U0386133

中国人民大学出版社
·北京·

图书在版编目（CIP）数据

应用回归分析/何晓群，刘文卿编著. —5 版. —北京：中国人民大学出版社，2019.7
21 世纪统计学系列教材
ISBN 978-7-300-27051-7

Ⅰ.①应… Ⅱ.①何…②刘… Ⅲ.①回归分析-高等学校-教材 Ⅳ.①O212.1

中国版本图书馆 CIP 数据核字（2019）第 131134 号

普通高等教育"十一五"国家级规划教材
21 世纪统计学系列教材
应用回归分析（第 5 版）
何晓群　刘文卿　编著
Yingyong Huigui Fenxi

出版发行	中国人民大学出版社			
社　　址	北京中关村大街 31 号		**邮政编码**	100080
电　　话	010 - 62511242（总编室）			010 - 62511770（质管部）
	010 - 82501766（邮购部）			010 - 62514148（门市部）
	010 - 62515195（发行公司）			010 - 62515275（盗版举报）
网　　址	http://www.crup.com.cn			
经　　销	新华书店			
印　　刷	北京溢漾印刷有限公司		**版　次**	2001 年 6 月第 1 版
				2019 年 7 月第 5 版
开　　本	787 mm×1092 mm　1/16		**印　次**	2024 年 11 月第 13 次印刷
印　　张	18.25 插页 1		**定　价**	39.00 元
字　　数	426 000			

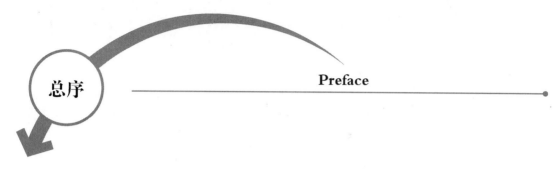

总序

Preface

教育是国之大计、党之大计。习近平总书记指出："'两个一百年'奋斗目标的实现、中华民族伟大复兴中国梦的实现，归根到底靠人才、靠教育。"

改革开放以来，高等统计教育有了很大的发展。作为培养我国统计专门人才的摇篮，中国人民大学统计学院自 1952 年创建以来，始终坚持理论与应用相结合的办学方向，着力培养能够理论联系实际、解决实际问题的高层次人才。为了更好地服务教学，中国人民大学统计学院组织并与统计学界同仁共同编写，于 2000 年首次出版了国内较早、成体系的一套丛书——21 世纪统计学系列教材。本系列教材，历经 20 余年的建设，适应统计教育的发展变化，不断修订完善，得到了社会的广泛认可，已成为全国统计学高等教育最有影响力的系列教材之一。系列教材中，既有"十一五"或"十二五"普通高等教育本科国家级规划教材，又有教育部高等学校统计学类专业教学指导委员会推荐用书。在 2021 年首届全国教材建设奖评选中，《统计学（第 7 版）》获评全国优秀教材（高等教育类）。

随着时代的发展和高等教育的变化，系列教材也要与时俱进，及时反映新时代的要求，为此，我们对系列教材不断改版更新。一方面，深入学习贯彻习近平新时代中国特色社会主义思想，紧扣立德树人的根本任务，密切结合中国实际，大量融入中国案例和数据，使学生进一步坚定中国特色社会主义道路自信、理论自信、制度自信、文化自信。另一方面，深刻把握统计学科的专业特点，面对大数据时代的新形势，突出统计理论方法与计算机实现技术的结合，强调方法与技术在实际领域中的应用，同时，精心打造配套的新形态和立体化教学资源，助力现代化教学实践。

感谢所有关注我们的同仁，他们本着对统计学科的热情和提高统计教育水平的愿望，帮助我们不断改进这套教材。感谢参与教材编写的同行专家、统计学院的教师。愿大家的辛勤劳动能够结出丰硕的果实。我们期待着与统计学界的同仁共同创造统计学科辉煌的明天。

王晓军

中国人民大学统计学院

前言

回归分析是统计学中一个非常重要的分支，在自然科学、管理科学和社会经济等领域有着非常广泛的应用。本书是针对统计学专业和财经管理类专业教学的需要而编写的。

本书写作的指导思想是在不失严谨的前提下，明显不同于纯数理类教材，努力突出实际案例的应用和统计思想的渗透，结合统计软件全面系统地介绍回归分析的实用方法，尽量结合中国社会经济、自然科学等领域的研究实例，把回归分析的方法与实际应用结合起来，注意定性分析与定量分析的紧密结合，努力把同行以及我们在实践中应用回归分析的经验和体会融入其中。

本书自 2001 年出版以来，得到了读者的广泛认可，第 5 版是继续作为普通高等教育"十一五"国家级规划教材出版的。在这期间，SPSS 社会科学统计软件包（Statistical Package for the Social Science）已经从 13.0 版本提高到 22.0 版本，使我们可以在第 5 版中为读者提供更多的实用方法。本书的案例主要运用目前在国内最流行的统计软件 SPSS 22.0 完成，部分内容用 Excel 和 R 软件完成，所讲述的方法都结合实例介绍软件的实施过程。几乎每章后面给出本章小结与评注和思考与练习题。本次再版更换了部分例题，修改了部分叙述，过去用 SAS 软件实现的运算改为用 R 软件实现。

全书共分 10 章。第 1 章对回归分析的研究内容和建模过程做出综述性介绍；第 2 章和第 3 章详细介绍了一元和多元线性回归的参数估计、显著性检验及其应用；第 4 章对违背回归模型基本假设的异方差、自相关和异常值等问题给出了诊断和处理方法，在这一章增加了 BOX-COX 变换；第 5 章介绍了回归变量选择与逐步回归方法；第 6 章就多重共线性的产生背景、诊断方法、处理方法等方面结合实际经济问题加以讨论；第 7 章介绍岭回归估计，它是解决共线性问题的一种非常实用的方法；第 8 章介绍了主成分回归与偏最小二乘；第 9 章介绍了可化为线性回归的曲线回归、多项式回归，以及不能线性化的非线性回归模型的计算；第 10 章分别介绍了自变量中含定性变量和因变量是定性变量的回归问题，以及因变量是多类别和有序变量的回归问题。

本书作为回归分析的应用教材，重点是结合 SPSS 软件使用回归分析中的各种方法，比较各种方法的适用条件，并正确解释分析结果。为了保持教材的完整性，对一些基本的公式和定理给出了推导和证明，对一些基本的理论性质也做了必要的说明。对统计学专业的本科生可以全面系统地讲述教材的内容；对非统计学专业的本科生应该舍弃其中理论性质的内容；对非统计学专业的研究生可以根据具体情况选择讲授其中的内容。根据我们的教学实践，本书讲授 48 课时较为合适。

本书在写作过程中得到了中国人民大学 21 世纪统计学系列教材编审委员会和中国人

民大学出版社的支持。编写大纲经过教材编写委员会的认真讨论，教材第一版得到张尧庭、吴喜之两位教授的认真审阅，他们提出了不少中肯的意见。本书的大部分案例是我们多年教学和科研工作的积累，部分案例为体现其典型性引用他人著作。在此谨向对本书出版提供帮助的师长和朋友表示衷心的感谢。

　　本书的完成是我们两位作者多年友好合作的结果，我们期望它的出版能为回归分析在中国的应用做出积极的贡献。由于水平所限，书中难免有不足之处，尤其是在一些应用研究的体会性讨论中，恐有偏颇之处，恳切希望读者批评指正。

何晓群　刘文卿

目 录
Contents

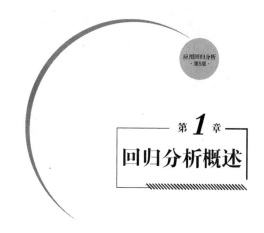

第 **1** 章
回归分析概述

为了在系统学习回归分析之前对该课程的思想方法、主要内容、发展现状等有个概括的了解,本章将由变量间的统计关系引申出社会经济与自然科学等现象中的相关与回归问题,并扼要介绍"回归"名称的由来、近代回归分析的发展、回归分析研究的主要内容,以及建立回归模型的步骤与建模过程中应注意的问题。

1.1 变量间的统计关系

社会经济与自然科学等现象之间的相互联系和制约是一个普遍规律。例如社会经济的发展总是与一定的经济变量的数量变化紧密联系的。社会经济现象不仅同和它有关的现象构成一个普遍联系的整体,而且在它的内部存在着许多彼此关联的因素,在一定的社会环境、地理条件、政府决策影响下,一些因素推动或制约另外一些与之联系的因素发生变化。这种状况表明,在经济现象的内部和外部联系中存在着一定的相关性,人们往往利用这种相关关系来制定有关的经济政策,以指导、控制社会经济活动的发展。要认识和掌握客观经济规律就必须探求经济现象间经济变量的变化规律,变量间的统计关系是经济变量变化规律的重要特征。

互有联系的经济现象及经济变量间关系的紧密程度各不一样。一种极端的情况是一个变量的变化能完全决定另一个变量的变化。例如,一家保险公司承保汽车 5 万辆,每辆保费收入为 1 000 元,则该保险公司汽车承保总收入为 5 000 万元。如果把承保总收入记为 y,承保汽车辆数记为 x,则 $y=1 000x$。x 与 y 两个变量间完全表现为一种确定性关系,即函数关系,如图 1-1 所示。

又如,银行的一年期存款利率为 2.55%,存入的本金用 x 表示,到期的本息用 y 表

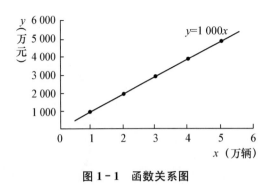

图 1-1 函数关系图

示，则 $y=x+2.55\%x$。这里 y 与 x 仍表现为一种线性函数关系。对于任意两个变量间的函数关系，可以表述为下面的数学形式

$$y=f(x)$$

再如，工业企业的原材料消耗总额用 y 表示，生产量用 x_1 表示，单位产量消耗用 x_2 表示，原材料价格用 x_3 表示，则

$$y=x_1x_2x_3$$

这里的 y 与 x_1，x_2，x_3 仍是一种确定性的函数关系，但显然不是线性函数关系。我们可以将变量 y 与 p 个变量 x_1，x_2，$\cdots$，x_p 之间存在的某种函数关系用下面的形式表示

$$y=f(x_1,x_2,\cdots,x_p)$$

经济问题中还有很多函数关系的例子。物理学中的自由落体距离公式、初等数学中的许多计算公式等表示的都是变量间的函数关系。

然而，现实世界中还有不少情况是两事物之间有着密切的联系，但它们密切的程度并没有达到由一个可以完全确定另一个。下面举几个例子。

（1）我们都知道某种高档消费品的销售量与城镇居民的收入密切相关，居民收入高，这种消费品的销售量就大。但是由居民收入 x 并不能完全确定某种高档消费品的销售量 y，因为这种高档消费品的销售量还受人们的消费习惯、心理因素、其他商品的吸引程度及价格的高低等诸多因素的影响。这样变量 y 与变量 x 就是一种非确定的关系，如图 1-2 所示。

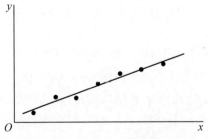

图 1-2 y 与 x 非确定性关系图

（2）粮食产量 y 与施肥量 x 之间有密切的关系，在一定的范围内，施肥量越多，粮食产量就越高。但是，施肥量并不能完全确定粮食产量，因为粮食产量还与其他因素有关，如降雨量、田间管理水平等。因此粮食产量 y 与施肥量 x 之间不存在确定的函数关系。

（3）储蓄额与居民的收入密切相关，但是由居民收入并不能完全确定储蓄额。因为影响储蓄额的因素很多，如通货膨胀、股票价格指数、利率、消费观念、投资意识等。因此尽管储蓄额与居民收入有密切的关系，但它们之间并不存在确定性关系。

再如广告费支出与商品销售额、保险利润与保费收入、工业产值与用电量等。这方面的例子不胜枚举。

以上变量间关系的一个共同特征是尽管密切，但却是非确定性关系。由于经济问题的复杂性，有许多因素因为我们的认识以及其他客观原因的局限，并没有包含在内，或者由于实验误差、测量误差以及其他种种偶然因素的影响，另外一个或一些变量的取值带有一定的随机性。因此当一个或一些变量取定值后，不能以确定值与之对应。

从图 1-1 可看到确定性的函数关系，各对应点完全落在一条直线上。而由图 1-2 可看到，各对应点并不完全落在一条直线上，即有的点在直线上，有的点在直线的两侧。这种对应点不能分布在一条直线上的变量间的关系，也就是变量 x 与 y 之间有一定的关系，但是又没有密切到可以通过 x 唯一确定 y 的程度，这种关系正是统计学中研究的重要内容。在推断统计中，我们把上述变量间具有密切关联而又不能由某一个或某一些变量唯一确定另外一个变量的关系称为变量间的统计关系或相关关系。这种统计关系的规律性是统计学中研究的主要对象，现代统计学中关于统计关系的研究已形成两个重要的分支，它们叫作回归分析和相关分析。

回归分析和相关分析都是研究变量间关系的统计学课题。在应用中，两种分析方法经常相互结合和渗透，但它们研究的侧重点和应用面不同。它们的差别主要有以下几点：一是在回归分析中，变量 y 称为因变量，处在被解释的特殊地位。在相关分析中，变量 y 与变量 x 处于平等的地位，即研究变量 y 与变量 x 的密切程度与研究变量 x 与变量 y 的密切程度是一回事。二是相关分析中涉及的变量 y 与 x 全是随机变量。而回归分析中，因变量 y 是随机变量，自变量 x 可以是随机变量，也可以是非随机的确定变量。在通常的回归模型中，我们总是假定 x 是非随机的确定变量。三是相关分析的研究主要是为了刻画两类变量间线性相关的密切程度。而回归分析不仅可以揭示变量 x 对变量 y 的影响大小，还可以由回归方程进行预测和控制。

由于回归分析与相关分析研究的侧重点不同，它们的研究方法也大不相同。回归分析已成为现代统计学中应用最广泛、研究最活跃的一个独立分支。

1.2 回归方程与回归名称的由来

回归分析是处理变量 x 与 y 之间的关系的一种统计方法和技术。这里所研究的变量之间的关系就是上述的统计关系，即当给定 x 的值，y 的值不能确定，只能通过一定的概率

分布来描述。于是，我们称给定 x 时 y 的条件数学期望

$$f(x)=E(y|x) \tag{1.1}$$

为随机变量 y 对 x 的回归函数，或称为随机变量 y 对 x 的均值回归函数。式（1.1）从平均意义上刻画了变量 x 与 y 之间的统计规律。

在实际问题中，我们把 x 称为自变量，y 称为因变量。如果要由 x 预测 y，就是要利用 x，y 的观察值，即样本观测值

$$(x_1,y_1),(x_2,y_2),\cdots,(x_n,y_n) \tag{1.2}$$

来建立一个函数，当给定 x 值后，代入此函数中算出一个 y 值，这个值就称为 y 的预测值。如何建立这个函数？这就要从样本观测值（x_i，y_i）出发，观察（x_i，y_i）在平面直角坐标系上的分布情况，图 1-2 就是居民收入与商品销售量的散点图。由该图可看出样本点基本上分布在一条直线的周围，因而要确定商品销售量 y 与居民收入 x 的关系，可考虑用一个线性函数来描述。图 1-2 中的直线即线性方程

$$E(y|x)=\alpha+\beta x \tag{1.3}$$

方程式（1.3）中的参数 α，β 尚不知道，这就需要由样本数据式（1.2）进行估计。具体如何估计参数 α，β，我们将在第 2 章中详细介绍。

当我们由样本数据式（1.2）估计出 α，β 的值后，以估计值 $\hat{\alpha}$，$\hat{\beta}$ 分别代替式（1.3）中的 α，β，得方程

$$\hat{y}=\hat{\alpha}+\hat{\beta}x \tag{1.4}$$

方程式（1.4）就称为回归方程。这里因为因变量 y 与自变量 x 呈线性关系，故称式（1.4）为 y 对 x 的线性回归方程。又因式（1.4）的建立依赖于观察或实验积累的数据式（1.2），所以又称式（1.4）为经验回归方程。相对这种叫法，我们把式（1.3）称为理论回归方程。理论回归方程是设想把所研究问题的总体中每一个体的（x，y）值都测量了，利用其全部结果而建立的回归方程，这在实际中是做不到的。理论回归方程中的 α 是方程式（1.3）所画出的直线在 y 轴上的截距，β 为直线的斜率，它们分别称为回归常数和回归系数。而方程式（1.4）中的参数 $\hat{\alpha}$，$\hat{\beta}$ 称为经验回归常数和经验回归系数。

回归分析的基本思想和方法以及"回归"（regression）的名称是由英国统计学家 F. 高尔顿（F. Galton，1822—1911）提出的。高尔顿和他的学生、现代统计学的奠基者之一 K. 皮尔逊（K. Pearson，1856—1936）在研究父母身高与其子女身高的遗传问题时，观察了 1 078 对夫妇，以每对夫妇的平均身高作为 x，而取他们的一个成年儿子的身高作为 y，将结果在平面直角坐标系上绘成散点图，发现趋势近乎一条直线。计算出的回归直线方程为：

$$\hat{y}=33.73+0.516x \tag{1.5}$$

这种趋势及回归方程总的表明父母平均身高 x 每增加一个单位，其成年儿子的身高 y 平均增加 0.516 个单位。这个结果表明，虽然高个子父辈的确有生高个子儿子的趋势，但父辈身高增加一个单位，儿子身高仅增加半个单位左右。反之，矮个子父辈的确有生矮个子儿

子的趋势，但父辈身高减少一个单位，儿子身高仅减少半个单位左右。通俗地说，一群特高个子父辈（例如排球运动员）的儿子们在同龄人中平均仅为高个子，一群高个子父辈的儿子们在同龄人中平均仅为略高个子，一群特矮个子父辈的儿子们在同龄人中平均仅为矮个子，一群矮个子父辈的儿子们在同龄人中平均仅为略矮个子，即子代的平均高度向中心回归了。正是子代的身高有回到同龄人平均身高的这种趋势，才使人类的身高在一定时间内相对稳定，没有出现父辈个子高其子女更高，父辈个子矮其子女更矮的两极分化现象。这个例子生动地说明了生物学中"种"的概念的稳定性。正是为了描述这种有趣的现象，高尔顿引进了"回归"这个名词来描述父辈身高 x 与子辈身高 y 的关系。尽管"回归"这个名称的由来具有其特定的含义，而在人们研究的大量问题中，其变量 x 与 y 之间的关系并不总是具有这种"回归"的含义，但仍借用这个名词把研究变量 x 与 y 间统计关系的量化方法称为"回归"分析，也算是对高尔顿这位伟大的统计学家的纪念。

1.3 回归分析的主要内容及其一般模型

一、回归分析研究的主要内容

回归分析研究的主要对象是客观事物变量间的统计关系，它是建立在对客观事物进行大量实验和观察的基础上，用来寻找隐藏在那些看上去是不确定的现象中的统计规律性的统计方法。回归分析方法是通过建立统计模型研究变量间相互关系的密切程度、结构状态及进行模型预测的一种有效的工具。

回归分析方法在生产实践中的广泛应用是其发展和完善的根本动力。如果从 19 世纪初（1809 年）高斯（Gauss）提出最小二乘法算起，回归分析的历史已有 200 多年。从经典的回归分析方法到近代的回归分析方法，它们所研究的内容已非常丰富。如果按研究的方法来划分，回归分析研究的范围大致如下：

```
回归分析
├─ 线性回归
│   ├─ 一元线性回归
│   ├─ 多元线性回归
│   └─ 多个因变量与多个自变量的回归
├─ 回归诊断
│   ├─ 讨论如何从数据推断回归模型基本假设的合理性
│   ├─ 当基本假设不成立时如何对数据进行修正
│   ├─ 判定回归方程拟合的效果
│   └─ 选择回归函数的形式
├─ 回归变量的选择
│   ├─ 自变量选择的准则
│   └─ 逐步回归分析方法
├─ 参数估计方法的改进
│   ├─ 岭回归
│   ├─ 主成分回归
│   └─ 偏最小二乘法
├─ 非线性回归
│   ├─ 一元非线性回归
│   ├─ 分段回归
│   └─ 多元非线性回归
└─ 含有定性变量的回归
    ├─ 自变量含定性变量的情况
    └─ 因变量是定性变量的情况
```

二、回归模型的一般形式

如果变量 x_1，x_2，$\cdots$，x_p 与随机变量 y 之间存在着相关关系，通常就意味着每当 x_1，x_2，$\cdots$，x_p 取定值后，y 便有相应的概率分布与之对应。随机变量 y 与相关变量 x_1，x_2，$\cdots$，x_p 之间的概率模型为：

$$y = f(x_1, x_2, \cdots, x_p) + \varepsilon \tag{1.6}$$

式中，随机变量 y 称为被解释变量（因变量）；x_1，x_2，$\cdots$，x_p 称为解释变量（自变量）。在计量经济学中，也称因变量为内生变量，自变量为外生变量。$f(x_1, x_2, \cdots, x_p)$ 为一般变量 x_1，x_2，$\cdots$，x_p 的确定性关系；ε 为随机误差。正是因为随机误差项 ε 的引入，才将变量之间的关系描述为一个随机方程，使得我们可以借助随机数学方法研究 y 与 x_1，x_2，$\cdots$，x_p 的关系。由于客观经济现象是错综复杂的，一种经济现象很难用有限个因素来准确说明，随机误差项可以概括表示由于人们的认识以及其他客观原因的局限而没有考虑的种种偶然因素。随机误差项主要包括下列因素的影响：

（1）由于人们认识的局限或时间、费用、数据质量等的制约未引入回归模型但又对回归被解释变量 y 有影响的因素。

（2）样本数据的采集过程中变量观测值的观测误差。

（3）理论模型设定的误差。

（4）其他随机因素。

模型式（1.6）清楚地表达了变量 x_1，x_2，$\cdots$，x_p 与随机变量 y 的相关关系，它由两部分组成：一部分是确定性函数关系，由回归函数 $f(x_1, x_2, \cdots, x_p)$ 给出；另一部分是随机误差项 ε。由此可见模型式（1.6）准确地表达了相关关系既有联系又不确定的特点。

当概率模型式（1.6）中回归函数为线性函数时，即有

$$y = \beta_0 + \beta_1 x_1 + \beta_2 x_2 + \cdots + \beta_p x_p + \varepsilon \tag{1.7}$$

式中，β_0，β_1，β_2，$\cdots$，β_p 为未知参数，常称为回归系数。线性回归模型的"线性"是针对未知参数 β_i（$i = 0, 1, 2, \cdots, p$）而言的。回归解释变量的线性是非本质的，因为解释变量是非线性的时，常可以通过变量的替换把它转化成线性的。

如果 $(x_{i1}, x_{i2}, \cdots, x_{ip}; y_i)(i = 1, 2, \cdots, n)$ 是式（1.7）中变量 $(x_1, x_2, \cdots, x_p; y)$ 的一组观测值，则线性回归模型可表示为：

$$y_i = \beta_0 + \beta_1 x_{i1} + \beta_2 x_{i2} + \cdots + \beta_p x_{ip} + \varepsilon_i, \quad i = 1, 2, \cdots, n \tag{1.8}$$

为了估计模型参数，古典线性回归模型通常应满足以下几个基本假设。

（1）解释变量 x_1，x_2，$\cdots$，x_p 是非随机变量，观测值 x_{i1}，x_{i2}，$\cdots$，x_{ip} 是常数。

（2）等方差及不相关的假定条件为：

$$\begin{cases} E(\varepsilon_i) = 0, & i = 1, 2, \cdots, n \\ \mathrm{cov}(\varepsilon_i, \varepsilon_j) = \begin{cases} \sigma^2, & i = j \\ 0, & i \neq j \end{cases} & i, j = 1, 2, \cdots, n \end{cases}$$

这个条件称为高斯-马尔柯夫（Gauss-Markov）条件，简称 G-M 条件。在此条件下，便可以得到关于回归系数的最小二乘估计及误差项方差 σ^2 估计的一些重要性质，如回归系数的最小二乘估计是回归系数的最小方差线性无偏估计等。

（3）正态分布的假定条件为：

$$\begin{cases} \varepsilon_i \sim N(0,\sigma^2), \quad i=1,2,\cdots,n \\ \varepsilon_1,\varepsilon_2,\cdots,\varepsilon_n \text{ 相互独立} \end{cases}$$

在此条件下便可得到关于回归系数的最小二乘估计及 σ^2 估计的进一步结果，如它们分别是回归系数及 σ^2 的最小方差无偏估计等，并且可以进行回归的显著性检验及区间估计。

（4）通常为了便于数学上的处理，还要求 $n>p$，即样本量的个数要多于解释变量的个数。

在整个回归分析中，线性回归的统计模型最为重要。一方面是因为线性回归的应用最广泛；另一方面是只有在回归模型为线性的假定下，才能得到比较深入和一般的结果。此外，许多非线性的回归模型可以通过适当的变换转化为线性回归问题处理。因此，线性回归模型的理论和应用是本书研究的重点。

对线性回归模型通常要研究的问题有：

（1）如何根据样本 $(x_{i1}, x_{i2}, \cdots, x_{ip}; y_i)(i=1, 2, \cdots, n)$ 求出 β_0, β_1, β_2, $\cdots$, β_p 及方差 σ^2 的估计。

（2）对回归方程及回归系数的种种假设进行检验。

（3）如何根据回归方程进行预测和控制，以及如何进行实际问题的结构分析。

1.4   建立实际问题回归模型的过程

在实际问题回归分析模型的建立和分析中有几个重要的阶段，为了给读者一个整体印象，我们以经济模型的建立为例，先用逻辑框图表示回归模型的建模过程（见图 1-3）。

下面按逻辑框图顺序叙述每个阶段要做的工作以及应注意的问题。

一、根据研究的目的设置指标变量

回归分析模型主要是揭示事物间相关变量的数量联系。首先要根据所研究问题的目的设置因变量 y，然后再选取与 y 有统计关系的一些变量作为自变量。

通常情况下，我们希望因变量与自变量之间具有因果关系。尤其是在研究某种经济活动或经济现象时，必须根据具体的经济现象的研究目的，利用经济学理论，从定性角度来确定某种经济问题中各因素之间的因果关系。当把某一经济变量作为"果"之后，接着更重要的是正确选择作为"因"的变量。在经济问题回归模型中，前者称为"内生变量"或

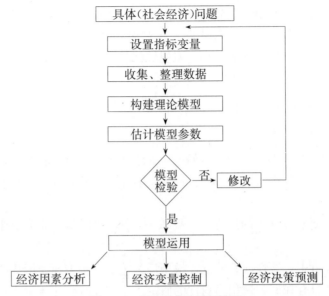

图 1-3　回归建模步骤流程图

"被解释变量"，后者称为"外生变量"或"解释变量"。正确选择变量的关键在于正确把握所研究的经济活动的经济学内涵。这就要求研究者对所研究的经济问题及其背景有足够的了解。例如，要研究中国通货膨胀问题，必须懂得一些金融理论。通常把全国零售物价总指数作为衡量通货膨胀程度的重要指标，那么，全国零售物价总指数作为被解释变量，影响全国零售物价总指数的有关因素就作为解释变量。

对一个具体的经济问题，当研究目的确定之后，被解释变量就容易确定下来，被解释变量一般直接表达研究的目的。而对被解释变量有影响的解释变量的确定就不太容易：一是由于我们的认识有限，可能并不知道对被解释变量有重要影响的因素。二是为了保证模型参数估计的有效性，设置的解释变量之间应该是不相关的，而我们很难确定哪些变量是相关的，哪些是不相关的，因为在经济问题中很难找到影响同一结果的相互独立的因素。这就看我们如何在多个变量中确定几个重要且不相关的变量。三是从经济关系角度考虑，非常重要的变量应该引进，但是在实际中并没有这样的统计数据。这一点，在我国建立经济模型时经常会遇到。这时，可以考虑用相近的变量代替，或者由其他几个指标复合成一个新的指标。

在选择变量时要注意与一些专门领域的专家合作。研究金融模型，就要与金融专家和具体业务人员合作；研究粮食生产问题，就要与农业部门的专家合作；研究医学问题，就要与医学专家密切合作。这样做可以帮助我们更好地确定模型变量。

另外，不要认为一个回归模型所涉及的解释变量越多越好。一个经济模型，如果把一些主要变量漏掉肯定会影响模型的应用效果，但如果影响细枝末节的变量一起进入模型也未必就好。当引入的变量太多时，可能选择了一些与问题无关的变量，还可能由于一些变量的相关性很强，它们所反映的信息有较大的重叠，从而出现共线性问题。当变量太多时，计算工作量太大，计算误差也大，估计出的模型参数精度自然不高。

总之，回归变量的确定是一个非常重要的问题，是建立回归模型最基本的工作。一般

并不能一次完全确定，通常要经过反复试算，最终找出最适合的一些变量。这在计算机和相关的统计软件的帮助下，已变得不太困难。

二、收集、整理统计数据

回归模型的建立基于回归变量的样本统计数据。当确定好回归模型的变量之后，就要对这些变量收集、整理统计数据。数据的收集是建立经济问题回归模型的重要一环，是一项基础性工作。样本数据的质量如何对回归模型的水平有至关重要的影响。

常用的样本数据分为时间序列数据和横截面数据。

顾名思义，时间序列数据就是按时间顺序排列的统计数据。如新中国建立以来历年的工农业总产值、国民收入、发电量、钢产量、粮食产量等都是每年有一个对应的数据，那么到 2010 年每种指标就有 60 个按时间顺序排列的数据，它们都是时间序列数据。研究宏观经济问题，这方面的时间序列数据来自国家统计局或专业部委的统计年鉴。如果研究微观经济现象，如研究某企业的产值与能耗，数据就要在这个企业的计划统计科获取。

对于收集到的时间序列资料，要特别注意数据的可比性和数据的统计口径问题。如历年的国民收入数据，是否按可比价格计算。中国在改革开放前，几十年物价不变，而从 20 世纪 80 年代初开始，物价几乎是直线上升。那么你所获得的数据是否具有可比性？这就要认真考虑。如在宏观经济研究中，国内生产总值（GDP）与国民生产总值（GNP）二者在内容上是一致的，但在计算口径上不同。国民生产总值按国民原则计算，反映一国常住居民当期在国内外所从事的生产活动；国内生产总值则以国土为计算原则，反映一国国土范围内所发生的生产活动量。对于没有可比性和统计口径不一致的统计数据要做认真调整，这个调整过程就是数据整理过程。

时间序列数据容易产生模型中随机误差项的序列相关，这是因为许多经济变量的前后期之间总是有关联的。如在建立需求模型时，人们的消费习惯、商品短缺程度等具有一定的延续性，它们对相当一段时间的需求量有影响，这样就产生随机误差项的序列相关。对于具有随机误差项序列相关的情况，就要通过对数据的某种计算整理来消除序列相关性。最常用的处理方法是差分法，我们将在后面的章节中详细介绍。

横截面数据即在同一时间截面上的统计数据。如同一年在不同地块上测得的施肥量与小麦产量实验的统计数据就是横截面数据。又如某一年的全国人口普查数据、工业普查数据、同一年份全国 35 个大中城市的物价指数等都是横截面数据。当用横截面数据作样本时，容易产生异方差性。这是因为一个回归模型往往涉及众多解释变量，如果其中某一因素或一些因素随着解释变量观测值的变化而对被解释变量产生不同影响，就产生异方差性。如在研究城镇居民收入与购买消费品的关系时，用 x_i 表示第 i 户的收入量，y_i 表示第 i 户的购买量，购买回归模型为：

$$y_i = \beta_0 + \beta_1 x_i + \varepsilon_i, \quad i = 1, 2, \cdots, n \tag{1.9}$$

在此模型中，随机项 ε_i 就具有不同的方差。因为在购买行为中，低收入的家庭购买行为的差异性比较小，大多购买生活必需品；高收入的家庭购买行为差异很大，高档消费很多，他们的选择余地很大，这样购买物品所花费用的差异就较大。因而，用随机获取的样

本数据来建立回归模型，它的随机项 ε_i 就具有异方差性。

对于具有异方差性的建模问题，数据整理就要注意消除异方差性，这常与模型参数估计方法结合起来考虑。我们将在后面的章节中详细介绍。

不论是时间序列数据还是横截面数据的收集，样本量的多少一般要与设置的解释变量数目相匹配。为了使模型的参数估计更有效，通常要求样本量 n 大于解释变量个数 p。当样本量的个数小于解释变量数目时，普通的最小二乘估计方法失效。n 与 p 到底应该有怎样一个比例？英国统计学家 M. 肯德尔（M. Kendall）在他的《多元分析》一书中指出，样本量 n 应是解释变量个数 p 的 10 倍。如果 p 较大，按肯德尔的说法，n 就应该很大，这在许多经济问题中是办不到的，尤其是受统计指标和统计口径变化的影响，统计数据不全是普遍现象。但由肯德尔的观点我们看到，样本量应比解释变量个数大一些才好，这告诉我们在收集数据时应尽可能多地收集一些样本数据。

统计数据的整理不仅要把一些变量数据进行折算、差分，甚至要把数据对数化、标准化等，有时还需注意剔除个别特别大或特别小的"野值"。在统计数据质量不高时，经常会碰到这种情况。当然，有时还需利用插值的方法把空缺的数据补齐。

三、确定理论回归模型的数学形式

在收集到所设置的变量的数据之后，就要确定适当的数学形式来描述这些变量之间的关系。绘制变量 y_i 与 $x_i (i=1, 2, \cdots, n)$ 的样本散点图是选择数学模型形式的重要一环。一般我们把 (x_i, y_i) 所对应的点在平面直角坐标系上画出来，看看散点图的分布状况。如果 n 个样本点大致分布在一条直线的周围，可考虑用线性回归模型去拟合这条直线，即选择线性回归模型。如果 n 个样本点的分布大致在一条指数曲线的周围，就可选择指数形式的理论回归模型去描述它。

经济回归模型的建立通常要依据经济理论和一些数理经济学结果。数理经济学中已对投资函数、生产函数、需求函数、消费函数给出了严格的定义，并把它们分别用公式表示出来。借用这些理论，我们在它们的公式中增加随机误差项，就可把问题转化为用随机数学工具处理的回归模型。如数理经济学中最有名的生产函数 C-D 生产函数是 20 世纪 30 年代初美国经济学家查尔斯·W. 柯布（Charles W. Cobb）和保罗·H. 道格拉斯（Paul H. Douglas）根据历史统计数据建立的，资本 K 和劳动 L 与产出被确切地表达为：

$$y = AK^{\alpha}L^{\beta} \tag{1.10}$$

式中，α，β 分别为 K 和 L 对产出 y 的弹性。C-D 生产函数指出了厂商行为的一种模式，在函数中变量之间的关系是准确实现的。但是由计量经济学的观点，变量之间的关系并不符合数理经济学所拟定的准确关系模式，而是有随机偏差的。因而给 C-D 生产函数增加一个随机项 U，将变量之间的关系描述为一个随机模型，然后用随机数学方法加以研究，以得出非确定的概率性结论，这更能反映出经济问题的特点。随机模型为：

$$y = AK^{\alpha}L^{\beta}U \tag{1.11}$$

或

$$\ln y = \ln A + \alpha \ln K + \beta \ln L + \ln U \tag{1.12}$$

式（1.11）是一个非线性的回归模型；式（1.12）是一个对数线性回归模型。我们在研究工业生产问题和农业生产问题时就可考虑用上述理论模型。

有时候，我们无法根据所获信息确定模型的形式，则可以采用不同的形式进行计算机模拟，从不同的模拟结果中选择较好的一个作为理论模型。

尽管模型中待估的未知参数要到参数估计、检验之后才能确定，但在很多情况下可以根据所研究的经济问题对未知参数的符号以及大小范围事先予以确定。如 C-D 生产函数式（1.11）中的待估参数 A，α，β 都应为正数。

四、估计模型参数

回归理论模型确定之后，利用收集、整理的样本数据对模型的未知参数做出估计是回归分析的重要内容。未知参数的估计方法中最常用的是普通最小二乘法，它是经典的估计方法。对于不满足模型基本假设的回归问题，人们给出了种种新方法，如岭回归、主成分回归、偏最小二乘估计等，但它们都以普通最小二乘法为基础，这些具体方法是我们后面一些章节研究的重点，并且这些参数估计方法都可以用 SPSS 软件实现。除了这些基本的参数估计方法，回归分析还有分位数参数估计、贝叶斯参数估计等目前流行的新的方法，由于这些新方法还没有收入 SPSS 软件中，本书也暂未包含。

五、模型检验与修改

在模型的未知参数估计出来后，就初步建立了一个回归模型。建立回归模型的目的是应用它来研究经济问题，但如果马上就用这个模型去做预测、控制和分析，显然是不够慎重的。因为这个模型是否真正揭示了被解释变量与解释变量之间的关系，必须通过对模型的检验才能确定。

对于回归模型，一般需要进行统计检验和模型经济意义的检验。

统计检验通常是对回归方程的显著性检验，以及回归系数的显著性检验，还有拟合优度的检验、随机误差项的序列相关检验、异方差性检验、解释变量的多重共线性检验等。这些内容都将在后边的章节中详细讨论。

在建立经济问题回归模型时，往往还会碰到回归模型通过了一系列统计检验，可就是得不到合理的经济解释的情形。例如，为评估中国 GDP 增长量，以耗电量、铁路运货量和银行贷款发放量这三种经济指标为自变量，从经济理论看，三个自变量和 GDP 之间都是正相关关系，回归模型中三个自变量的偏回归系数也应该都为正，但有时候由于样本容量的限制，或自变量间的多重共线性问题，数据质量问题，或者其他可能的问题，估计出的系数是负的。这时即使通过了一系列的统计检验，这个回归模型也没有意义，更谈不上进一步应用了。可见，回归方程经济意义的检验同样是非常重要的。

如果一个回归模型没有通过某种统计检验，或者通过了统计检验而没有合理的经济意义，就需要对其进行修改。模型的修改有时要从检查变量设置是否合理开始，是不是把某些重要的变量忘记了，回归模型的基本假设是否都满足，变量间是否具有很强的相关性，

样本量是不是太少，变量的统计口径是否有变化，理论模型是否合适。譬如人均可支配收入变量，2012 年及以前是分别开展城镇住户和农村住户调查，2013 年及以后采用的是城乡一体化调查，其中有一个统计口径的重要变化是，2013 年及以后计算城镇居民人均可支配收入时包括在城镇地区常住的农民工，而计算农村居民人均可支配收入时则不包括在城镇地区常住的农民工。又譬如某个问题本应用曲线方程去拟合，而我们误用直线方程去拟合，当然通不过检验。这就要重新构造理论模型。

模型的修改往往要反复几次，特别是建立一个实际经济问题的回归模型，要反复修正才能得到一个理想模型。

六、回归模型的运用

当一个经济问题的回归模型通过了各种统计检验，且模型具有合理的经济意义时，就可以运用这个模型来进一步研究经济问题了。

经济变量的因素分析是回归模型的一个重要应用。应用回归模型对经济变量之间的关系做出了度量，从模型的回归系数可发现经济变量的结构关系，给出政策评价的一些量化依据。

既然回归模型揭示经济变量间的因果关系，那么可以考虑给定被解释变量值来控制解释变量值。比如把某年的通货膨胀指标定为全国零售物价指数增长 5％以下，那么，根据通货膨胀的回归模型可以确定货币的发行量、银行的存款利率等。这就是对经济变量的一种控制。

进行经济预测是回归模型的另一个重要应用。比如我国 2019 年的国民收入是多少？通过建立国民经济的宏观经济模型就可以对未来做出预测。用回归模型进行经济预测在我国已有不少成功的例子。

在回归模型的运用中，我们还强调定性分析和定量分析的有机结合。这是因为数理统计方法只是从事物的数量表面去研究问题，不涉及事物质的规定性。单纯的表面上的数量关系是否反映事物的本质？其本质究竟如何？必须依靠专门学科的研究才能下定论。所以，在经济问题的研究中，我们不能仅凭样本数据估计的结果就不加分析地说长道短，必须把参数估计的结果和具体经济问题以及现实情况紧密结合，这样才能保证回归模型在经济问题研究中的正确运用。

1.5 回归分析应用与发展述评

从高斯提出最小二乘法算起，回归分析已有 200 多年的历史。回归分析的应用非常广泛，我们大概很难找到不用它的领域，这也正是 200 多年来其经久不衰、生命力强大的根本原因。

这里仅介绍回归分析在经济领域的广泛应用。我们知道计量经济学是现代经济学中影响最大的一门独立学科，诺贝尔经济学奖获得者萨缪尔森曾经说过，第二次世界大战后的经济学是计量经济学的时代。然而，计量经济学中的基本计量方法就是回归分析，计量经济学的一个重要理论支柱是回归分析理论。

自1969年设立诺贝尔经济学奖以来，已有近60位学者获奖，其中绝大部分获奖者是统计学家、计量经济学家、数学家。从大多数获奖者的论著看，他们对统计学及回归分析方法的应用都有娴熟的技巧，这足以说明统计学方法在现代经济研究中的重要作用。

矩阵理论和计算机技术的发展为回归分析模型在经济研究中的应用提供了极大的方便。国民经济是一个错综复杂的系统，一个宏观经济问题常常需要涉及几十个甚至几千个变量和方程，如果没有先进的计算机和求解线性方程组的矩阵计算理论，要研究复杂的经济问题是不可想象的。比如一个20阶的线性方程组要用克莱姆法则去求解，就需要10^{22}次乘法运算，这可是一个天文数字。然而，用矩阵变换的方法只需6 000次乘法运算。也正是由于计算方法的改进和现代计算机的发展，过去不可想象的事情变成了现实。计量经济学研究中涉及的变量和方程也越来越多，例如英国剑桥大学的多部门动态模型涉及多达2 759个方程、7 484个变量；由诺贝尔经济学奖获得者克莱因发起的国际连接系统，使用了7 447个方程和3 368个外生变量。

模型技术在经济问题研究中的应用在我国也盛行起来。自20世纪80年代初期以来，每年都有许多国家级和省部级鉴定的计量经济应用成果诞生。特别是在一些省级以上的重点经济课题和经济学学位论文中，如果没有模型技术的应用，给人的印象总是分量不足。这些足以说明模型技术的应用在我国备受重视。这里要强调说明的是，回归分析方法是模型技术中最基本的内容。

回归分析的理论和方法研究200多年来也得到不断发展，统计学中的许多重要方法都与回归分析有着密切的联系，如时间序列分析、判别分析、主成分分析、因子分析、典型相关分析等。这些都极大地丰富了统计学方法的宝库。

回归分析方法自身的完善和发展至今是统计学家研究的热点课题。例如自变量的选择、稳健回归、回归诊断、投影寻踪、分位回归、非参数回归模型等近年仍有大量研究文献出现。

在回归模型中，当自变量代表时间、因变量不独立并且构成平稳序列时，这种回归模型的研究就是统计学中的另一个重要分支——时间序列分析。它提供了一系列动态数据的处理方法，帮助人们科学地研究分析所获得的动态数据，从而建立描述动态数据的统计模型，以达到预测、控制的目的。

在前面的回归模型式（1.7）中，当因变量 y 和自变量 x 都是一维的，称它为一元回归模型；当 x 是多维的，y 是一维的，则它为多元回归模型；若 x 是多维的，y 也是多维的，则称它为多重回归模型。特别是当因变量观察矩阵 $\boldsymbol{Y}$ 的诸行向量假定是独立的，而列向量假定是相关的，就称为半相依回归方程系统。

对于满足基本假设的回归模型，它的理论已经成熟，但对于违背基本假设的回归模型的参数估计问题近年仍有较多研究。

在实际问题的研究应用中，人们发现经典的最小二乘估计的结果并不总是令人满意，统计学家从多方面进行努力，试图克服经典方法的不足。例如，为了克服设计矩阵的病态性，提出了以岭估计为代表的多种有偏估计。斯坦（Stein）于1955年证明了当维数 p 大于 2 时，正态均值向量最小二乘估计的不可容性，即能够找到另一个估计在某种意义上一致优于最小二乘估计。从此之后，人们提出了许多新的估计，其中主要有岭估计、压缩估计、主成分估计、Stein 估计，以及特征根估计。这些估计的共同点是有偏，即它们的均值并不等于待估参数，于是人们把这些估计称为有偏估计。当设计矩阵 X 呈病态时，这些估计都改进了最小二乘估计。

为了解决自变量个数较多的大型回归模型的自变量的选择问题，人们提出了许多关于回归自变量选择的准则和算法；为了克服最小二乘估计对异常值的敏感性，人们提出了各种稳健回归；为了研究模型假设条件的合理性及样本数据对统计推断影响的大小，产生了回归诊断；为了研究回归模型式（1.7）中未知参数非线性的问题，人们提出了许多非线性回归方法，这其中有利用数学规划理论提出的非线性回归参数估计方法、样条回归方法、微分几何方法等；为了分析和处理高维数据，特别是高维非正态数据，产生了投影寻踪回归、切片回归等。

近年来，新的研究方法不断出现，如非参数统计、自助法、刀切法、经验贝叶斯估计等方法都对回归分析起着渗透和促进作用。

由此看来，回归模型技术随着它自身的不断完善和发展以及应用领域的不断扩大，必将在统计学中占有更重要的位置，也必将为人类社会的发展发挥它独到的作用。

思考与练习

1.1　变量间统计关系和函数关系的区别是什么？

1.2　回归分析与相关分析的区别与联系是什么？

1.3　回归模型中随机误差项 ε 的意义是什么？

1.4　线性回归模型的基本假设是什么？

1.5　回归变量设置的理论根据是什么？在设置回归变量时应注意哪些问题？

1.6　收集、整理数据包括哪些内容？

1.7　构造回归理论模型的基本根据是什么？

1.8　为什么要对回归模型进行检验？

1.9　回归模型有哪几个方面的应用？

1.10　为什么强调运用回归分析研究经济问题要定性分析和定量分析相结合？

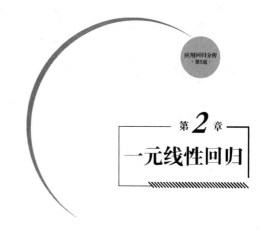

一元线性回归

一元线性回归是描述两个变量之间统计关系的最简单的回归模型。一元线性回归虽然简单，但通过一元线性回归模型的建立过程，我们可以了解回归分析方法的基本统计思想以及它在实际问题研究中的应用原理。本章将详细讨论一元线性回归的建模思想、最小二乘估计及其性质、回归方程的有关检验、预测和控制的理论及其应用。

2.1 一元线性回归模型

一、一元线性回归模型的实际背景

在实际问题的研究中，经常需要研究某一现象与影响它的某一最主要因素的关系。如影响粮食产量的因素非常多，但在众多因素中，施肥量是一个最重要的因素，我们往往需要研究施肥量这一因素与粮食产量之间的关系；在消费问题的研究中，影响消费的因素很多，但我们可以只研究国民收入与消费额之间的关系，因为国民收入是影响消费的最主要因素；保险公司在研究火灾损失的规律时，把火灾发生地与最近的消防站的距离作为最主要因素，研究火灾损失与火灾发生地和最近的消防站的距离之间的关系。

上述几个例子都是研究两个变量之间的关系，它们的一个共同点是：两个变量之间有着密切的关系，但它们之间密切的程度达不到由一个变量唯一确定另一个变量，即它们间的关系是一种非确定性的关系。那么它们之间到底有什么样的关系呢？这就是下面要进一步研究的问题。

通常我们首先要收集与所研究的问题有关的 n 组样本数据 (x_i, y_i) $(i=1, 2, \cdots, n)$。为了直观地发现样本数据的分布规律，我们把 (x_i, y_i) 看成平面直角坐标系中的点，画出这 n 个样本点的散点图。

例2.1

假定一保险公司希望确定居民住宅区火灾造成的损失数额与该住户到最近的消防站的距离之间的相关关系，以便准确地定出保险金额。表 2-1 列出了 15 起火灾事故的损失及火灾发生地与最近的消防站的距离。图 2-1 给出了 15 个样本点的分布状况。

表 2-1 　　　　　　　　　　　　　　火灾损失表

距消防站距离 x（km）	3.4	1.8	4.6	2.3	3.1	5.5	0.7	3.0
火灾损失 y（千元）①	26.2	17.8	31.3	23.1	27.5	36.0	14.1	22.3
距消防站距离 x（km）	2.6	4.3	2.1	1.1	6.1	4.8	3.8	
火灾损失 y（千元）	19.6	31.3	24.0	17.3	43.2	36.4	26.1	

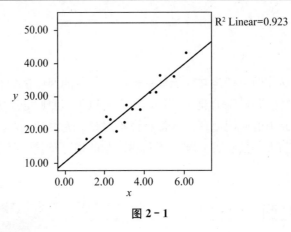

图 2-1

例2.2

在研究我国城镇人均支出和人均收入之间关系的问题中，把城镇家庭平均每人全年消费性支出记作 y（元），把城镇家庭平均每人可支配收入记作 x（元）。我们收集到 1990—2012 年 23 年的样本数据 (x_i, y_i)（$i=1, 2, \cdots, n$），数据见表 2-2，样本分布情况见图 2-2。

表 2-2 　　　　　　　　　　　　　　城镇人均收支表

年份	人均支出 y（元）	人均收入 x（元）	年份	人均支出 y（元）	人均收入 x（元）
1990	1 278.89	1 510.16	1994	2 851.3	3 496.2
1991	1 453.8	1 700.6	1995	3 537.57	4 282.95
1992	1 671.7	2 026.6	1996	3 919.5	4 838.9
1993	2 110.8	2 577.4	1997	4 185.6	5 160.3

---

① 本书中使用了一些不规范的单位如千、百万等。因原统计数据如此，书中所作回归分析亦使用了这些数据，无法更改，故保持原貌。

续前表

年份	人均支出 y（元）	人均收入 x（元）	年份	人均支出 y（元）	人均收入 x（元）
1998	4 331.6	5 425.1	2006	8 696.55	11 759.5
1999	4 615.9	5 854	2007	9 997.47	13 785.8
2000	4 998	6 279.98	2008	11 242.85	15 780.76
2001	5 309.01	6 859.6	2009	12 264.55	17 174.65
2002	6 029.92	7 702.8	2010	13 471.45	19 109.4
2003	6 510.94	8 472.2	2011	15 160.89	21 809.8
2004	7 182.1	9 421.6	2012	16 674.32	24 564.7
2005	7 942.88	10 493			

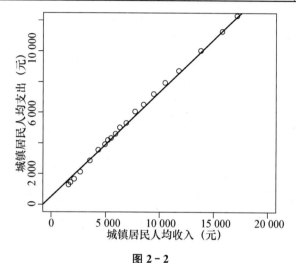

图 2-2

从图 2-1 和图 2-2 看到，上面两个例子的样本数据点（x_i，y_i）大致分别落在一条直线附近。这说明变量 x 与变量 y 之间具有明显的线性关系。从图上还可以看到，这些样本点又不都在一条直线上，这表明 x 与 y 的关系并没有确切到给定 x 就可以唯一确定 y 的程度。事实上，对 y 产生影响的因素还有许多，如上年收入、消费习惯、银行利率、物价指数等，它们对 y 的取值都有随机影响。每个样本点与直线的偏差就可看作其他随机因素的影响。

二、一元线性回归模型的数学形式

上面两个例子都是只考虑两个变量间的关系，描述上述 x 与 y 间线性关系的数学结构式可看作上章中回归模型式（1.7）的特例，即式（1.7）中 $p=1$ 的情况，亦即

$$y=\beta_0+\beta_1 x+\varepsilon \tag{2.1}$$

式（2.1）将实际问题中变量 y 与 x 之间的关系用两个部分描述：一部分是由于 x 的变化引起的 y 的线性变化，即 $\beta_0+\beta_1 x$；另一部分是由其他一切随机因素引起的，记为 ε。式（2.1）确切地表达了经济变量 x 与 y 之间密切相关，但并没有达到由 x 唯一确定 y 的程度。

式（2.1）称为变量 y 对 x 的一元线性理论回归模型。一般我们称 y 为被解释变量（因变量），x 为解释变量（自变量）。式中，β_0 和 β_1 是未知参数，称 β_0 为回归常数，

β_1 为回归系数；ε 表示其他随机因素的影响。在式（2.1）中一般假定 ε 是不可观测的随机误差，它是一个随机变量，通常假定 ε 满足

$$\begin{cases} E(\varepsilon)=0 \\ \mathrm{var}(\varepsilon)=\sigma^2 \end{cases} \tag{2.2}$$

式中，$E(\varepsilon)$ 表示 ε 的数学期望；$\mathrm{var}(\varepsilon)$ 表示 ε 的方差。对式（2.1）两端求条件期望，得

$$E(y\,|\,x)=\beta_0+\beta_1 x \tag{2.3}$$

称式（2.3）为回归方程。以下把条件期望 $E(y\,|\,x)$ 简记为 $E(y)$。

一般情况下，对我们所研究的某个实际问题，如果获得的 n 组样本观测值 (x_1, y_1)，(x_2, y_2)，$\cdots$，(x_n, y_n) 符合模型式（2.1），则

$$y_i=\beta_0+\beta_1 x_i+\varepsilon_i, \quad i=1,2,\cdots,n \tag{2.4}$$

由式（2.2），有

$$\begin{cases} E(\varepsilon_i)=0 \\ \mathrm{var}(\varepsilon_i)=\sigma^2 \end{cases} \quad i=1,2,\cdots,n \tag{2.5}$$

通常我们还假定 n 组数据是独立观测的，因而 y_1，y_2，$\cdots$，y_n 与 ε_1，ε_2，$\cdots$，ε_n 都是相互独立的随机变量。而 x_i（$i=1, 2, \cdots, n$）是确定性变量，其值是可以精确测量和控制的。我们称式（2.4）为一元线性样本回归模型。

式（2.1）的理论回归模型与式（2.4）的样本回归模型是等价的，因而我们常不加区分地将两者统称为一元线性回归模型。

对式（2.4）两边分别求数学期望和方差，得

$$E(y_i)=\beta_0+\beta_1 x_i, \quad \mathrm{var}(y_i)=\sigma^2, \quad i=1,2,\cdots,n \tag{2.6}$$

式（2.6）表明随机变量 y_1，y_2，$\cdots$，y_n 的期望不等，方差相等，因而 y_1，y_2，$\cdots$，y_n 是独立的随机变量，但并不是同分布的。而 ε_1，ε_2，$\cdots$，ε_n 是独立同分布的随机变量。

$E(y_i)=\beta_0+\beta_1 x_i$ 从平均意义上表达了变量 y 与 x 的统计规律性。关于这一点，在应用上非常重要，因为我们经常关心的是这个平均值。例如，在对消费 y 与收入 x 关系的研究中，我们所关心的正是当国民收入达到某个水平时，人均消费能达到多少；在小麦亩产 y 与施肥量 x 的关系中，我们所关心的也正是当施肥量 x 确定后，小麦的平均产量是多少。

回归分析的主要任务就是通过 n 组样本观测值 $(x_i, y_i)(i=1, 2, \cdots, n)$ 对 β_0，β_1 进行估计。一般用 $\hat{\beta}_0$，$\hat{\beta}_1$ 分别表示 β_0，β_1 的估计值，则称

$$\hat{y}=\hat{\beta}_0+\hat{\beta}_1 x \tag{2.7}$$

为 y 关于 x 的一元线性经验回归方程。

通常 $\hat{\beta}_0$ 表示经验回归直线在纵轴上的截距。如果模型范围里包括 $x=0$，则 $\hat{\beta}_0$ 是

$x=0$ 时 y 概率分布的均值；如果不包括 $x=0$，$\hat{\beta}_0$ 只是作为回归方程中的分开项，没有具体意义。$\hat{\beta}_1$ 表示经验回归直线的斜率，$\hat{\beta}_1$ 在实际应用中表示自变量 x 每增加一个单位时因变量 y 的平均增加数量。

在实际问题的研究中，为了方便地对参数做区间估计和假设检验，我们还假定模型式（2.1）中误差项 ε 服从正态分布，即

$$\varepsilon \sim N(0,\sigma^2) \tag{2.8}$$

由于 ε_1，ε_2，$\cdots$，ε_n 是 ε 的独立同分布的样本，因而有

$$\varepsilon_i \sim N(0,\sigma^2), \quad i=1,2,\cdots,n \tag{2.9}$$

在 ε_i 服从正态分布的假定下，进一步有随机变量 y_i 也服从正态分布

$$y_i \sim N(\beta_0+\beta_1 x_i,\sigma^2), \quad i=1,2,\cdots,n \tag{2.10}$$

为了在今后的讨论中充分利用矩阵这个处理线性关系的有力工具，这里将一元线性回归的一般形式式（2.1）用矩阵表示。令

$$\boldsymbol{y}=\begin{bmatrix} y_1 \\ y_2 \\ \vdots \\ y_n \end{bmatrix} \qquad \boldsymbol{x}=\begin{bmatrix} 1 & x_1 \\ 1 & x_2 \\ \vdots & \vdots \\ 1 & x_n \end{bmatrix}$$

$$\boldsymbol{\varepsilon}=\begin{bmatrix} \varepsilon_1 \\ \varepsilon_2 \\ \vdots \\ \varepsilon_n \end{bmatrix} \qquad \boldsymbol{\beta}=\begin{bmatrix} \beta_0 \\ \beta_1 \end{bmatrix} \tag{2.11}$$

于是模型式（2.1）表示为：

$$\begin{cases} \boldsymbol{y}=\boldsymbol{x}\boldsymbol{\beta}+\boldsymbol{\varepsilon} \\ E(\boldsymbol{\varepsilon})=\boldsymbol{0} \\ \mathrm{var}(\boldsymbol{\varepsilon})=\sigma^2 \mathbf{I}_n \end{cases} \tag{2.12}$$

式中，$\mathbf{I}_n$ 为 n 阶单位矩阵。

2.2　参数 $\boldsymbol{\beta}_0$，$\boldsymbol{\beta}_1$ 的估计

一、普通最小二乘估计

为了由样本数据得到回归参数 β_0 和 β_1 的理想估计值，我们将使用普通最小二乘估计（ordinary least square estimation，OLSE）。对每一个样本观测值（x_i，y_i），最小二

乘法考虑观测值 y_i 与其回归值 $E(y_i) = \beta_0 + \beta_1 x_i$ 的离差越小越好，综合考虑 n 个离差值，定义离差平方和为：

$$Q(\beta_0, \beta_1) = \sum_{i=1}^{n} [y_i - E(y_i)]^2$$
$$= \sum_{i=1}^{n} (y_i - \beta_0 - \beta_1 x_i)^2 \tag{2.13}$$

所谓最小二乘法，就是寻找参数 β_0，β_1 的估计值 $\hat{\beta}_0$，$\hat{\beta}_1$，使式（2.13）定义的离差平方和达到极小，即寻找 $\hat{\beta}_0$，$\hat{\beta}_1$，满足

$$Q(\hat{\beta}_0, \hat{\beta}_1) = \sum_{i=1}^{n} (y_i - \hat{\beta}_0 - \hat{\beta}_1 x_i)^2$$
$$= \min_{\beta_0, \beta_1} \sum_{i=1}^{n} (y_i - \beta_0 - \beta_1 x_i)^2 \tag{2.14}$$

依照式（2.14）求出的 $\hat{\beta}_0$，$\hat{\beta}_1$ 就称为回归参数 β_0，β_1 的最小二乘估计。称

$$\hat{y}_i = \hat{\beta}_0 + \hat{\beta}_1 x_i \tag{2.15}$$

为 y_i（$i = 1, 2, \cdots, n$）的回归拟合值，简称回归值或拟合值。称

$$e_i = y_i - \hat{y}_i \tag{2.16}$$

为 y_i（$i = 1, 2, \cdots, n$）的残差。

从几何关系上看，用一元线性回归方程拟合 n 个样本观测点 (x_i, y_i)（$i = 1, 2, \cdots, n$），就是要求回归直线 $\hat{y}_i = \hat{\beta}_0 + \hat{\beta}_1 x_i$ 位于这 n 个样本点中间，或者说这 n 个样本点最靠近这条回归直线。由图 2-3 可以直观地理解这种思想。

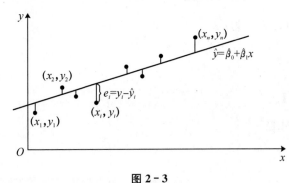

图 2-3

残差平方和

$$\sum_{i=1}^{n} e_i^2 = \sum_{i=1}^{n} (y_i - \hat{\beta}_0 - \hat{\beta}_1 x_i)^2 \tag{2.17}$$

从整体上刻画了 n 个样本观测点 (x_i, y_i)（$i = 1, 2, \cdots, n$）到回归直线 $\hat{y}_i = \hat{\beta}_0 + \hat{\beta}_1 x_i$ 距离的长短。

从式（2.14）中求出 $\hat{\beta}_0$ 和 $\hat{\beta}_1$ 是一个求极值问题。由于 Q 是关于 $\hat{\beta}_0$，$\hat{\beta}_1$ 的非负二次函数，因而它的最小值总是存在的。根据微积分中求极值的原理，$\hat{\beta}_0$，$\hat{\beta}_1$ 应满足下列方程组

$$\begin{cases} \dfrac{\partial Q}{\partial \beta_0}\bigg|_{\beta_0 = \hat{\beta}_0} = -2\sum_{i=1}^{n}(y_i - \hat{\beta}_0 - \hat{\beta}_1 x_i) = 0 \\ \dfrac{\partial Q}{\partial \beta_1}\bigg|_{\beta_1 = \hat{\beta}_1} = -2\sum_{i=1}^{n}(y_i - \hat{\beta}_0 - \hat{\beta}_1 x_i)x_i = 0 \end{cases} \tag{2.18}$$

经整理后，得正规方程组

$$\begin{cases} n\hat{\beta}_0 + \left(\sum_{i=1}^{n}x_i\right)\hat{\beta}_1 = \sum_{i=1}^{n}y_i \\ \left(\sum_{i=1}^{n}x_i\right)\hat{\beta}_0 + \left(\sum_{i=1}^{n}x_i^2\right)\hat{\beta}_1 = \sum_{i=1}^{n}x_i y_i \end{cases} \tag{2.19}$$

求解以上正规方程组得 β_0，β_1 的最小二乘估计为：

$$\begin{cases} \hat{\beta}_0 = \bar{y} - \hat{\beta}_1 \bar{x} \\ \hat{\beta}_1 = \dfrac{\sum\limits_{i=1}^{n}(x_i - \bar{x})(y_i - \bar{y})}{\sum\limits_{i=1}^{n}(x_i - \bar{x})^2} \end{cases} \tag{2.20}$$

式中

$$\bar{x} = \frac{1}{n}\sum_{i=1}^{n}x_i, \quad \bar{y} = \frac{1}{n}\sum_{i=1}^{n}y_i$$

记

$$L_{xx} = \sum_{i=1}^{n}(x_i - \bar{x})^2 = \sum_{i=1}^{n}x_i^2 - n(\bar{x})^2 \tag{2.21}$$

$$L_{xy} = \sum_{i=1}^{n}(x_i - \bar{x})(y_i - \bar{y}) = \sum_{i=1}^{n}x_i y_i - n\bar{x}\bar{y} \tag{2.22}$$

则式（2.20）可简写为：

$$\begin{cases} \hat{\beta}_0 = \bar{y} - \hat{\beta}_1 \bar{x} \\ \hat{\beta}_1 = L_{xy}/L_{xx} \end{cases} \tag{2.23}$$

易知，$\hat{\beta}_1$ 可以等价地表示为：

$$\hat{\beta}_1 = \frac{\sum\limits_{i=1}^{n}(x_i - \bar{x})y_i}{\sum\limits_{i=1}^{n}(x_i - \bar{x})^2} \tag{2.24}$$

或

$$\hat{\beta}_1 = \frac{\displaystyle\sum_{i=1}^{n} x_i y_i - n\bar{x}\bar{y}}{\displaystyle\sum_{i=1}^{n} x_i^2 - n(\bar{x})^2} \tag{2.25}$$

由 $\hat{\beta}_0 = \bar{y} - \hat{\beta}_1\bar{x}$ 可知

$$y = \hat{\beta}_0 + \hat{\beta}_1 x \tag{2.26}$$

可见回归直线 $\hat{y} = \hat{\beta}_0 + \hat{\beta}_1 x$ 是通过点 $(\bar{x}, \bar{y})$ 的，这对回归直线的作图很有帮助。从物理学的角度看，$(\bar{x}, \bar{y})$ 是 n 个样本值 (x_i, y_i) 的重心，也就是说，回归直线通过样本的重心。

利用上述公式就可以具体计算回归方程的参数。下面以例 2.1 的数据为例，建立火灾损失与距消防站距离之间的回归方程。根据表 2-1 的数据计算得

$$\bar{x} = \frac{49.2}{15} = 3.28, \quad \bar{y} = \frac{396.2}{15} = 26.413$$

$$\begin{aligned} L_{xx} &= \sum_{i=1}^{n} x_i^2 - n(\bar{x})^2 \\ &= 196.16 - 15 \times (3.28)^2 = 34.784 \end{aligned}$$

$$\begin{aligned} L_{xy} &= \sum_{i=1}^{n} x_i y_i - n\bar{x}\bar{y} \\ &= 1\,470.65 - 1\,299.536 = 171.114 \end{aligned}$$

代入式 (2.23) 得

$$\begin{cases} \hat{\beta}_0 = \bar{y} - \hat{\beta}_1\bar{x} = 26.413 - 4.919 \times 3.28 = 10.279 \\ \hat{\beta}_1 = L_{xy}/L_{xx} = 171.114/34.784 = 4.919 \end{cases}$$

于是回归方程为：

$$\hat{y} = 10.279 + 4.919x$$

由图 2-1 看出，回归直线与 15 个样本数据点都很接近，这从直观上说明回归直线对数据的拟合效果很好。

由式 (2.18) 可以得到由式 (2.16) 定义的残差的一个有用的性质

$$\begin{cases} \displaystyle\sum_{i=1}^{n} e_i = 0 \\ \displaystyle\sum_{i=1}^{n} x_i e_i = 0 \end{cases} \tag{2.27}$$

即残差的平均值为 0，残差以自变量 x 加权的平均值为 0。

我们要确定的回归直线就是使它与所有样本数据点都比较靠近，为了刻画这种靠近程

度，人们曾设想用绝对残差和即

$$\sum_{i=1}^{n} |e_i| = \sum_{i=1}^{n} |y_i - \hat{y}_i| \tag{2.28}$$

来度量观测值与回归直线的接近程度。显然，绝对残差和越小，回归直线就与所有数据点越近。然而，绝对残差和 $\sum |e_i|$ 在数学处理上比较麻烦，所以在经典的回归分析中，都用残差平方和式（2.17）来描述因变量观测值 y_i（$i=1$，2，$\cdots$，n）与回归直线的偏离程度。

二、最大似然估计

除了上述最小二乘估计外，最大似然估计（maximum likelihood estimation，MLE）也可以作为回归参数的估计方法。最大似然估计是利用总体的分布密度或概率分布的表达式及其样本所提供的信息求未知参数估计量的一种方法。

最大似然估计的直观想法可用下面的例子说明：设有一事件 A，已知其发生的概率 p 只可能是 0.01 或 0.1。若在一次实验中事件 A 就发生了，自然应当认为事件 A 发生的概率 p 是 0.1 而不是 0.01。把这种考虑问题的方法一般化，就得到最大似然准则。

当总体 X 为连续型分布时，设其分布密度族为 $\{f(x, \theta), \theta \in \Theta\}$，假设总体 X 的一个独立同分布的样本为 x_1，x_2，$\cdots$，x_n。其似然函数为：

$$L(\theta; x_1, x_2, \cdots, x_n) = \prod_{i=1}^{n} f(x_i; \theta) \tag{2.29}$$

最大似然估计应在一切 θ 中选取使随机样本（X_1，X_2，$\cdots$，X_n）落在点（x_1，x_2，$\cdots$，x_n）附近的概率最大的 $\hat{\theta}$ 为未知参数 θ 真值的估计值，即选取 $\hat{\theta}$ 满足

$$L(\hat{\theta}; x_1, x_2, \cdots, x_n) = \max_{\theta} L(\theta; x_1, x_2, \cdots, x_n) \tag{2.30}$$

对连续型随机变量，似然函数就是样本的联合分布密度函数；对离散型随机变量，似然函数就是样本的联合概率函数。似然函数的概念并不局限于独立同分布的样本，只要样本的联合密度形式是已知的，就可以应用最大似然估计。

对于一元线性回归模型参数的最大似然估计，如果已经得到样本观测值（x_i，y_i）（$i=1$，2，$\cdots$，n），其中，x_i 为非随机变量，y_1，y_2，$\cdots$，y_n 为随机样本，那么在假设 $\varepsilon_i \sim N(0, \sigma^2)$ 时，由式（2.10）知 y_i 服从如下正态分布

$$y_i \sim N(\beta_0 + \beta_1 x_i, \sigma^2) \tag{2.31}$$

y_i 的分布密度为：

$$f_i(y_i) = \frac{1}{\sqrt{2\pi}\sigma} \exp\left\{-\frac{1}{2\sigma^2}[y_i - (\beta_0 + \beta_1 x_i)]^2\right\}, \quad i=1,2,\cdots,n \tag{2.32}$$

于是 y_1，y_2，$\cdots$，y_n 的似然函数为：

$$L(\beta_0, \beta_1, \sigma^2) = \prod_{i=1}^{n} f_i(y_i)$$
$$= (2\pi\sigma^2)^{-\frac{n}{2}} \exp\left\{-\frac{1}{2\sigma^2} \sum_{i=1}^{n} [y_i - (\beta_0 + \beta_1 x_i)]^2\right\} \tag{2.33}$$

由于 L 的极大化与 $\ln(L)$ 的极大化是等价的，所以取对数似然函数为：

$$\ln(L) = -\frac{n}{2} \ln(2\pi\sigma^2) - \frac{1}{2\sigma^2} \sum_{i=1}^{n} [y_i - (\beta_0 + \beta_1 x_i)]^2 \tag{2.34}$$

求式（2.34）的极大值，等价于对 $\sum_{i=1}^{n} [y_i - (\beta_0 + \beta_1 x_i)]^2$ 求极小值，到此又与最小二乘原理完全相同。因而 $\hat{\beta}_0, \hat{\beta}_1$ 的最大似然估计就是式（2.20）的最小二乘估计。另外，由最大似然估计还可以得到 σ^2 的估计值为：

$$\hat{\sigma}^2 = \frac{1}{n} \sum_{i=1}^{n} (y_i - \hat{y}_i)^2$$
$$= \frac{1}{n} \sum_{i=1}^{n} [y_i - (\hat{\beta}_0 + \hat{\beta}_1 x_i)]^2 \tag{2.35}$$

这个估计量是 σ^2 的有偏估计。在实际应用中，常用无偏估计量

$$\hat{\sigma}^2 = \frac{1}{n-2} \sum_{i=1}^{n} (y_i - \hat{y}_i)^2$$
$$= \frac{1}{n-2} \sum_{i=1}^{n} [y_i - (\hat{\beta}_0 + \hat{\beta}_1 x_i)]^2 \tag{2.36}$$

作为 σ^2 的估计量。

在此需要注意的是，以上最大似然估计是在 $\varepsilon_i \sim N(0, \sigma^2)$ 的正态分布假设下求得的，而最小二乘估计则对分布假设没有要求。另外，$y_1, y_2, \cdots, y_n$ 是独立的正态分布样本，但并不是同分布的。期望值 $E(y_i) = \beta_0 + \beta_1 x_i$ 不相等，但这并不妨碍最大似然方法的应用。

2.3 最小二乘估计的性质

一、线性

所谓线性就是估计量 $\hat{\beta}_0$，$\hat{\beta}_1$ 为随机变量 y_i 的线性函数。由式（2.24）得

$$\hat{\beta}_1 = \frac{\sum_{i=1}^{n} (x_i - \bar{x}) y_i}{\sum_{i=1}^{n} (x_i - \bar{x})^2} = \sum_{i=1}^{n} \frac{x_i - \bar{x}}{\sum_{j=1}^{n} (x_j - \bar{x})^2} y_i \tag{2.37}$$

式中，$\dfrac{x_i - \overline{x}}{\displaystyle\sum_{j=1}^{n}(x_j - \overline{x})^2}$ 是 常数，所以 $\hat{\beta}_1$ 是 y_i 的线性组合。同理可以证明 $\hat{\beta}_0$ 是 y_i 的线性组合，证明过程请读者自己完成。

因为 y_i 为随机变量，所以作为 y_i 的线性组合，$\hat{\beta}_0$，$\hat{\beta}_1$ 亦为随机变量，各有其概率分布、均值、方差、标准差及两者的协方差。

二、无偏性

下面我们讨论 $\hat{\beta}_0$，$\hat{\beta}_1$ 的无偏性。由于 x_i 是非随机变量，$y_i = \beta_0 + \beta_1 x_i + \varepsilon_i$，$E(\varepsilon_i) = 0$，因而有

$$E(y_i) = \beta_0 + \beta_1 x_i \tag{2.38}$$

再由式（2.37）可得

$$\begin{aligned}
E(\hat{\beta}_1) &= \sum_{i=1}^{n} \frac{x_i - \overline{x}}{\displaystyle\sum_{j=1}^{n}(x_j - \overline{x})^2} E(y_i) \\
&= \sum_{i=1}^{n} \frac{x_i - \overline{x}}{\displaystyle\sum_{j=1}^{n}(x_j - \overline{x})^2}(\beta_0 + \beta_1 x_i) = \beta_1
\end{aligned} \tag{2.39}$$

证得 $\hat{\beta}_1$ 是 β_1 的无偏估计，其中用到 $\sum(x_i - \overline{x}) = 0$，$\sum(x_i - \overline{x})x_i = \sum(x_i - \overline{x})^2$。同理可证 $\hat{\beta}_0$ 是 β_0 的无偏估计，证明过程请读者自己完成。

无偏估计的意义是，如果屡次变更数据，反复求 β_0，β_1 的估计值，则这两个估计量没有高估或低估的系统趋向，它们的平均值将趋于 β_0，β_1。

进一步有

$$\begin{aligned}
E(\hat{y}) &= E(\hat{\beta}_0 + \hat{\beta}_1 x_i) \\
&= \beta_0 + \beta_1 x_i \\
&= E(y)
\end{aligned} \tag{2.40}$$

这表明回归值 $\hat{y}$ 是 $E(y)$ 的无偏估计，也说明 $\hat{y}$ 与真实值 y 的平均值是相同的。

三、$\hat{\boldsymbol{\beta}}_0$，$\hat{\boldsymbol{\beta}}_1$ 的方差

一个估计量是无偏的，只揭示了估计量优良性的一个方面。我们通常还关心估计量本身的波动状况，这就需要进一步研究它的方差。

由 $y_1, y_2, \cdots, y_n$ 相互独立，$\mathrm{var}(y_i) = \sigma^2$ 及式（2.37），得

$$\mathrm{var}(\hat{\beta}_1) = \sum_{i=1}^{n} \left[\frac{x_i - \overline{x}}{\displaystyle\sum_{j=1}^{n}(x_j - \overline{x})^2} \right]^2 \mathrm{var}(y_i)$$

$$= \frac{\sigma^2}{\sum\limits_{j=1}^{n}(x_j - \bar{x})^2} \tag{2.41}$$

我们知道，方差表示随机变量取值波动的大小，因而 $\mathrm{var}(\hat{\beta}_1)$ 反映了估计量 $\hat{\beta}_1$ 的波动大小。假设我们反复抽取容量为 n 的样本建立回归方程，每次计算的 $\hat{\beta}_1$ 的值是不相同的，$\mathrm{var}(\hat{\beta}_1)$ 正是反映了这些 $\hat{\beta}_1$ 的差异程度。

由 $\mathrm{var}(\hat{\beta}_1)$ 的表达式我们能得到对实际应用有指导意义的思想。从式（2.41）中看到，回归系数 $\hat{\beta}_1$ 不仅与随机误差的方差 σ^2 有关，而且与自变量 x 的取值离散程度有关。如果 x 的取值比较分散，即 x 的波动较大，则 $\hat{\beta}_1$ 的波动就小，β_1 的估计值 $\hat{\beta}_1$ 就比较稳定；反之，如果原始数据 x 是在一个较小的范围内取值，则 β_1 的估计值稳定性就差，当然也就很难说精确了。这一点显然对我们收集原始数据有重要的指导意义。类似地，有

$$\mathrm{var}(\hat{\beta}_0) = \left[\frac{1}{n} + \frac{(\bar{x})^2}{\sum(x_i - \bar{x})^2} \right] \sigma^2 \tag{2.42}$$

由式（2.42）可知，回归常数 $\hat{\beta}_0$ 的方差不仅与随机误差的方差 σ^2 和自变量 x 的取值离散程度有关，而且同样本数据的个数 n 有关。显然 n 越大，$\mathrm{var}(\hat{\beta}_0)$ 越小。

总之，由式（2.41）和式（2.42）可以看到，要想使 β_0，β_1 的估计值 $\hat{\beta}_0$，$\hat{\beta}_1$ 更稳定，在收集数据时，就应该考虑 x 的取值尽可能分散一些，不要挤在一块，样本量也应尽可能大一些，样本量 n 太小时，估计量的稳定性肯定不会太好。

由前面 $\hat{\beta}_0$，$\hat{\beta}_1$ 线性的讨论我们知道，$\hat{\beta}_0$，$\hat{\beta}_1$ 都是 n 个独立正态随机变量 y_1，y_2，…，y_n 的线性组合，因而 $\hat{\beta}_0$，$\hat{\beta}_1$ 也服从正态分布。由上面 $\hat{\beta}_0$，$\hat{\beta}_1$ 的均值和方差的结果，有

$$\hat{\beta}_0 \sim N\left(\beta_0, \left(\frac{1}{n} + \frac{(\bar{x})^2}{L_{xx}}\right)\sigma^2\right) \tag{2.43}$$

$$\hat{\beta}_1 \sim N\left(\beta_1, \frac{\sigma^2}{L_{xx}}\right) \tag{2.44}$$

另外，还可得到 $\hat{\beta}_0$，$\hat{\beta}_1$ 的协方差

$$\mathrm{cov}(\hat{\beta}_0, \hat{\beta}_1) = -\frac{\bar{x}}{L_{xx}}\sigma^2 \tag{2.45}$$

式（2.45）说明，在 $\bar{x}=0$ 时，$\hat{\beta}_0$ 与 $\hat{\beta}_1$ 不相关，在正态假定下独立；在 $\bar{x} \neq 0$ 时，不独立。它揭示了回归系数之间的关系状况。

在前面我们曾给出回归模型随机误差项 ε_i 等方差及不相关的假定条件，这个条件称为高斯-马尔柯夫条件，即

$$\begin{cases} E(\varepsilon_i) = 0, \quad i = 1, 2, \cdots, n \\ \mathrm{cov}(\varepsilon_i, \varepsilon_j) = \begin{cases} \sigma^2, i = j \\ 0, \ i \neq j \end{cases} \quad i, j = 1, 2, \cdots, n \end{cases} \tag{2.46}$$

在此条件下可以证明，$\hat{\beta}_0$ 与 $\hat{\beta}_1$ 分别是 β_0 与 β_1 的最佳线性无偏估计（best linear unbi-ased estimator，BLUE），也称为最小方差线性无偏估计。BLUE 即指在 β_0 和 β_1 的一切线性无偏估计中，它们的方差最小。此结论本书不予证明，在第 3 章"多元线性回归"中也有这个重要结论，其证明参见参考文献 [2]。

进一步可知，对固定的 x_0 来讲

$$\hat{y}_0 = \hat{\beta}_0 + \hat{\beta}_1 x_0 \tag{2.47}$$

也是 y_1，y_2，$\cdots$，y_n 的线性组合，且

$$\hat{y}_0 \sim N\left(\beta_0 + \beta_1 x_0, \left(\frac{1}{n} + \frac{(x_0 - \bar{x})^2}{L_{xx}}\right)\sigma^2\right) \tag{2.48}$$

由此可见，$\hat{y}_0$ 是 $E(y_0)$ 的无偏估计，且 $\hat{y}_0$ 的方差随给定的 x_0 值与 $\bar{x}$ 的距离 $|x_0 - \bar{x}|$ 的增大而增大。即当给定的 x_0 与 x 的样本平均值 $\bar{x}$ 相差较大时，$\hat{y}_0$ 的估计值波动就增大。这说明在实际应用回归方程进行控制和预测时，给定的 x_0 值不能偏离样本均值太多，否则，无论是用回归方程做因素分析还是做预测，效果都不会理想。

2.4 回归方程的显著性检验

当我们得到一个实际问题的经验回归方程 $\hat{y} = \hat{\beta}_0 + \hat{\beta}_1 x$ 后，还不能马上就用它去做分析和预测，因为 $\hat{y} = \hat{\beta}_0 + \hat{\beta}_1 x$ 是否真正描述了变量 y 与 x 之间的统计规律性，还需运用统计方法对回归方程进行检验。在对回归方程进行检验时，通常需要做正态性假设 $\varepsilon_i \sim N(0, \sigma^2)$，以下的检验内容若无特别声明，都是在此正态性假设下进行的。下面我们介绍几种检验方法。

一、t 检验

t 检验是统计推断中一种常用的检验方法，在回归分析中，t 检验用于检验回归系数的显著性。检验的原假设是

$$H_0 : \beta_1 = 0 \tag{2.49}$$

对立假设是

$$H_1 : \beta_1 \neq 0 \tag{2.50}$$

回归系数的显著性检验就是要检验自变量 x 对因变量 y 的影响程度是否显著。如果原假设 H_0 成立，则因变量 y 与自变量 x 之间并没有真正的线性关系，也就是说，自变量 x 的变化对因变量 y 并没有影响。由式（2.44）知，$\hat{\beta}_1 \sim N\left(\beta_1, \dfrac{\sigma^2}{L_{xx}}\right)$，因而当原假设 $H_0 : \beta_1 = 0$ 成立时，有

$$\hat{\beta}_1 \sim N\left(0, \frac{\sigma^2}{L_{xx}}\right) \tag{2.51}$$

此时 $\hat{\beta}_1$ 在零附近波动，构造 t 统计量

$$t = \frac{\hat{\beta}_1}{\sqrt{\hat{\sigma}^2 / L_{xx}}} = \frac{\hat{\beta}_1 \sqrt{L_{xx}}}{\hat{\sigma}} \tag{2.52}$$

式中

$$\hat{\sigma}^2 = \frac{1}{n-2}\sum_{i=1}^{n} e_i^2 = \frac{1}{n-2}\sum_{i=1}^{n}(y_i - \hat{y}_i)^2 \tag{2.53}$$

是 σ^2 的无偏估计，称 $\hat{\sigma}$ 为回归标准差。由式（2.51）和式（2.52）可以看出，t 统计量就是回归系数的最小二乘估计值除以其标准差的样本估计值。

当原假设 $H_0 : \beta_1 = 0$ 成立时，式（2.52）构造的 t 统计量服从自由度为 $n-2$ 的 t 分布。给定显著性水平 α，双侧检验的临界值为 $t_{\alpha/2}$。当 $|t| \geqslant t_{\alpha/2}$ 时，拒绝原假设 $H_0 : \beta_1 = 0$，认为 β_1 显著不为零，因变量 y 对自变量 x 的一元线性回归成立；当 $|t| < t_{\alpha/2}$ 时，接受原假设 $H_0 : \beta_1 = 0$，认为 β_1 为零，因变量 y 对自变量 x 的一元线性回归不成立。

以上的计算可以用手工完成，但在计算机高速发展的今天，许多手工工作都已经被计算机取代，并且很多有关多元回归的复杂计算不可能用手工完成，因此本书的计算工作都是用统计软件实现的。我们会结合例题对有关统计软件做简要的介绍。

二、用统计软件计算

SPSS 是软件英文名称的首字母缩写，其最初为 Statistical Package for the Social Sciences 的缩写，即"社会科学统计软件包"，在 1984 年推出首版。随着内容不断扩展更新，SPSS 很快成为普遍应用的统计软件，不再局限于在社会科学领域应用。IBM 公司于 2009 年收购了 SPSS 公司，并把软件更名为 PASW（Predictive Analytics Software）。但是大家已经习惯了 SPSS 这个名称，于是公司又把软件名称改回 SPSS，与之对应的全称是 Statistical Product and Service Solutions，即"统计产品与服务解决方案"软件，也称为 IBM SPSS。

目前国际上通用的统计软件有多种，其中使用最多的是 SPSS，SAS，R 这三种。SPSS 的优点是完全菜单化，操作界面友好，输出结果美观，在统计专业和非统计专业都有广泛的应用，缺点是功能基本固定。SAS 的优点是功能更强大，缺点是没有菜单化，使用相对困难，并且软件费用更高。R 是由一些志愿者开发的免费自由统计软件，内容丰富，更新迅速，可以自由编程灵活分析，缺点是没有菜单化，输出的界面不够美观，同一种统计方法可能有多个包和函数实现，各有特色和不足。同时，各软件也开始注重联合使用，例如在 SPSS 中安装了 R 插件，就可以调用 R 的统计分析程序。本书的计算工作主要使用 SPSS 软件，部分内容用 R 实现，同时介绍一下 Excel 的数据分析功能。

1. 用 Excel 软件计算

如果 Excel 数据选项卡中没有数据分析项，则先要加入 Excel 的数据分析功能。Office

2003 及以前的版本是依次点选工具→加载宏→分析工具库→确定。Office 2007 及以后的版本是依次点选文件（或 Office 图标）→选项→加载项（默认 Excel 加载项）→转到→分析工具库→确定。这时数据选项卡菜单中就增加了数据分析项。按要求录入数据，在数据分析项对话框中选择回归，例 2.1 火灾损失数据的输出结果见输出结果 2.1。

输出结果 2.1

回 归 统 计	
Multiple R	0.960978
R Square	0.923478
Adjusted R Square	0.917592
标准误差	2.316346
观测值	15

方差分析

	df	SS	MS	F	Significance F
回归分析	1	841.7664	841.7664	156.8862	1.25E−08
残差	13	69.75098	5.36546		
总计	14	911.5173			

	Coefficients	标准误差	t Stat	P-value	Lower 95%	Upper 95%
Intercept	10.27793	1.420278	7.236562	6.59E−06	7.209605	13.34625
X Variable 1	4.919331	0.392748	12.52542	1.25E−08	4.070851	5.76781

输出结果 2.1 中，Intercept 是截距，即回归常数项 β_0，X Variable 1 指第一个自变量，本例为一元线性回归，只有一个自变量 x。Coefficients 列中的两个数值即 $\hat{\beta}_0=10.277\,93$，$\hat{\beta}_1=4.919\,331$，这与例 2.1 的手工计算结果是一致的。另外，$\hat{\beta}_0$ 的标准差 $\sqrt{\operatorname{var}(\hat{\beta}_0)}=1.420\,278$，$\hat{\beta}_1$ 的标准差 $\sqrt{\operatorname{var}(\hat{\beta}_1)}=0.392\,748$。式（2.52）的 t 值为 12.525 42，它等于 4.919 331/0.392 748。取显著性水平 $\alpha=0.05$，自由度为 $n-2=15-2=13$，查 t 分布表得临界值 $t_{\alpha/2}(13)=2.160$，由 $|t|=12.525\,42>2.160$ 可知，应拒绝原假设 $H_0: \beta_1=0$，认为火灾损失 y 对距消防站距离 x 的一元线性回归效果显著。

另外，从输出结果 2.1 中可以看到回归标准误差 $\hat{\sigma}=2.316\,346$。对回归常数项 β_0 的显著性检验的 t 值为 7.236 562，由 7.236 562>2.160 可知常数项 β_0 显著不为零。不过，我们主要关心的是回归系数 β_1 的显著性，这决定 y 对 x 的回归是否成立，而对回归常数项 β_0 的显著性并不关心。所谓检验显著，是指原假设显著不成立，这里原假设是 $H_0:$ $\beta_1=0$，对立假设是 $H_1: \beta_1\neq0$，所以 β_1 显著是指 β_1 显著不等于零。

输出结果 2.1 中的 P-value 是显著性概率值（significance probability value），通常称为 P 值，对回归系数 β_1 的显著性检验的 P 值=1.25E−08=1.25×10^{-8}≈0，检验统计量 t 值与 P 值的关系是

$$P(|t|>|t \text{ 值}|)=P \text{ 值} \tag{2.54}$$

式中，t 为检验统计量，是随机变量，本例中 t 服从自由度为 $n-2$ 的 t 分布。t 值是 t 统计量的样本值，回归系数 β_1 的 $|t$ 值$|=12.525\,42$，因而式（2.54）即

$$P(|t|>12.525\,42)=1.25\times10^{-8}$$

式中，$t\sim t(13)$。可以看出，P 值越小，$|t$ 值$|$ 越大；P 值越大，$|t$ 值$|$ 越小。当 P 值$\leqslant\alpha$ 时，$|t$ 值$|\geqslant t_{\alpha/2}$，应拒绝原假设 H_0；当 P 值$>\alpha$ 时，$|t$ 值$|<t_{\alpha/2}$，应接受原假设 H_0，因而可以用 P 值代替 t 值做判定。另外，当 $|t$ 值$|=t_{\alpha/2}$ 时，必有 P 值$=\alpha$。

用 P 值代替 t 值做判定有几方面的优越性：

第一，用 P 值做检验不需要查表，只需直接用 P 值与显著性水平 α 相比，当 P 值$\leqslant\alpha$ 时即拒绝原假设 H_0，当 P 值$>\alpha$ 时即接受原假设 H_0，而用 t 值做检验需要查 t 分布表求临界值。

第二，用 P 值做检验具有可比性，而用 t 值做检验与自由度有关，可比性差。

第三，用 P 值做检验可以准确地知道检验的显著性，实际上 P 值就是犯弃真错误的真实概率，也就是检验的真实显著性。

用 P 值做检验的缺点是难以手工计算，但计算机软件可以方便地计算出 P 值。

2. 用 SPSS 软件计算

本教材主要采用 SPSS 22.0 版本。进入 SPSS 软件后的界面有两张工作表，第一张是数据工作表 Data View，第二张是变量工作表 Variable View。首先在变量工作表中定义变量的名称、类型、数据宽度、小数位数、变量标签等，其中变量名称要求以英文字母或中文汉字打头不超过 64 个字符，一个中文汉字相当于两个字符。例如 x_1，火灾损失（千元）等名称，必要时还可以用变量标签 Label 对变量做详细说明。可以用 Edit 菜单中的 Options 选项的 General 选项卡选择是显示变量名称还是变量标签。如果没有使用变量标签，则输出结果中就只使用变量名称。早期版本的 SPSS 要求变量名称不超过 8 个字符，常需要使用变量标签对变量做详细说明。SPSS 18.0 版本将变量名称增加到 64 个字符，变量标签的作用就不大了。例 2.1 的因变量的名称为 y，自变量的名称为 x。数据类型等与通常的各种软件都是相同的，这里不再解释。

完成变量定义后再回到数据工作表录入数据，如果已经建立了 Excel 数据文件，则可以把数据直接粘贴到 SPSS 的数据工作表中。SPSS 软件也提供了直接导入其他数据库文件的功能，方法是点击 File→Open Database→New Query 进入数据导入界面，选择所需要的数据库类型，例如 Excel Files，然后按照软件的提示操作即可。如果没有事先在变量工作表中定义变量而直接在数据工作表中录入数据，这时变量名称默认为 var00001，var00002，…，可进入变量工作表中修改变量名称等。建立好数据文件后把它存盘保护好。

对建立好的火灾数据文件，依次点击 Analyze→Regression→Linear 进入线性回归窗口，这是一个对话框形式的窗口。左侧是变量列表，在数据工作表中建立的所有变量名称都列在了这个表中，例 2.1 中只有 y 和 x 两个变量。选中 y，点击右侧 Dependent（因变量）框条旁的箭头按钮，变量 y 即进入此框条（从框条中剔除变量的方法是选中框条中的变量，框条左侧的箭头按钮即转向左侧，点击此按钮即可）。用同样的方法把自变量 x 选

入 Independent 框条中，再点击下方 OK 按钮，即可得到输出结果 2.2。其中 Coefficients 系数表格中 X 所对应的 Sig. 值 0.000 就是对 β_1 进行显著性检验的 P 值。对 $\alpha=0.05$，由 Sig. $=0.000<0.05$ 应拒绝原假设 $H_0 : \beta_1=0$，认为 β_1 显著非零。表中数据只保留了 3 位小数，可以双击 SPSS 的输出表格，对选定的数据用右键的 Cell Properties 功能改变数据的显示形式，增加小数位数。Sig. 的精确显示数值是 $1.25\mathrm{E}-08=1.25\times10^{-8}$。

输出结果 2.2

Variables Entered/Removed[b]

Model	Variables Entered	Variables Removed	Method
1	X[a]		Enter

a. All requested variables entered.

b. Dependent Variable:Y.

Model Summary

Model	R	R Square	Adjusted R Square	Std. Error of the Estimate
1	.961[a]	.923	.918	2.3163

a. Predictors: (Constant), X.

ANOVA[b]

Model		Sum of Squares	df	Mean Square	F	Sig.
1	Regression	841.766	1	841.766	156.886	.000[a]
	Residual	69.751	13	5.365		
	Total	911.517	14			

a. Predictors: (Constant), X.

b. Dependent Variable:Y.

Coefficients[a]

Model		Unstandardized Coefficients		Standardized Coefficients	t	Sig.
		B	Std. Error	Beta		
1	(Constant)	10.278	1.420		7.237	.000
	X	4.919	.393	.961	12.525	.000

a. Dependent Variable:Y.

可以看出，两种软件的计算结果是一致的，只是输出项目和项目名称略有不同。以上只是软件默认的输出项目，还可以根据需要增加输出项目。

三、F 检验

对线性回归方程显著性的另外一种检验方法是 F 检验，F 检验是根据平方和分解式，直接从回归效果检验回归方程的显著性。平方和分解式是

$$\sum_{i=1}^{n}(y_i-\bar{y})^2 = \sum_{i=1}^{n}(\hat{y}_i-\bar{y})^2 + \sum_{i=1}^{n}(y_i-\hat{y}_i)^2 \tag{2.55}$$

式中，$\sum_{i=1}^{n}(y_i-\bar{y})^2$ 称为总离差平方和，简记为 SST 或 $S_\text{总}$ 或 L_{yy}，SST 表示 Sum of Squares for Total；$\sum_{i=1}^{n}(\hat{y}_i-\bar{y})^2$ 称为回归平方和，简记为 SSR 或 $S_\text{回}$，R 表示 Regres-

sion；$\sum\limits_{i=1}^{n}(y_i-\hat{y}_i)^2$ 称为残差平方和，简记为 SSE 或 $S_{残}$，E 表示 Error。

因而平方和分解式可以简写为：

$$SST=SSR+SSE$$

请读者根据式（2.27）自己证明平方和分解式。

总平方和反映因变量 y 的波动程度或称不确定性，在建立了 y 对 x 的线性回归方程后，总平方和 SST 就分解成回归平方和 SSR 与残差平方和 SSE 这两个组成部分，其中 SSR 是由回归方程确定的，也就是由自变量 x 的波动引起的，SSE 是不能由自变量解释的波动，是由 x 之外的未加控制的因素引起的。这样，总平方和 SST 中，能够由自变量解释的部分为 SSR，不能由自变量解释的部分为 SSE。因此，回归平方和 SSR 越大，回归的效果就越好，可以据此构造 F 检验统计量如下

$$F=\frac{SSR/1}{SSE/(n-2)} \tag{2.56}$$

在正态假设下，当原假设 H_0：$\beta_1=0$ 成立时，F 服从自由度为（1，$n-2$）的 F 分布。当 F 值大于临界值 $F_{\alpha}(1，n-2)$ 时，拒绝 H_0，说明回归方程显著，x 与 y 有显著的线性关系。也可以根据 P 值做检验，具体检验过程可以在方差分析表中进行，如表 2-3 所示。

表 2-3 一元线性回归方差分析表

方差来源	自由度	平方和	均方	F 值	P 值
回归	1	SSR	SSR/1	$\dfrac{SSR/1}{SSE/(n-2)}$	$P(F>F\text{ 值})=P$ 值
残差	$n-2$	SSE	SSE/$(n-2)$		
总和	$n-1$	SST			

对例 2.1 的数据，Excel 软件计算的结果见输出结果 2.1 的方差分析表，从表中看到 $F=156.886\,2$，P 值 $=1.25\times10^{-8}$。SPSS 软件的输出结果 2.2 中 ANOVA 即方差分析表，ANOVA 表示 Analysis of Variance。两种软件的结果是一致的。

四、相关系数的显著性检验

由于一元线性回归方程讨论的是变量 x 与变量 y 之间的线性关系，所以可以用变量 x 与 y 之间的相关系数来检验回归方程的显著性。设 $(x_i，y_i)(i=1，2，\cdots，n)$ 是 $(x，y)$ 的 n 组样本观测值，我们称

$$r=\frac{\sum\limits_{i=1}^{n}(x_i-\bar{x})(y_i-\bar{y})}{\sqrt{\sum\limits_{i=1}^{n}(x_i-\bar{x})^2\sum\limits_{i=1}^{n}(y_i-\bar{y})^2}}$$

$$=\frac{L_{xy}}{\sqrt{L_{xx}L_{yy}}} \tag{2.57}$$

为 x 与 y 的简单相关系数,简称相关系数。其中,L_{xy},L_{xx},L_{yy} 与前面的定义相同。相关系数 r 表示 x 和 y 的线性关系的密切程度。相关系数的取值范围为 $|r| \leqslant 1$。相关系数的直观意义如图 2-4 所示。

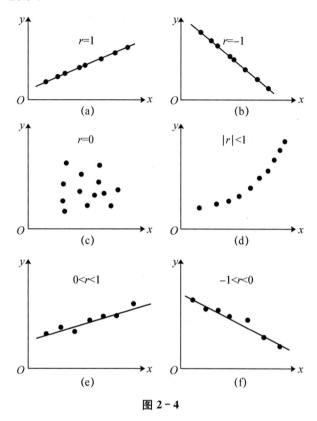

图 2-4

图 2-4 中的 (a)、(b) 和 (c)、(d) 是四种极端情况,即当 x 与 y 有精确的线性关系时,$r=1$ 或 $r=-1$。$r=1$ 表示 x 与 y 之间完全正相关,所有的对应点都在一条直线上;$r=-1$ 表示 x 与 y 之间完全负相关,对应点也都在一条直线上。这实际上就是一种确定的线性函数关系,它并不是统计学中研究的主要内容。图中 (c) 这种极端情况,说明所有样本点的分布杂乱无章,变量 x 与 y 之间没有相关关系,即 $r=0$。在实际中 $r=0$ 的情况很少,往往我们拿来毫不相干的两个变量序列计算相关系数,绝对值都会大于零。图中 (d) 这种情况,表明 x 与 y 有确定的非线性函数关系,或称曲线函数关系。此时 $|r|<1$,并不等于 1,这是因为简单相关系数只反映两个变量间的线性关系,并不能反映变量间的非线性关系。因而,即使 $r=0$,也不能说明 x 与 y 无任何关系。

当变量 x 与 y 之间有线性统计关系时,$0<|r|<1$,如图 2-4 中 (e)、(f) 所示。统计学中主要研究这种非确定性的统计关系。图 (e) 表示 x 与 y 正线性相关,图 (f) 表示 x 与 y 负线性相关。我们在实际问题中经常遇到的是这两种情况。

由式 (2.57) 和回归系数 $\hat{\beta}_1$ 的表达式可得

$$r=\frac{L_{xy}}{\sqrt{L_{xx}L_{yy}}}=\hat{\beta}_1\sqrt{\frac{L_{xx}}{L_{yy}}} \tag{2.58}$$

由上式可以得到一个很有用的结论，即一元线性回归的回归系数 $\hat{\beta}_1$ 的符号与相关系数 r 的符号相同。

这里需要指出的是，相关系数有个明显的缺点，就是它接近1的程度与数据组数 n 有关，这样容易给人一种假象。因为当 n 较小时，相关系数的绝对值容易接近1；当 n 较大时，相关系数的绝对值容易偏小。特别是当 $n=2$ 时，相关系数的绝对值总为1。因此在样本量 n 较小时，我们仅凭相关系数较大就说变量 x 与 y 之间有密切的线性关系，就显得过于草率。在第3章"多元线性回归"中还将进一步讨论这个问题。

本书附录中有相关系数的检验表，表中是相关系数绝对值的临界值。当我们计算的变量 x 与 y 的相关系数的绝对值大于表中之值时，才可以认为 x 与 y 有线性关系。通常如果 $|r|$ 大于表中 $\alpha=5\%$ 对应的值，但小于表中 $\alpha=1\%$ 对应的值，称 x 与 y 有显著的线性关系；如果 $|r|$ 大于表中 $\alpha=1\%$ 对应的值，称 x 与 y 有高度显著的线性关系；如果 $|r|$ 小于表中 $\alpha=5\%$ 对应的值，就认为 x 与 y 没有明显的线性关系。

相关系数的计算也可以用软件完成，在 Excel 软件的数据分析对话框中，选择相关系数即可计算出例2.1数据的相关系数为 $r=0.960\,978$。

例2.1中 $n=15$，表中 $\alpha=5\%$，$n-2=13$ 对应的值为 0.514，$\alpha=1\%$ 对应的值为 0.641，而 $r=0.961>0.641$。因此说明火灾发生地与消防站距离同火灾损失之间有高度显著的线性依赖关系。

用 SPSS 软件计算相关系数有两种方法。第一种方法是点击 Analyze→Correlate→Bivariate 进入相关系数对话框，点击 Pearson 计算出 x 与 y 的简单相关系数。其中，Bivariate 是二项的含义，表示计算两个变量的相关系数，Pearson 相关系数就是式（2.57）定义的简单相关系数。另外，对话框中还有选项 Two-tail 与 One-tail，分别代表对相关系数做双侧检验与单侧检验，检验的统计量为：

$$t=\frac{\sqrt{n-2}\,r}{\sqrt{1-r^2}} \tag{2.59}$$

当 $|t|>t_{\alpha/2}(n-2)$ 时，认为 y 与 x 的简单回归系数显著不为零，软件中没有给出 t 值，而是直接给出了 P 值（Sig.），对例2.1火灾损失的数据，计算出 y 与 x 的相关系数见输出结果2.3。同样得到 y 与 x 的相关系数 $r=0.961$，由 P 值近似为零可知，y 与 x 的简单相关系数显著不为零。

用 SPSS 软件对简单相关系数检验的另外一种方法是直接在线性回归对话框内完成，点击线性回归对话框下面的 Statistics（统计量）选项，进入统计量选项对话框，可以看到默认选项为 Estimates 和 Model fit 两项，再点击 Descriptive，点击下方的 Continue，回到线性回归对话框，计算的输出结果就增加了 y 与 x 的简单回归系数 r 及单侧检验的 P 值。对于对称分布的统计量，单侧检验的 P 值的2倍就是双侧检验的 P 值。

式（2.57）的相关系数 r 是用样本计算的，也称为样本相关系数。假设我们观测了变量对 (x,y) 的所有取值，此时计算出的相关系数称为总体相关系数，记作 ρ，它反映两变量之间的真实相关程度。样本相关系数 r 是总体相关系数 ρ 的估计值，这个估计值是有误差的。

输出结果 2.3

Correlations

		Y	X
Y	Pearson Correlation	1.000	.961
	Sig. (2-tailed)	.	.000
	N	15	15
X	Pearson Correlation	.961	1.000
	Sig. (2-tailed)	.000	.
	N	15	15

一般来说，可以将两变量间相关程度的强弱分为以下几个等级：当 $|\rho| \geqslant 0.8$ 时，视为高度相关；当 $0.5 \leqslant |\rho| < 0.8$ 时，视为中度相关；当 $0.3 \leqslant |\rho| < 0.5$ 时，视为低度相关；当 $0 < |\rho| < 0.3$ 时，表明两个变量之间的相关程度极弱，在实际应用中可视为不相关；当 $\rho = 0$ 时，两个变量不相关。

在实际应用中，我们往往只能得到样本相关系数 r，而无法得到总体相关系数 ρ。用样本相关系数 r 判定两变量间相关程度的强弱时一定要注意样本量的大小，只有当样本量较大时用样本相关系数 r 判定两变量间相关程度的强弱才能令人信服。

需要正确区分相关系数显著性检验与相关程度强弱的关系，相关系数的 t 检验显著只是表示总体相关系数 ρ 显著不为零，并不能表示相关程度高。如果有 A，B 两位同学，A 同学计算出 $r = 0.8$，但是显著性检验没有通过；B 同学计算出 $r = 0.1$，而声称此相关系数高度显著，你能肯定这两位同学都出错了吗？这个问题的回答同样与样本量有关。观察检验统计量式（2.59），可以看到 t 值不仅与样本相关系数 r 有关，而且与样本量 n 有关，对同样的相关系数 r，样本量 n 大时 $|t|$ 就大，样本量 n 小时 $|t|$ 就小。实际上，对任意固定的非零的 r 值，只要样本量 n 充分大就能使 $|t|$ 足够大，从而得到相关系数高度显著的结论。明白这个道理后你就会相信 A，B 两位同学说的都可能是正确的。

在样本量充分大时，可以将样本相关系数 r 作为总体相关系数 ρ，而不必关心显著性检验的结果。你所需要做的事情是结合数据的实际背景判定这样一个 r 值是表示高度相关、中度相关、低度相关，还是不相关。前面提到，当 $|\rho| < 0.3$ 时可视为不相关，果真是这样吗？如果你被告知食用含有苏丹红的食品与患癌症之间的相关系数只有 0.2，你是否就可以放心地食用这些食品？如果你得知食用某保健品与健康长寿的相关系数只有 0.2，你是否打算拒绝这种保健品？

五、三种检验的关系

前面介绍了回归系数的 t 检验、回归方程的 F 检验、相关系数的显著性检验。那么这三种检验之间是否存在一定的关系？答案是肯定的。对一元线性回归，这三种检验的结果是完全一致的。可以证明，回归系数的 t 检验与相关系数的显著性检验是完全等价的，式（2.52）与式（2.59）是相等的，而式（2.56）的 F 统计量则是这两个 t 统计量的平方。因而对一元线性回归实际只需要做其中的一种检验即可。然而，对多元线性回归，这三种检验所考虑的问题不同，所以并不等价，是三种不同的检验。

六、决定系数

由回归平方和与残差平方和的意义我们知道，在总离差平方和中回归平方和所占的比

重越大，则线性回归效果越好，这说明回归直线与样本观测值的拟合优度越好；如果残差平方和所占的比重大，则回归直线与样本观测值拟合得就不理想。这里把回归平方和与总离差平方和之比定义为决定系数（coefficient of determination），也称为判定系数、确定系数，记为 r^2，即

$$r^2 = \frac{\text{SSR}}{\text{SST}} = \frac{\sum\limits_{i=1}^{n}(\hat{y}_i - \bar{y})^2}{\sum\limits_{i=1}^{n}(y_i - \bar{y})^2} \qquad (2.60)$$

由关系式

$$\sum_{i=1}^{n}(\hat{y}_i - \bar{y})^2 = \hat{\beta}_1^2 \sum_{i=1}^{n}(x_i - \bar{x})^2 \qquad (2.61)$$

可以证明式（2.60）的 r^2 正好是式（2.57）中相关系数 r 的平方。即

$$r^2 = \frac{\text{SSR}}{\text{SST}} = \frac{L_{xy}^2}{L_{xx}L_{yy}} = (r)^2 \qquad (2.62)$$

决定系数 r^2 是一个反映回归直线与样本观测值拟合优度的相对指标，是因变量的变异中能用自变量解释的比例。其数值在 0～1 之间，可以用百分数表示。如果决定系数 r^2 接近 1，说明因变量不确定性的绝大部分能由回归方程解释，回归方程拟合优度好；反之，如果 r^2 不大，说明回归方程的效果不好，应进行修改，可以考虑增加新的自变量或者使用曲线回归。需要注意以下几个方面：

第一，当样本量较小时，与前面在讲述相关系数时所强调的一样，此时即使得到一个大的决定系数，这个决定系数也很可能是虚假现象。为此，可以结合样本量和自变量个数对决定系数做调整，计算调整的决定系数。具体计算方法在 5.2 节中讲述。

第二，即使样本量并不小，决定系数很大，例如 0.9，也不能肯定自变量与因变量之间的关系就是线性的，这是因为有可能曲线回归的效果更好。尤其是当自变量的取值范围很窄时，线性回归的效果通常较好，这样的线性回归方程是不能用于外推预测的。可以用模型失拟检验（lack of fit test）来判定因变量与自变量之间的真实函数关系到底是线性关系还是曲线关系，如果是曲线关系到底是哪一种曲线关系。这种检验需要对自变量有重复观测数据，而经济数据建模通常不能得到重复观测，这时可以用下一节介绍的残差分析方法来判定回归方程的正确性。

第三，当计算出一个很小的决定系数 r^2，例如 $r^2 = 0.1$ 时，与相关系数的显著性检验相似，如果样本量 n 不大，就会得到线性回归不显著的检验结论，而在样本量 n 很大时，就会得出线性回归显著的结论。不论检验结果是否显著，这时都应该尝试改进回归的效果，例如增加自变量，改用曲线回归等。

对例 2.1 火灾损失的数据，SPSS 输出结果 2.2 中的 R Square 即决定系数 r^2，其值为 $r^2 = 0.923\,478 = (0.960\,978)^2$。Excel 输出结果 2.1 也得到同样的结果。$r^2 = 0.923\,478$ 表明在 y 值与 y 的偏离的平方和中有 92.35% 可以通过火灾发生地与消防站距离 x 来解释，这也说明了 y 与 x 之间高度的线性相关关系。

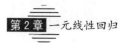

2.5 残差分析

一个线性回归方程通过了 t 检验或 F 检验，只是表明变量 x 与 y 之间的线性关系是显著的，或者说线性回归方程是有效的，但不能保证数据拟合得很好，也不能排除由于意外原因而导致的数据不完全可靠，比如有异常值出现、周期性因素干扰等。只有当与模型中的残差项有关的假定满足时，我们才能放心地运用回归模型。因此，在利用回归方程做分析和预测之前，应该用残差图帮助我们诊断回归效果与样本数据的质量，检查模型是否满足基本假定，以便对模型做进一步的修改。

一、残差的概念与残差图

残差 $e_i = y_i - \hat{y}_i$ 的定义已由式（2.16）给出，n 对数据产生 n 个残差值。残差是实际观测值 y 与通过回归方程给出的回归值之差，残差 e_i 可以看作误差项 ε_i 的估计值。残差 $e_i = y_i - \hat{y}_i = y_i - \hat{\beta}_0 - \hat{\beta}_1 x_i$，误差项 $\varepsilon_i = y_i - \beta_0 - \beta_1 x_i$，比较两个表达式可以正确区分残差 e_i 与误差项 ε_i 的异同。

以自变量 x 作横轴（或以因变量回归值 $\hat{y}$ 作横轴），以残差作纵轴，将相应的残差点画在直角坐标系上，就可得到残差图，残差图可以帮助我们对数据质量做一些分析。图 2-5 给出了一些常见的残差图，这些残差图各不相同，它们分别说明样本数据的不同表现情况。

一般认为，如果一个回归模型满足所给出的基本假定，所有残差应在 $e=0$ 附近随机变化，并在变化幅度不大的一个区域内，见图 2-5 中（a）的情况。反之，这种情况的残差图表明回归模型满足基本假设。

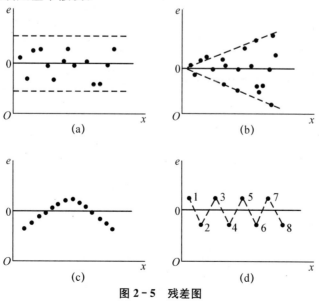

图 2-5 残差图

图 2-5 中（b）的情况表明 y 的观测值的方差并不相同，而是随着 x 的增大而增大。这种方差不同的情况的处理将专门在第 4 章中详细讨论。

图 2-5 中（c）的情况表明 y 和 x 之间的关系并非线性关系，而是曲线关系。这就需考虑用另外的曲线方程去拟合样本观测值 y。另外一种可能性是 y 存在自相关。

图 2-5 中（d）的情况称为蛛网现象，表明 y 存在自相关。

下面对例 2.1 的火灾损失数据做残差分析，首先计算残差。残差 e_i 可以用软件在做回归时直接计算出来，在 SPSS 软件的线性回归对话框中，点击下面的 Save 框条进入 Save 对话框，即可保留所需的中间变量。在 Save 对话框中，点击 Residuals 下的 Unstandardized 选项，再点击下面的 Continue 回到线性回归对话框，继续做回归。回归完成后，在原始数据表格中即可看到新增加了一列变量 res_1，此即残差 e_i。用 Excel 软件同样可以计算出残差 e_i。表 2-4 列出了火灾损失数据的残差。

表 2-4　　　　　　　　　　　　　　　火灾损失数据的残差

序号	x	y	$\hat{y}$	e	ZRE	SRE
1	0.70	14.10	13.721 46	0.378 54	0.163 42	0.189 72
2	1.10	17.30	15.689 19	1.610 81	0.695 41	0.779 10
3	1.80	17.80	19.132 72	−1.332 72	−0.575 36	−0.616 72
4	2.10	24.00	20.608 52	3.391 48	1.464 15	1.549 12
5	2.30	23.10	21.592 39	1.507 61	0.650 86	0.683 89
6	2.60	19.60	23.068 19	−3.468 19	−1.497 27	−1.560 97
7	3.00	22.30	25.035 92	−2.735 92	−1.181 14	−1.224 07
8	3.10	27.50	25.527 85	1.972 15	0.851 40	0.881 73
9	3.40	26.20	27.003 65	−0.803 65	−0.346 95	−0.359 21
10	3.80	26.10	28.971 39	−2.871 39	−1.239 62	−1.288 50
11	4.30	31.30	31.431 05	−0.131 05	−0.056 58	−0.059 52
12	4.60	31.30	32.906 85	−1.606 85	−0.693 70	−0.738 13
13	4.80	36.40	33.890 72	2.509 28	1.083 29	1.163 48
14	5.50	36.00	37.334 25	−1.334 25	−0.576 01	−0.647 39
15	6.10	43.20	40.285 85	2.914 15	1.258 08	1.498 66

计算出残差后，以自变量 x 为横轴，以残差 e_i 为纵轴画散点图即得残差图。图 2-6 是用 SPSS 软件画出的火灾损失数据的残差图。从残差图上看出，残差是围绕 $e=0$ 随机波动的，从而可以判定模型的基本假定是满足的。

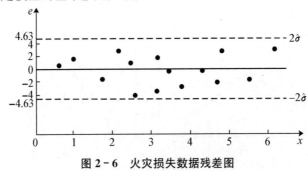

图 2-6　火灾损失数据残差图

二、有关残差的性质

性质 1 $E(e_i)=0$

证明：$E(e_i)=E(y_i)-E(\hat{y}_i)$

$$=(\beta_0+\beta_1 x_i)-(\beta_0+\beta_1 x_i)=0$$

性质 2

$$
\mathrm{var}(e_i)=\left[1-\frac{1}{n}-\frac{(x_i-\bar{x})^2}{L_{xx}}\right]\sigma^2
$$
$$
=(1-h_{ii})\sigma^2 \tag{2.63}
$$

式中，$h_{ii}=\dfrac{1}{n}+\dfrac{(x_i-\bar{x})^2}{L_{xx}}$，称为杠杆值，$0<h_{ii}<1$。当 x_i 靠近 $\bar{x}$ 时，h_{ii} 的值接近 0，相应的残差方差就大。当 x_i 远离 $\bar{x}$ 时，h_{ii} 的值接近 1，相应的残差方差就小。也就是说，靠近 $\bar{x}$ 的点相应的残差方差较大，远离 $\bar{x}$ 的点相应的残差方差较小，这条性质可能令读者感到意外。实际上，远离 $\bar{x}$ 的点数目必然较少，回归线容易"照顾"到这样的少数点，使得回归线接近这些点，因而远离 $\bar{x}$ 的 x_i 相应的残差方差较小。

性质 3 残差满足约束条件 $\sum\limits_{i=1}^{n}e_i=0$，$\sum\limits_{i=1}^{n}x_i e_i=0$，此关系式已在式（2.27）中给出。这表明残差 e_1，e_2，…，e_n 是相关的，不是独立的。

三、改进的残差

在残差分析中，一般认为超过 $\pm 2\hat{\sigma}$ 或 $\pm 3\hat{\sigma}$ 的残差为异常值，考虑到普通残差 e_1，e_2，…，e_n 的方差不等，用 e_i 做判断和比较会带来一定的麻烦，因此人们引入标准化残差和学生化残差的概念，以改进普通残差的性质，分别定义如下：

标准化残差

$$
\mathrm{ZRE}_i=\frac{e_i}{\hat{\sigma}} \tag{2.64}
$$

学生化残差

$$
\mathrm{SRE}_i=\frac{e_i}{\hat{\sigma}\sqrt{1-h_{ii}}} \tag{2.65}
$$

标准化残差使残差具有可比性，$|\mathrm{ZRE}_i|>3$ 的相应观测值即判定为异常值，这简化了判定工作，但是没有解决方差不等的问题。学生化残差则进一步解决了方差不等的问题，因而在寻找异常值时，用学生化残差优于用普通残差，认为 $|\mathrm{SRE}_i|>3$ 的相应观测值为异常值。学生化残差的构造公式类似于 t 检验公式，而 t 分布则是 Student（学生）分布的简称，因而把式（2.65）称为学生化残差。在第 4 章我们还将介绍删除残差与删除学生化残差。火灾损失数据的标准化残差与学生化残差如表 2-4 所示。

2.6 回归系数的区间估计

当我们用最小二乘法得到 β_0，β_1 的点估计后，在实际应用中往往还希望给出回归系数的估计精度，即给出其置信水平为 $1-\alpha$ 的置信区间。换句话说，就是分别给出以 $\hat{\beta}_0$ 和 $\hat{\beta}_1$ 为中心的一个区间，这个区间以 $1-\alpha$ 的概率包含参数 β_0，β_1。置信区间的长度越短，说明估计值 $\hat{\beta}_0$，$\hat{\beta}_1$ 与 β_0，β_1 接近的程度越高，估计值就越精确；置信区间的长度越长，说明估计值 $\hat{\beta}_0$，$\hat{\beta}_1$ 与 β_0，β_1 接近的程度越低，估计值就越不精确。

在实际应用中，我们主要关心回归系数 $\hat{\beta}_1$ 的精度，因而这里只推导 $\hat{\beta}_1$ 的置信区间。根据式（2.44）$\hat{\beta}_1 \sim N\left(\beta_1, \dfrac{\sigma^2}{L_{xx}}\right)$ 可得

$$t = \frac{\hat{\beta}_1 - \beta_1}{\sqrt{\hat{\sigma}^2 / L_{xx}}} = \frac{(\hat{\beta}_1 - \beta_1)\sqrt{L_{xx}}}{\hat{\sigma}} \tag{2.66}$$

服从自由度为 $n-2$ 的 t 分布。因而

$$P\left(\left|\frac{(\hat{\beta}_1 - \beta_1)\sqrt{L_{xx}}}{\hat{\sigma}}\right| < t_{\alpha/2}(n-2)\right) = 1-\alpha \tag{2.67}$$

上式等价于

$$P\left(\hat{\beta}_1 - t_{\alpha/2}\frac{\hat{\sigma}}{\sqrt{L_{xx}}} < \beta_1 < \hat{\beta}_1 + t_{\alpha/2}\frac{\hat{\sigma}}{\sqrt{L_{xx}}}\right) = 1-\alpha \tag{2.68}$$

即得 β_1 的置信度为 $1-\alpha$ 的置信区间为：

$$\left(\hat{\beta}_1 - t_{\alpha/2}\frac{\hat{\sigma}}{\sqrt{L_{xx}}}, \hat{\beta}_1 + t_{\alpha/2}\frac{\hat{\sigma}}{\sqrt{L_{xx}}}\right) \tag{2.69}$$

在 SPSS 软件中，回归系数的区间估计不是默认的输出结果。在线性回归对话框中，点击下面的统计量 Statistics 框条进入统计量对话框，再点击 Confidence interval，这样在输出的回归系数表中就增加了回归系数的区间估计。用 SPSS 软件计算出的 β_0 和 β_1 的置信度为 95% 的置信区间分别为 (7.210，13.346) 和 (4.071，5.768)。

2.7 预测和控制

建立回归模型的目的是应用，而预测和控制是回归模型最重要的应用。下面我们专门

讨论回归模型在预测和控制方面的应用。

一、单值预测

单值预测就是用单个值作为因变量新值的预测值。比如我们研究某地区小麦亩产量 y 与施肥量 x 的关系时，在 n 块面积为 1 亩[①]的地块上各施肥 x_i(kg)，最后测得相应的产量 y_i，建立回归方程 $\hat{y}_i = \hat{\beta}_0 + \hat{\beta}_1 x_i$。当某农户在 1 亩地块上施肥 $x = x_0$ 时，该地块预期的小麦产量为：

$$\hat{y}_0 = \hat{\beta}_0 + \hat{\beta}_1 x_0$$

此即因变量新值 $y_0 = \beta_0 + \beta_1 x_0 + \varepsilon_0$ 的单值预测。这里预测目标 y_0 是一个随机变量，因而这个预测不能用普通的无偏性来衡量。根据式（2.40）$E(\hat{y}_0) = E(y_0) = \beta_0 + \beta_1 x_0$ 可知，预测值 $\hat{y}_0$ 与目标值 y_0 有相同的均值。

二、区间预测

以上的单值预测 $\hat{y}_0$ 只是这个地块小麦产量的大概值。仅知道这一点意义并不大，对于预测问题，除了知道预测值外，还希望知道预测的精度，这就需要做区间预测，也就是给出小麦产量的一个预测值范围。给出预测值范围比只给出单个值 $\hat{y}_0$ 更可信，这个问题也就是对于给定的显著性水平 α，找一个区间 (T_1, T_2)，使对应某特定的 x_0 的实际值 y_0 以 $1 - \alpha$ 的概率被区间 (T_1, T_2) 包含，用公式表示就是

$$P(T_1 < y_0 < T_2) = 1 - \alpha \tag{2.70}$$

对因变量的区间预测又分为两种情况：一种是因变量新值的区间预测；另一种是因变量新值的平均值的区间预测。

1. 因变量新值的区间预测

为了给出新值 y_0 的置信区间，首先需要求出其估计值 $\hat{y}_0 = \hat{\beta}_0 + \hat{\beta}_1 x_0$ 的分布。由于 $\hat{\beta}_0$ 与 $\hat{\beta}_1$ 都是 $y_1, y_2, \cdots, y_n$ 的线性组合，因而 $\hat{y}_0 = \hat{\beta}_0 + \hat{\beta}_1 x_0$ 也是 $y_1, y_2, \cdots, y_n$ 的线性组合，在正态假定下 $\hat{y}_0 = \hat{\beta}_0 + \hat{\beta}_1 x_0$ 服从正态分布，其期望值为 $E(\hat{y}_0) = \beta_0 + \beta_1 x_0$，以下计算其方差，首先

$$\begin{aligned}
\hat{y}_0 &= \hat{\beta}_0 + \hat{\beta}_1 x_0 \\
&= \bar{y} - \hat{\beta}_1 \bar{x} + \hat{\beta}_1 x_0 \\
&= \sum_{i=1}^{n} \left[\frac{1}{n} + \frac{(x_i - \bar{x})(x_0 - \bar{x})}{L_{xx}} \right] y_i
\end{aligned} \tag{2.71}$$

因而有

$$\begin{aligned}
\mathrm{var}(\hat{y}_0) &= \sum_{i=1}^{n} \left[\frac{1}{n} + \frac{(x_i - \bar{x})(x_0 - \bar{x})}{L_{xx}} \right]^2 \mathrm{var}(y_i) \\
&= \left[\frac{1}{n} + \frac{(x_0 - \bar{x})^2}{L_{xx}} \right] \sigma^2
\end{aligned} \tag{2.72}$$

---

① 1 亩=666.67 平方米。

从而得

$$\hat{y}_0 \sim N\left(\beta_0 + \beta_1 x_0, \left(\frac{1}{n} + \frac{(x_0 - \bar{x})^2}{L_{xx}}\right)\sigma^2\right) \tag{2.73}$$

记

$$h_{00} = \frac{1}{n} + \frac{(x_0 - \bar{x})^2}{L_{xx}} \tag{2.74}$$

为新值 x_0 的杠杆值，则上式可简写为：

$$\hat{y}_0 \sim N(\beta_0 + \beta_1 x_0, h_{00}\sigma^2) \tag{2.75}$$

$\hat{y}_0$ 是先前独立观测到的随机变量 y_1，y_2，$\cdots$，y_n 的线性组合，现在小麦产量的新值 y_0 与先前的观测值是独立的，所以 y_0 与 $\hat{y}_0$ 是独立的。因而

$$\begin{aligned} \mathrm{var}(y_0 - \hat{y}_0) &= \mathrm{var}(y_0) + \mathrm{var}(\hat{y}_0) \\ &= \sigma^2 + h_{00}\sigma^2 \end{aligned} \tag{2.76}$$

再由式（2.40）知 $E(y_0 - \hat{y}_0) = 0$，于是有

$$y_0 - \hat{y}_0 \sim N(0, (1 + h_{00})\sigma^2) \tag{2.77}$$

进而可知统计量

$$t = \frac{y_0 - \hat{y}_0}{\sqrt{1 + h_{00}}\, \hat{\sigma}} \sim t(n - 2) \tag{2.78}$$

可得

$$P\left(\left|\frac{y_0 - \hat{y}_0}{\sqrt{1 + h_{00}}\, \hat{\sigma}}\right| \leqslant t_{\alpha/2}(n - 2)\right) = 1 - \alpha \tag{2.79}$$

由此可以求得 y_0 的置信度为 $1 - \alpha$ 的置信区间为：

$$\hat{y}_0 \pm t_{\alpha/2}(n - 2)\sqrt{1 + h_{00}}\, \hat{\sigma} \tag{2.80}$$

当样本量 n 较大，$|x_0 - \bar{x}|$ 较小时，h_{00} 接近零，y_0 的置信度为 95％的置信区间近似为：

$$\hat{y}_0 \pm 2\hat{\sigma} \tag{2.81}$$

由式（2.80）可看到，对给定的显著性水平 α，样本量 n 越大，$L_{xx} = \sum_{i=1}^{n}(x_i - \bar{x})^2$ 越大，x_0 越靠近 $\bar{x}$，则置信区间长度越短，此时的预测精度越高。所以，为了提高预测精度，样本量 n 应越大越好，采集数据 x_1，x_2，$\cdots$，x_n 不能太集中。在进行预测时，所给定的 x_0 不能偏离 $\bar{x}$ 太大，否则预测结果肯定不好；如果给定值 $x_0 = \bar{x}$，置信区间长度最短，这时的预测结果最好。因此，如果在自变量观测值之外的范围做预测，精度就较差。这种情况进一步说明当 x 的取值发生较大变化，即 $|x_0 - \bar{x}|$ 很大时，预测就不准。所以

在做预测时一定要看 x_0 与 $\bar{x}$ 相差多大，相差太大，效果肯定不好。尤其是在经济问题的研究中做长期预测时，x 的取值 x_0 肯定与当时建模时采集样本的 x 相差很大。比如，我们用人均国民收入 1 000 元左右的数据建立的消费基金模型，只适合近期人均收入 1 000 元左右的消费基金预测，而若干年后人均国民收入增长幅度较大时，以及人们的消费观念发生较大变化时，用原模型去做预测肯定不准。

2. 因变量新值的平均值的区间预测

式（2.80）给出的是因变量单个新值的置信区间，我们关心的另外一种情况是因变量新值的平均值的区间估计。对于前面提出的小麦产量问题，如果该地区的一大片麦地每亩施肥量同为 x_0，那么这一大片地小麦的平均亩产如何估计呢？这个问题就是要估计平均值 $E(y_0)$。根据式（2.40），$E(y_0)$ 的点估计仍为 $\hat{y}_0 = \hat{\beta}_0 + \hat{\beta}_1 x_0$，但是其区间估计却与因变量单个新值 y_0 的置信区间式（2.80）有所不同。由于 $E(y_0) = \beta_0 + \beta_1 x_0$ 是常数，由式（2.73）知

$$\hat{y}_0 - E(y_0) \sim N\left(0, \left(\frac{1}{n} + \frac{(x_0 - \bar{x})^2}{L_{xx}}\right)\sigma^2\right) \tag{2.82}$$

进而可得置信水平为 $1-\alpha$ 的置信区间为：

$$\hat{y}_0 \pm t_{\alpha/2}(n-2)\sqrt{h_{00}}\,\hat{\sigma} \tag{2.83}$$

用 SPSS 软件可以直接计算出因变量单个新值 y_0 与平均值 $E(y_0)$ 的置信区间，方法是在计算回归之前，把自变量新值 x_0 输入样本数据中，而因变量的相应值空缺，然后在 Save 对话框中点击 Mean 计算因变量平均值 $E(y_0)$ 的置信区间，或点击 Individual 计算因变量单个新值 y_0 的置信区间，也可以二者同时点击，还可以选择置信水平。另外，点击 Predicted Values 下面的 Unstandardized 对话框可以计算出点估计值 $\hat{y}_0$，计算结果列在原始数据表中。对例 2.1 的火灾损失数据，假设保险公司希望预测一个距离最近的消防队 $x_0 = 3.5$ km 的居民住宅失火的损失额，用 SPSS 软件计算出点估计值 $\hat{y}_0$ 以及置信水平为 95% 的置信区间为：

点估计值 $\hat{y}_0$：27.50（千元）

单个新值：（22.32，32.67）

平均值 $E(y_0)$：（26.19，28.80）

用式（2.81）的近似公式计算单个新值置信水平为 95% 的近似置信区间为：

$$(\hat{y}_0 - 2\hat{\sigma}, \hat{y}_0 + 2\hat{\sigma}) = (27.50 - 2 \times 2.316, 27.50 + 2 \times 2.316)$$
$$= (22.87, 32.13)$$

这个近似的置信区间与精确的置信区间（22.32，32.67）很接近。如果用手工计算，多数场合可以用近似区间。

有的软件和教材中把因变量平均值的区间预测称为置信区间（confidence interval），把因变量单个值的区间预测称为预测区间（prediction interval）。

三、控制问题

控制问题相当于预测的反问题。预测和控制有密切的关系。在许多经济问题中，我们要求 y 在一定的范围内取值。比如在研究近年的经济增长率时，我们希望经济增长能保持在 $8\%\sim12\%$；在控制通货膨胀问题时，我们希望全国零售物价指数增长在 5% 以内；等等。这些问题用数学表达式描述，即要求

$$T_1 < y < T_2$$

问题是如何控制 x 呢？对于前面谈到的经济问题，即如何控制影响经济增长和通货膨胀的最主要因素呢？在统计学中进一步要讨论如何控制自变量 x 的值才能以 $1-\alpha$ 的概率保证把目标值 y 控制在 $T_1 < y < T_2$ 中，即

$$P(T_1 < y < T_2) = 1 - \alpha \tag{2.84}$$

式中，α 是事先给定的小的正数，$0 < \alpha < 1$。

我们通常用近似的预测区间来确定 x。如果 $\alpha=0.05$，根据式（2.81），可由不等式组

$$\begin{cases} \hat{y}(x) - 2\hat{\sigma} > T_1 \\ \hat{y}(x) + 2\hat{\sigma} < T_2 \end{cases} \tag{2.85}$$

求出 x 的取值区间，将 $\hat{y}(x) = \hat{\beta}_0 + \hat{\beta}_1 x$ 代入求得

当 $\hat{\beta}_1 > 0$ 时

$$\frac{T_1 + 2\hat{\sigma} - \hat{\beta}_0}{\hat{\beta}_1} < x < \frac{T_2 - 2\hat{\sigma} - \hat{\beta}_0}{\hat{\beta}_1} \tag{2.86}$$

当 $\hat{\beta}_1 < 0$ 时

$$\frac{T_2 - 2\hat{\sigma} - \hat{\beta}_0}{\hat{\beta}_1} < x < \frac{T_1 + 2\hat{\sigma} - \hat{\beta}_0}{\hat{\beta}_1} \tag{2.87}$$

控制问题的应用要求因变量 y 与自变量 x 之间有因果关系，经常用在工业生产的质量控制中，这方面的例子参见参考文献［7］。在经济问题中，经济变量之间有强相关性，形成一个综合的整体，仅控制回归方程中的一个或几个自变量，而忽视回归方程之外的其他变量，往往达不到预期的效果。

2.8 本章小结与评注

本章通过两个例子系统介绍了一元线性回归模型概念引入的实际背景，以及回归模型未知参数的估计、最小二乘估计的性质、回归方程的显著性检验、回归系数的区间估计、

残差分析的基本概念和方法、回归模型的主要应用、预测和控制等问题。

一元线性回归模型虽然比较简单，但它的统计思想非常重要。后面将要介绍的多元线性回归的很多内容是一元线性回归结果的直接推广，所以有必要对一元线性回归建模及应用方面多做一些讨论，以使我们对回归分析方法的思想实质有更深的体会。

一、一元线性回归模型从建模到应用的全过程

第一步，提出因变量与自变量。这里以例2.2的数据为例，本例因变量 y 为城镇家庭平均每人全年消费性支出（元），自变量 x 为城镇家庭平均每人可支配收入（元），采用年份数据。

第二步，收集数据。从中经网统计数据库中可查得表2-2。

第三步，根据表2-2的数据画散点图（见图2-2）。

第四步，设定理论模型。由图2-2我们看到，随着人均可支配收入增加，居民人均消费增加，而且23个样本点大致分布在一条直线的周围。因此，用直线回归模型去描述它们是合适的。故可以采用式（2.4）一元线性回归理论模型。

第五步，用软件计算，输出计算结果。

本例使用SPSS软件，选中全部输出统计量，得到输出结果2.4。

输出结果2.4

Descriptive Statistics

	Mean	Std. Deviation	N
y	6758.1561	4484.71397	23
x	9134.1739	6654.94249	23

Correlations

		y	x
Pearson Correlation	y	1.000	.999
	x	.999	1.000
Sig. (1-tailed)	y	.	.000
	x	.000	.
N	y	23	23
	x	23	23

Model Summary[b]

Model	R	R Square	Adjusted R Square	Std. Error of the Estimate	Durbin-Watson
1	.999a	.998	.998	211.07126	.283

a.Predictors:(Constant),x
b.Dependent Variable:y

ANOVAᵃ

Model		Sum of Squares	df	Mean Square	F	Sig.
1	Regression	441542934.594	1	441542934.594	9910.937	.000ᵇ
	Residual	935572.642	21	44551.078		
	Total	442478507.237	22			

a.Dependent Variable:y
b.Predictors:(Constant),x

Coefficientsᵃ

Model		Unstandardized Coefficients		Standardized Coefficients	t	Sig.	95.0% Confidence Interval for B	
		B	Std. Error	Beta			Lower Bound	Upper Bound
1	(Constant)	609.218	75.841		8.033	.000	451.497	766.939
	x	.673	.007	.999	99.554	.000	.659	.687

a.Dependent Variable:y

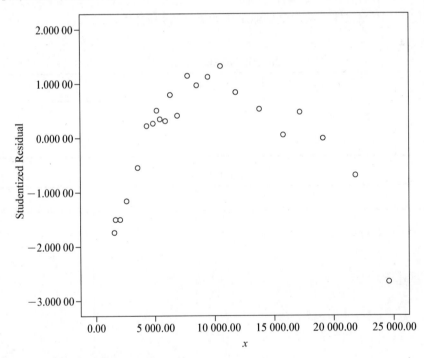

第六步，回归诊断，分析输出结果。

（1）从 Descriptive Statistics 描述统计表中看到，$x=9\,134.173\,9$，$y=6\,758.156\,1$，有效样本量 $n=23$。x 的标准差 $S_x=6\,654.942$，y 的标准差 $S_y=4\,484.714$。

（2）从 Correlations 相关表中看到，相关系数 $r=0.999$，单侧检验显著性概率 Sig.$=9.514E-26\approx0.000$，双侧检验 Sig.$=2\times9.514E-26=1.903E-25\approx0.000$，说明 y 与 x 有显著的线性相关关系，这与散点图的直观分析是一致的。需要注意的是，SPSS 通常只显示 3 位小数，可以双击输出表格选定所需数据用鼠标右键更改数据显示位数。

（3）从 Model Summary 表中看到，决定系数 $r^2 = 0.998$，从相对水平上看，回归方程能够减少因变量 y 的 99.8% 的方差波动。回归标准差 $\hat{\sigma} = 211.071$，从绝对水平上看，y 的标准差从回归前的 4 484.714 减少到回归后的 211.071。

（4）从 ANOVA 方差分析表中看到，$F = 9\,910.937$，Sig. $= 0.000$，说明 y 与 x 的线性回归高度显著，这与相关系数的检验结果是一致的。

（5）从 Coefficients 系数表中得到回归方程为 $\hat{y} = 609.218 + 0.673\,x$，回归系数 β_1 检验的 t 值为 99.554，Sig. $= 0.000$，与 F 检验和相关系数 r 的检验结果一致。另外，常数项 β_0 的置信度为 95% 的区间估计为（451.497，766.939），回归系数 β_1 的置信度为 95% 的区间估计为（0.659，0.687）。

（6）残差分析。仿照 2.5 节中对例 2.1 数据的残差分析，计算出残差 e_i、标准化残差 ZRE_i、学生化残差 SRE_i，再以自变量 x 为横轴，学生化残差 SRE_i 为纵轴作残差图。由残差图看到所有的点都在 $(-3, 3)$ 范围内，没有异常值，但是残差有自相关趋势，这一点将在 4.4 节自相关中继续讨论。由以上分析可认为本例的样本数据基本正常，理论模型的基本假定是合适的。

第七步，模型的应用。当所建模型通过所有检验之后，就可结合实际经济问题进行应用。最常见的应用之一就是因素分析。我们由回归方程可知，当城镇人均可支配收入增长 1 元时，平均约有 0.673 元用于消费，人均可支配收入的增长与人均消费支出的增长成正相关关系，这大致符合现阶段的实际情况。这个结果可为现阶段制定宏观调控政策提供量化依据，另外还可仿照 2.7 节做所需的预测。

回归分析方法的应用要特别注意定性分析与定量分析相结合。当现阶段的实际情况与建模时所用数据资料的背景有较大差异时，不能仍机械地死套公式，应对模型进行修改。修改包括重新收集数据，尽可能使用近期数据，还包括考虑是否要增加新的自变量，因为影响某种经济现象的因素可能发生了变化，可能还有一些重要的因素需要考虑等。这些问题都是本书后面几章要重点讨论的内容。

二、有关回归的假设检验问题

对于一元线性回归方程显著性的检验，我们介绍的一种主要方法是 F 检验，即 H_0：$\beta_1 = 0$，H_1：$\beta_1 \neq 0$。那么接受 H_0 或拒绝 H_0 意味着什么？前面在做 F 检验时，假定 y 对 x 的回归形式为线性关系，而不是曲线关系。这时如果拒绝 H_0，就说明 x 与 y 之间有显著的线性关系，回归方程刻画了 x 与 y 的这种线性关系。然而，对于一个实际问题，变量 x 与 y 之间到底是一种什么样的关系，我们并不十分清楚。另外，样本数据是否存在异常值，是否存在周期性，往往从数据的表面并不能明显看出。运用普通最小二乘法估计模型的参数在模型满足一些基本假定时才有效，如果模型的基本假定明显出错，可能导致模型结论严重歪曲。

一般情况下，当 H_0：$\beta_1 = 0$ 被接受时，表明 y 的取值倾向不随 x 的值按线性关系变化。产生这种状况的原因可能是变量 y 与 x 之间的相关关系不显著，也可能是虽然变量 y 与 x 之间的相关关系显著，但这种相关关系不是线性的而是非线性的。

当 $H_0: \beta_1 = 0$ 被拒绝时，如果没有其他信息，只能认为因变量 y 对自变量 x 的线性回归是有效的，但是并没有说明回归的有效程度，不能断言 y 与 x 之间就一定是线性相关关系，而不是曲线关系或其他关系。这些问题还需要借助决定系数、散点图、残差图等工具做进一步分析。

为了说明上述问题，1973 年安斯库姆（Anscombe）构造了四组数据（参见参考文献 [2]），如表 2-5 所示。用这四组数据得到的经验回归方程是相同的，都是 $\hat{y} = 3.00 + 0.500x$，决定系数都是 $r^2 = 0.667$，相关系数 $r = 0.816$。这四组数据所建的回归方程是相同的，决定系数 r^2、F 统计量也都相同，且均通过显著性检验，说明这四组数据 y 与 x 之间都有显著的线性相关关系。然而，变量 y 与 x 之间是否有相同的线性相关关系呢？由上述四组数据的散点图（见图 2-7）可以看到，变量 y 与 x 之间的关系大不相同。

表 2-5　　　　　　　　　　　　　　　　　　四组数据

第一组		第二组		第三组		第四组	
x	y	x	y	x	y	x	y
4	4.26	4	3.10	4	5.39	8	6.58
5	5.68	5	4.74	5	5.73	8	5.76
6	7.24	6	6.13	6	6.08	8	7.71
7	4.82	7	7.26	7	6.44	8	8.84
8	6.95	8	8.14	8	6.77	8	8.47
9	8.81	9	8.77	9	7.11	8	7.04
10	8.04	10	9.14	10	7.46	8	5.25
11	8.33	11	9.26	11	7.81	8	5.56
12	10.84	12	9.13	12	8.15	8	7.91
13	7.58	13	8.74	13	12.74	8	6.89
14	9.96	14	8.10	14	8.84	19	12.50

由图 2-7（a）可知，将直线作为 y 与 x 间关系的拟合是合适的，回归方程刻画出了变量 y 与 x 间的线性相关关系。

由图 2-7（b）可知，变量 y 与 x 之间应当是曲线关系，尽管回归方程也通过了显著性检验，但用直线方程去揭示它们的相关关系很不合适。如果用 y 对 x 做曲线回归，必然可以大幅提高决定系数 r^2，如果进一步做残差分析会发现残差点的分布不具有随机性。

由图 2-7（c）可知，变量 y 与 x 之间存在线性关系，但用直线 $\hat{y} = 3.00 + 0.500x$ 去拟合这种关系不太理想。因为第三组数据中第 10 对数据（13，12.74）远离回归直线，可以认为是异常值。如果将它剔除，用其余 10 对数据重新计算得经验回归方程为 $\hat{y} = 4.00 + 0.346x$，拟合效果非常好，决定系数接近 1，回归标准误差接近零。

由图 2-7（d）可知，回归直线的斜率完全取决于（19，12.50）这一个点，这样得到的经验回归方程是很不可信的。实际上，自变量 x 只取了 8 和 19 这两个不同的值，因而不能断言 y 与 x 之间是何种关系。对这种情况，可以说数据收集得不理想，应该对自变量 x 在 [8，19] 这个区间上再收集一些不同的数据。

这个例子告诉我们，当拒绝假设 $H_0: \beta_1 = 0$ 时，我们说 y 与 x 之间存在线性相关关系，但是并不能完全肯定线性关系就是 y 与 x 之间关系的最好描述，很可能 y 与 x 之间

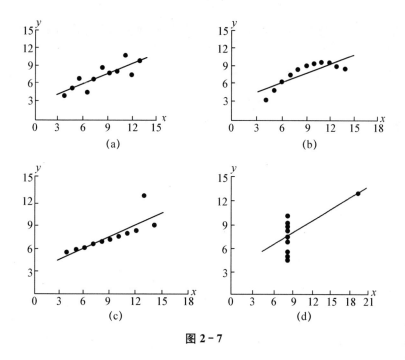

图 2-7

更准确的关系应该是曲线关系，或者由于存在异常值等原因造成 y 与 x 之间虚假的线性关系。在实际应用中，不应局限于一种方法去分析判断。要得到确实可信的结果，应该将 F 检验、决定系数、散点图、残差分析等方法一起使用，得到一致的结果时才可下定论。

三、回归系数的解释问题

对于回归方程

$$\hat{y} = \hat{\beta}_0 + \hat{\beta}_1 x$$

一般情况下，我们把回归系数 $\hat{\beta}_1$ 解释为：当自变量 x 增加或减少一个单位时，平均来说，y 增加或减少 $\hat{\beta}_1$ 个单位。不过这种说法并不总是正确的，在分析实际问题时，应根据具体情况而定，在下一章中再详细讨论。

四、回归方程的预测问题

对于回归方程的应用，很重要的一个方面就是预测未来。如果在预测时，自变量的取值在建模时样本数据的取值范围之内，这种预测称为内插预测，内插预测的效果通常较好，预测误差小。如果自变量的取值超出了建模时样本数据 x 的取值范围，这种预测称为外推预测，外推预测的效果可能不好，因为我们建立的回归方程是直线方程，而理论上回归方程一般并不是严格的直线方程，如果用经验回归方程去预测，可能导致较大的误差。

在实际问题的研究中，如果从定性的角度认为回归方程为线性这一点有充分的理论根据，那么外推预测的效果不会太差。预测的结果肯定是有误差的，在实际应用时，要使误差尽可能小。自变量 x 的取值距 x 明显过大时，预测效果一般不好。就像我们用

20 世纪 80 年代的人均国民收入与人均消费额数据建立模型做长期预测，预测 2015 年的人均消费额误差肯定很大，因为 2015 年的经济情况与 20 世纪 80 年代肯定有很大差别。所以，用回归方程做长期预测一定要慎重。

思考与练习

2.1 一元线性回归模型有哪些基本假定？

2.2 考虑过原点的线性回归模型

$$y_i = \beta_1 x_i + \varepsilon_i, \quad i = 1, 2, \cdots, n$$

误差 $\varepsilon_1, \varepsilon_2, \cdots, \varepsilon_n$ 仍满足基本假定。求 β_1 的最小二乘估计。

2.3 证明式（2.27），$\sum\limits_{i=1}^{n} e_i = 0$，$\sum\limits_{i=1}^{n} x_i e_i = 0$。

2.4 回归方程 $E(y) = \beta_0 + \beta_1 x$ 的参数 β_0，β_1 的最小二乘估计与最大似然估计在什么条件下等价？给出证明。

2.5 证明 $\hat{\beta}_0$ 是 β_0 的无偏估计。

2.6 证明式（2.42）$\text{var}(\hat{\beta}_0) = \left[\dfrac{1}{n} + \dfrac{(\bar{x})^2}{\sum (x_i - \bar{x})^2} \right] \sigma^2$ 成立。

2.7 证明平方和分解式 SST＝SSR＋SSE。

2.8 验证三种检验的关系：

(1) $t = \dfrac{\hat{\beta}_1 \sqrt{L_{xx}}}{\hat{\sigma}} = \dfrac{\sqrt{n-2}\, r}{\sqrt{1-r^2}}$

(2) $F = \dfrac{\text{SSR}/1}{\text{SSE}/(n-2)} = \dfrac{\hat{\beta}_1^2 \cdot L_{xx}}{\hat{\sigma}^2} = t^2$

2.9 验证式（2.63）：

$$\text{var}(e_i) = \left[1 - \dfrac{1}{n} - \dfrac{(x_i - \bar{x})^2}{L_{xx}} \right] \sigma^2$$

2.10 用 2.9 题证明 $\hat{\sigma}^2 = \dfrac{1}{n-2} \sum\limits_{i=1}^{n} (y_i - \hat{y}_i)^2$ 是 σ^2 的无偏估计。

2.11 验证决定系数 r^2 与 F 值之间的关系式

$$r^2 = \dfrac{F}{F+n-2}$$

以上表达式说明 r^2 与 F 值是等价的，那么我们为什么要分别引入这两个统计量，而不是只使用其中的一个？

2.12 如果把自变量观测值都乘以 2，回归参数的最小二乘估计 $\hat{\beta}_0$ 和 $\hat{\beta}_1$ 会发生什么变化？如果把自变量观测值都加上 2，回归参数的最小二乘估计 $\hat{\beta}_0$ 和 $\hat{\beta}_1$ 会发生什么变化?

2.13 如果回归方程 $\hat{y} = \hat{\beta}_0 + \hat{\beta}_1 x$ 对应的相关系数 r 很大,则用它预测时,预测误差一定较小。这一结论成立吗?请说明理由。

2.14 为了调查某广告对销售收入的影响,某商店记录了 5 个月的销售收入 y(万元)和广告费用 x(万元),数据如表 2 – 6 所示。

表 2 – 6

月份	1	2	3	4	5
x	1	2	3	4	5
y	10	10	20	20	40

(1) 画散点图。

(2) x 与 y 之间是否大致呈线性关系?

(3) 用最小二乘估计求出回归方程。

(4) 求回归标准误差 $\hat{\sigma}$。

(5) 给出 $\hat{\beta}_0$ 与 $\hat{\beta}_1$ 的置信度为 95% 的区间估计。

(6) 计算 x 与 y 的决定系数。

(7) 对回归方程做方差分析。

(8) 做回归系数 β_1 的显著性检验。

(9) 做相关系数的显著性检验。

(10) 对回归方程作残差图并做相应的分析。

(11) 求当广告费用为 4.2 万元时,销售收入将达到多少,并给出置信度为 95% 的置信区间。

2.15 一家保险公司十分关心其总公司营业部加班的程度,决定认真调查一下现状。经过 10 周时间,收集了每周加班时间的数据和签发的新保单数目,x 为每周签发的新保单数目,y 为每周加班时间(小时),数据如表 2 – 7 所示。

表 2 – 7

周序号	1	2	3	4	5	6	7	8	9	10
x	825	215	1 070	550	480	920	1 350	325	670	1 215
y	3.5	1.0	4.0	2.0	1.0	3.0	4.5	1.5	3.0	5.0

(1) 画散点图。

(2) x 与 y 之间是否大致呈线性关系?

(3) 用最小二乘估计求出回归方程。

(4) 求回归标准误差 $\hat{\sigma}$。

(5) 给出 $\hat{\beta}_0$ 与 $\hat{\beta}_1$ 的置信度为 95% 的区间估计。

(6) 计算 x 与 y 的决定系数。

(7) 对回归方程做方差分析。

(8) 做回归系数 β_1 的显著性检验。

（9）做相关系数的显著性检验。

（10）对回归方程作残差图并做相应的分析。

（11）该公司预计下一周签发新保单 $x_0 = 1\,000$ 张，需要的加班时间是多少？

（12）给出 y_0 的置信度为 95% 的精确预测区间和近似预测区间。

（13）给出 $E(y_0)$ 的置信度为 95% 的区间估计。

2.16 表 2-8 是 1985 年美国 50 个州和哥伦比亚特区公立学校中教师的人均年工资 y（美元）和对学生的人均经费投入 x（美元）。

表 2-8

序号	y	x	序号	y	x	序号	y	x
1	19 583	3 346	18	20 816	3 059	35	19 538	2 642
2	20 263	3 114	19	18 095	2 967	36	20 460	3 124
3	20 325	3 554	20	20 939	3 285	37	21 419	2 752
4	26 800	4 542	21	22 644	3 914	38	25 160	3 429
5	29 470	4 669	22	24 624	4 517	39	22 482	3 947
6	26 610	4 888	23	27 186	4 349	40	20 969	2 509
7	30 678	5 710	24	33 990	5 020	41	27 224	5 440
8	27 170	5 536	25	23 382	3 594	42	25 892	4 042
9	25 853	4 168	26	20 627	2 821	43	22 644	3 402
10	24 500	3 547	27	22 795	3 366	44	24 640	2 829
11	24 274	3 159	28	21 570	2 920	45	22 341	2 297
12	27 170	3 621	29	22 080	2 980	46	25 610	2 932
13	30 168	3 782	30	22 250	3 731	47	26 015	3 705
14	26 525	4 247	31	20 940	2 853	48	25 788	4 123
15	27 360	3 982	32	21 800	2 533	49	2 9132	3 608
16	21 690	3 568	33	22 934	2 729	50	41 480	8 349
17	21 974	3 155	34	1 8443	2 305	51	25 845	3 766

（1）绘制 y 对 x 的散点图。可以用直线回归描述两者之间的关系吗？

（2）建立 y 对 x 的线性回归。

（3）用线性回归的 Plots 功能绘制标准化残差的直方图和正态概率图，检验误差项的正态性假设。

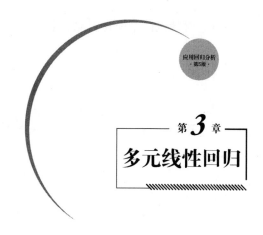

多元线性回归

在第 2 章我们介绍了被解释变量 y 只与一个解释变量 x 有关的线性回归问题，但在许多实际问题中，一元线性回归只不过是回归分析中的一种特例，它通常是我们对影响某种现象的许多因素进行简化考虑的结果。如某公司管理人员要预测来年该公司的销售额 y，研究认为影响销售额的因素不只是广告宣传费 x_1，还有个人可支配收入 x_2、价格 x_3、研发费用 x_4、各种投资 x_5、销售费用 x_6 等。这样因变量 y 就与多个自变量 x_1，x_2，x_3，x_4，x_5，x_6 有关。因此，我们就需要进一步讨论多元线性回归问题。

本章将重点介绍多元线性回归模型及其基本假设、回归模型未知参数的估计及其性质、回归方程及回归系数的显著性检验等。从这一章起将使用矩阵工具进行讨论。多元回归的计算量要比一元回归大得多，用手工计算已不现实，需要使用计算机软件完成计算。

3.1 多元线性回归模型

一、多元线性回归模型的一般形式

设随机变量 y 与一般变量 x_1，x_2，$\cdots$，x_p 的线性回归模型为：

$$y = \beta_0 + \beta_1 x_1 + \beta_2 x_2 + \cdots + \beta_p x_p + \varepsilon \tag{3.1}$$

式中，β_0，β_1，$\cdots$，β_p 是 $p+1$ 个未知参数，β_0 称为回归常数，β_1，$\cdots$，β_p 称为回归系数。y 称为被解释变量（因变量），x_1，x_2，$\cdots$，x_p 是 p 个可以精确测量并控制的一般变量，称为解释变量（自变量）。$p=1$ 时，式（3.1）即上一章的一元线性回归模型式（2.1）；$p \geqslant 2$ 时，我们就称式（3.1）为多元线性回归模型。ε 是随机误差，与一元线性回

归一样，对随机误差项我们常假定

$$\begin{cases} E(\varepsilon)=0 \\ \mathrm{var}(\varepsilon)=\sigma^2 \end{cases} \tag{3.2}$$

称

$$E(y)=\beta_0+\beta_1x_1+\beta_2x_2+\cdots+\beta_px_p \tag{3.3}$$

为理论回归方程。

对一个实际问题，如果我们获得 n 组观测数据 $(x_{i1}, x_{i2}, \cdots, x_{ip}; y_i)(i=1, 2, \cdots, n)$，则线性回归模型式（3.1）可表示为：

$$\begin{cases} y_1=\beta_0+\beta_1x_{11}+\beta_2x_{12}+\cdots+\beta_px_{1p}+\varepsilon_1 \\ y_2=\beta_0+\beta_1x_{21}+\beta_2x_{22}+\cdots+\beta_px_{2p}+\varepsilon_2 \\ \quad\vdots \\ y_n=\beta_0+\beta_1x_{n1}+\beta_2x_{n2}+\cdots+\beta_px_{np}+\varepsilon_n \end{cases} \tag{3.4}$$

写成矩阵形式，为：

$$\boldsymbol{y}=\boldsymbol{X\beta}+\boldsymbol{\varepsilon} \tag{3.5}$$

式中

$$\boldsymbol{y}=\begin{bmatrix} y_1 \\ y_2 \\ \vdots \\ y_n \end{bmatrix} \qquad \boldsymbol{X}=\begin{bmatrix} 1 & x_{11} & x_{12} & \cdots & x_{1p} \\ 1 & x_{21} & x_{22} & \cdots & x_{2p} \\ \vdots & \vdots & \vdots & & \vdots \\ 1 & x_{n1} & x_{n2} & \cdots & x_{np} \end{bmatrix} \tag{3.6}$$

$$\boldsymbol{\beta}=\begin{bmatrix} \beta_0 \\ \beta_1 \\ \vdots \\ \beta_p \end{bmatrix} \qquad \boldsymbol{\varepsilon}=\begin{bmatrix} \varepsilon_1 \\ \varepsilon_2 \\ \vdots \\ \varepsilon_n \end{bmatrix}$$

$\boldsymbol{X}$ 是一个 $n\times(p+1)$ 阶矩阵，称为回归设计矩阵或资料矩阵。在实验设计中，$\boldsymbol{X}$ 的元素是预先设定并可以控制的，人的主观因素可作用其中，因而称 $\boldsymbol{X}$ 为设计矩阵。

二、多元线性回归模型的基本假定

为了方便地进行模型的参数估计，对回归方程式（3.4）有如下一些基本假定。

（1）解释变量 x_1，x_2，$\cdots$，x_p 是确定性变量，不是随机变量，且要求 $\mathrm{rank}(\boldsymbol{X})=p+1<n$。这里的 $\mathrm{rank}(\boldsymbol{X})=p+1<n$，表明设计矩阵 $\boldsymbol{X}$ 中的自变量列之间不相关，样本量的个数应大于解释变量的个数，$\boldsymbol{X}$ 是一满秩矩阵。

（2）随机误差项具有零均值和等方差，即

$$\begin{cases} E(\varepsilon_i)=0, \quad i=1,2,\cdots,n \\ \mathrm{cov}(\varepsilon_i,\varepsilon_j)=\begin{cases} \sigma^2, i=j \\ 0, \ i\neq j \end{cases} \quad i,j=1,2,\cdots,n \end{cases} \tag{3.7}$$

这个假定常称为高斯-马尔柯夫条件。$E(\varepsilon_i)=0$，即假设观测值没有系统误差，随机误差项 ε_i 的平均值为零。随机误差项 ε_i 的协方差为零，表明随机误差项在不同的样本点之间是不相关的（在正态假定下即为独立的），不存在序列相关，并且有相同的精度。

（3）正态分布的假定条件为：

$$\begin{cases} \varepsilon_i \sim N(0,\sigma^2), & i=1,2,\cdots,n \\ \varepsilon_1,\varepsilon_2,\cdots,\varepsilon_n \text{ 相互独立} \end{cases} \tag{3.8}$$

对于多元线性回归的矩阵模型式（3.5），这个条件便可表示为：

$$\boldsymbol{\varepsilon} \sim N(\boldsymbol{0},\sigma^2 \mathbf{I}_n) \tag{3.9}$$

由上述假定和多元正态分布的性质可知，随机向量 $\boldsymbol{y}$ 服从 n 维正态分布，回归模型式（3.5）的期望向量

$$E(\boldsymbol{y})=\boldsymbol{X\beta} \tag{3.10}$$
$$\text{var}(\boldsymbol{y})=\sigma^2 \mathbf{I}_n \tag{3.11}$$

因此

$$\boldsymbol{y} \sim N(\boldsymbol{X\beta},\sigma^2 \mathbf{I}_n) \tag{3.12}$$

三、多元线性回归方程的解释

为了给多元线性回归方程及其回归系数一个解释，下面以 $p=2$ 的一个微观经济问题为例，给出回归方程的几何解释和回归系数的经济意义。在建立空调机销售量的预测模型时，用 y 表示空调机的销售量，x_1 表示空调机的价格，x_2 表示消费者的可支配收入，则可建立二元线性回归模型

$$\begin{cases} y=\beta_0+\beta_1 x_1+\beta_2 x_2+\varepsilon \\ E(y)=\beta_0+\beta_1 x_1+\beta_2 x_2 \end{cases} \tag{3.13}$$

在式（3.13）中，假如 x_2 保持不变，为一常数，则有

$$\frac{\partial E(y)}{\partial x_1}=\beta_1 \tag{3.14}$$

即 β_1 可解释为在消费者收入 x_2 保持不变时，空调机价格 x_1 每增加一个单位，空调机销售量 y 的平均增加幅度。一般来说，随着空调机价格提高，销售量减少，因此 β_1 将是负的。

在式（3.13）中，假如 x_1 保持不变，为一常数，则有

$$\frac{\partial E(y)}{\partial x_2}=\beta_2 \tag{3.15}$$

即 β_2 可解释为在空调机价格 x_1 保持不变时，消费者收入 x_2 每增加一个单位，空调机销售量 y 的平均增加幅度。一般来说，随着消费者收入增加，空调机的需求量增加，因此 β_2

应该是正的。

对一般情况下含有 p 个自变量的多元线性回归而言，每个回归系数 β_i 表示在回归方程中其他自变量保持不变的情况下，自变量 x_i 每增加一个单位时因变量 y 的平均增加幅度。因此也把多元线性回归的回归系数称为偏回归系数（partial regression coefficient），本书则仍简称为回归系数。

再用一个例子说明回归系数的含义。考虑国内生产总值（GDP）和三次产业增加值的关系，本章思考与练习中表 3-10 给出了历史数据。这个问题中 GDP=$x_1+x_2+x_3$ 是确定性的函数关系，可以看作误差项为 0 的特殊的回归关系。3 个回归系数都是 1，对 $\beta_2=1$ 的解释为，第二产业增加值 x_2 每增加 1 亿元，GDP 也增加 1 亿元。现在做 GDP 对 x_2 的一元线性回归，得回归方程 $\hat{y}=-90.436\,67+2.155\,23x_2$，对这个方程回归系数的解释是，第二产业增加值每增加 1 亿元，GDP 增加 2.155 23 亿元。两个回归方程对同样的经济现象给出了不同的解释，问题出在什么地方？前面强调过，多元回归系数表示在回归方程中其他自变量保持不变的情况下，相应自变量每增加一个单位时因变量的平均增加幅度。因此在用多元回归方程 GDP=$x_1+x_2+x_3$ 解释 $\beta_2=1$ 时，一定要强调是在 x_1 和 x_3 保持不变的情况下，x_2 每增加 1 亿元，GDP 也增加 1 亿元。在用一元回归方程 $\hat{y}=-90.436\,67+2.155\,23x_2$ 解释回归系数时，要强调的是在方程之外的有关变量也相应变化时，x_2 每增加 1 亿元，GDP 增加 2.155 23 亿元。GDP 增加的 2.155 23 亿元中 x_2 的直接贡献只有 1 亿元，回归方程外的 x_1 和 x_3 的贡献是 1.155 23 亿元。

还有一个问题：为什么回归方程外的 x_1 和 x_3 的贡献是 1.155 23 亿元，而不是 2 亿元？仔细观察表 3-10 的数据你会发现，x_2 的增加幅度远大于 x_1 和 x_3 的增加幅度，假如 x_2 增加 1 亿元，x_1 和 x_3 相应的增加幅度都达不到 1 亿元。

需要说明的是，2005 年我国进行了第一次全国经济普查，国家统计局根据经济普查资料对 2004 年 GDP 重新进行了核算，并对 1993 年以来的 GDP 历史数据进行了修订。根据经济普查资料计算出我国 2004 年 GDP 现价总量为 159 878 亿元，与 2004 年全国 GDP 年快报核算数据相比增加了 23 002 亿元，提高了 16.8%。其中第一产业数据变化不大，重新核算后增加了 188 亿元；第二产业增加了 1 517 亿元，提高了 2.1%；第三产业增加了 21 297 亿元，提高了 48.7%。在 GDP 总量多出的 23 002 亿元中，有 93% 是第三产业带来的。

回归方程式（3.13）的图形，不像一元线性回归那样是一条直线，而是一个回归平面。而对一般情况下的回归方程式（3.3），当 $p>2$ 时，回归方程是一个超平面，无法用几何图形表示。

3.2 回归参数的估计

一、回归参数的普通最小二乘估计

多元线性回归方程未知参数 β_0，β_1，…，β_p 的估计与一元线性回归方程的参数估计

原理一样，仍然可以采用最小二乘估计。对于式（3.5）表示的回归模型 $\boldsymbol{y}=\boldsymbol{X\beta}+\boldsymbol{\varepsilon}$，所谓最小二乘法，就是寻找参数 β_0，β_1，β_2，$\cdots$，β_p 的估计值 $\hat{\beta}_0$，$\hat{\beta}_1$，$\hat{\beta}_2$，$\cdots$，$\hat{\beta}_p$，使离差平方和 $Q(\beta_0，\beta_1，\beta_2，\cdots，\beta_p)=\sum_{i=1}^{n}(y_i-\beta_0-\beta_1 x_{i1}-\beta_2 x_{i2}-\cdots-\beta_p x_{ip})^2$ 达到极小，即寻找 $\hat{\beta}_0$，$\hat{\beta}_1$，$\hat{\beta}_2$，$\cdots$，$\hat{\beta}_p$ 满足

$$
\begin{aligned}
Q(\hat{\beta}_0,\hat{\beta}_1,\hat{\beta}_2,\cdots,\hat{\beta}_p) &= \sum_{i=1}^{n}(y_i-\hat{\beta}_0-\hat{\beta}_1 x_{i1}-\hat{\beta}_2 x_{i2}-\cdots-\hat{\beta}_p x_{ip})^2 \\
&= \min_{\beta_0,\beta_1,\beta_2,\cdots,\beta_p}\sum_{i=1}^{n}(y_i-\beta_0-\beta_1 x_{i1}-\beta_2 x_{i2}-\cdots-\beta_p x_{ip})^2 \quad (3.16)
\end{aligned}
$$

依照式（3.16）求出的 $\hat{\beta}_0$，$\hat{\beta}_1$，$\hat{\beta}_2$，$\cdots$，$\hat{\beta}_p$ 就称为回归参数 β_0，β_1，β_2，$\cdots$，β_p 的最小二乘估计。

从式（3.16）中求出 $\hat{\beta}_0$，$\hat{\beta}_1$，$\hat{\beta}_2$，$\cdots$，$\hat{\beta}_p$ 是一个求极值问题。由于 Q 是关于 β_0，β_1，β_2，$\cdots$，β_p 的非负二次函数，因而它的最小值总是存在的。根据微积分中求极值的原理，$\hat{\beta}_0$，$\hat{\beta}_1$，$\hat{\beta}_2$，$\cdots$，$\hat{\beta}_p$ 应满足下列方程组

$$
\begin{cases}
\dfrac{\partial Q}{\partial \beta_0}\bigg|_{\beta_0=\hat{\beta}_0} = -2\sum_{i=1}^{n}(y_i-\hat{\beta}_0-\hat{\beta}_1 x_{i1}-\hat{\beta}_2 x_{i2}-\cdots-\hat{\beta}_p x_{ip})=0 \\[2mm]
\dfrac{\partial Q}{\partial \beta_1}\bigg|_{\beta_1=\hat{\beta}_1} = -2\sum_{i=1}^{n}(y_i-\hat{\beta}_0-\hat{\beta}_1 x_{i1}-\hat{\beta}_2 x_{i2}-\cdots-\hat{\beta}_p x_{ip})x_{i1}=0 \\[2mm]
\dfrac{\partial Q}{\partial \beta_2}\bigg|_{\beta_2=\hat{\beta}_2} = -2\sum_{i=1}^{n}(y_i-\hat{\beta}_0-\hat{\beta}_1 x_{i1}-\hat{\beta}_2 x_{i2}-\cdots-\hat{\beta}_p x_{ip})x_{i2}=0 \\[1mm]
\qquad\qquad\vdots \\[1mm]
\dfrac{\partial Q}{\partial \beta_p}\bigg|_{\beta_p=\hat{\beta}_p} = -2\sum_{i=1}^{n}(y_i-\hat{\beta}_0-\hat{\beta}_1 x_{i1}-\hat{\beta}_2 x_{i2}-\cdots-\hat{\beta}_p x_{ip})x_{ip}=0
\end{cases} \quad (3.17)
$$

以上方程组经整理后，得出用矩阵形式表示的正规方程组

$$\boldsymbol{X}'(\boldsymbol{y}-\boldsymbol{X\hat{\beta}})=\boldsymbol{0}$$

移项得

$$\boldsymbol{X}'\boldsymbol{X}\boldsymbol{\hat{\beta}}=\boldsymbol{X}'\boldsymbol{y}$$

当 $(\boldsymbol{X}'\boldsymbol{X})^{-1}$ 存在时，即得回归参数的最小二乘估计为：

$$\boldsymbol{\hat{\beta}}=(\boldsymbol{X}'\boldsymbol{X})^{-1}\boldsymbol{X}'\boldsymbol{y} \quad\quad\quad (3.18)$$

称

$$\hat{y}=\hat{\beta}_0+\hat{\beta}_1 x_1+\hat{\beta}_2 x_2+\cdots+\hat{\beta}_p x_p \quad\quad\quad (3.19)$$

为经验回归方程。

二、回归值与残差

在求出回归参数的最小二乘估计后，可以用经验回归方程式（3.19）计算因变量的回

归值与残差。称

$$\hat{y}_i = \hat{\beta}_0 + \hat{\beta}_1 x_{i1} + \hat{\beta}_2 x_{i2} + \cdots + \hat{\beta}_p x_{ip} \tag{3.20}$$

为观测值 y_i（$i=1, 2, \cdots, n$）的回归拟合值，简称回归值或拟合值。相应地，称向量 $\hat{\boldsymbol{y}} = \boldsymbol{X}\hat{\boldsymbol{\beta}} = (\hat{y}_1, \hat{y}_2, \cdots, \hat{y}_n)'$ 为因变量向量 $\boldsymbol{y} = (y_1, y_2, \cdots, y_n)'$ 的回归值。由 $\hat{\boldsymbol{\beta}} = (\boldsymbol{X}'\boldsymbol{X})^{-1}\boldsymbol{X}'\boldsymbol{y}$ 可得

$$\hat{\boldsymbol{y}} = \boldsymbol{X}\hat{\boldsymbol{\beta}} = \boldsymbol{X}(\boldsymbol{X}'\boldsymbol{X})^{-1}\boldsymbol{X}'\boldsymbol{y} \tag{3.21}$$

由式（3.21）看到，矩阵 $\boldsymbol{X}(\boldsymbol{X}'\boldsymbol{X})^{-1}\boldsymbol{X}'$ 的作用是把因变量向量 $\boldsymbol{y}$ 变为拟合值向量 $\hat{\boldsymbol{y}}$，从形式上看是给 $\boldsymbol{y}$ 戴上了一项帽子"^"，因而形象地称矩阵 $\boldsymbol{X}(\boldsymbol{X}'\boldsymbol{X})^{-1}\boldsymbol{X}'$ 为帽子矩阵，记为 $\boldsymbol{H}$，于是 $\hat{\boldsymbol{y}} = \boldsymbol{H}\boldsymbol{y}$。显然帽子矩阵 $\boldsymbol{H} = \boldsymbol{X}(\boldsymbol{X}'\boldsymbol{X})^{-1}\boldsymbol{X}'$ 是 n 阶对称矩阵，同时还是幂等矩阵，即 $\boldsymbol{H} = \boldsymbol{H}^2$。帽子矩阵 $\boldsymbol{H}$ 也是一个投影阵，从代数学的观点看，$\hat{\boldsymbol{y}}$ 是 $\boldsymbol{y}$ 在自变量 $\boldsymbol{X}$ 生成的空间上的投影，这个投影过程就是把 $\boldsymbol{y}$ 左乘矩阵 $\boldsymbol{H}$，因此称 $\boldsymbol{H}$ 为投影阵。帽子矩阵 $\boldsymbol{H} = \boldsymbol{X}(\boldsymbol{X}'\boldsymbol{X})^{-1}\boldsymbol{X}'$ 的主对角线元素记为 h_{ii}，可以证明，帽子矩阵 $\boldsymbol{H}$ 的迹为：

$$\text{tr}(\boldsymbol{H}) = \sum_{i=1}^{n} h_{ii} = p+1 \tag{3.22}$$

式（3.22）的证明只需根据迹的性质 $\text{tr}(\boldsymbol{AB}) = \text{tr}(\boldsymbol{BA})$，因而

$$
\begin{aligned}
\text{tr}(\boldsymbol{H}) &= \text{tr}(\boldsymbol{X}(\boldsymbol{X}'\boldsymbol{X})^{-1}\boldsymbol{X}') \\
&= \text{tr}((\boldsymbol{X}'\boldsymbol{X})^{-1}\boldsymbol{X}'\boldsymbol{X}) \\
&= \text{tr}(\boldsymbol{I}_{p+1}) = p+1
\end{aligned}
$$

称

$$e_i = y_i - \hat{y}_i \tag{3.23}$$

为 $y_i (i=1, 2, \cdots, n)$ 的残差。称 $\boldsymbol{e} = (e_1, e_2, \cdots, e_n)' = \boldsymbol{y} - \hat{\boldsymbol{y}}$ 为回归残差向量。将 $\hat{\boldsymbol{y}} = \boldsymbol{H}\boldsymbol{y}$ 代入得，$\boldsymbol{e} = \boldsymbol{y} - \boldsymbol{H}\boldsymbol{y} = (\boldsymbol{I} - \boldsymbol{H})\boldsymbol{y}$。记 $\text{cov}(\boldsymbol{e}, \boldsymbol{e}) = (\text{cov}(e_i, e_j))_{n \times n}$ 为残差向量 $\boldsymbol{e}$ 的协方差阵，或称为方差阵，记为 $D(\boldsymbol{e})$。因而

$$
\begin{aligned}
D(\boldsymbol{e}) &= \text{cov}(\boldsymbol{e}, \boldsymbol{e}) \\
&= \text{cov}((\boldsymbol{I}-\boldsymbol{H})\boldsymbol{y}, (\boldsymbol{I}-\boldsymbol{H})\boldsymbol{y}) \\
&= (\boldsymbol{I}-\boldsymbol{H})\text{cov}(\boldsymbol{y}, \boldsymbol{y})(\boldsymbol{I}-\boldsymbol{H})' \\
&= \sigma^2 (\boldsymbol{I}-\boldsymbol{H})\boldsymbol{I}_n(\boldsymbol{I}-\boldsymbol{H})' \\
&= \sigma^2 (\boldsymbol{I}-\boldsymbol{H})
\end{aligned}
$$

于是有

$$D(e_i) = (1 - h_{ii})\sigma^2, \quad i = 1, 2, \cdots, n \tag{3.24}$$

根据式（3.17）可知，残差满足关系式

$$\begin{cases} \sum e_i = 0 \\ \sum e_i x_{i1} = 0 \\ \qquad \vdots \\ \sum e_i x_{ip} = 0 \end{cases} \tag{3.25}$$

即残差的平均值为 0，残差对每个自变量的加权平均为 0。式（3.25）可以用矩阵表示为 $\boldsymbol{X}'\boldsymbol{e} = \boldsymbol{0}$。

误差项方差 σ^2 的无偏估计为：

$$\begin{aligned} \hat{\sigma}^2 &= \frac{1}{n-p-1} \text{SSE} = \frac{1}{n-p-1}(\boldsymbol{e}'\boldsymbol{e}) \\ &= \frac{1}{n-p-1} \sum_{i=1}^{n} e_i^2 \end{aligned} \tag{3.26}$$

式（3.26）的证明只需注意 $E(\sum_{i=1}^{n} e_i^2) = \sum_{i=1}^{n} D(e_i)$，然后再用式（3.24）和式（3.22）即可。

前面在由正规方程组求 $\hat{\boldsymbol{\beta}}$ 时，要求 $(\boldsymbol{X}'\boldsymbol{X})^{-1}$ 必须存在，即 $\boldsymbol{X}'\boldsymbol{X}$ 是一非奇异矩阵

$$|\boldsymbol{X}'\boldsymbol{X}| \neq 0$$

由线性代数可知，$\boldsymbol{X}'\boldsymbol{X}$ 为 $p+1$ 阶满秩矩阵

$$\text{rank}(\boldsymbol{X}'\boldsymbol{X}) = p+1$$

必须有

$$\text{rank}(\boldsymbol{X}) \geqslant p+1$$

而 $\boldsymbol{X}$ 为 $n \times (p+1)$ 阶矩阵，于是应有

$$n \geqslant p+1$$

这是一个重要的结论，我们在多元线性回归模型的基本假定中用过它，这里就更清楚这个假定的重要意义了。结论说明，要想用普通最小二乘法估计多元线性回归模型的未知参数，样本量必须不少于模型中参数的个数。在后面关于回归方程的假设检验中也少不了这一假设，否则检验无任何意义。

三、回归参数的最大似然估计

多元线性回归参数的最大似然估计与一元线性回归参数的最大似然估计的思想一致。对于式（3.5）所表示的模型

$$\boldsymbol{y} = \boldsymbol{X}\boldsymbol{\beta} + \boldsymbol{\varepsilon}$$
$$\boldsymbol{\varepsilon} \sim N(\boldsymbol{0}, \sigma^2 \boldsymbol{I}_n)$$

即 $\boldsymbol{\varepsilon}$ 服从多变量正态分布，那么 $\boldsymbol{y}$ 的概率分布为：

$$y \sim N(X\beta, \sigma^2 I_n)$$

这时，似然函数为：

$$L = (2\pi)^{-n/2}(\sigma^2)^{-n/2}\exp\left(-\frac{1}{2\sigma^2}(y-X\beta)'(y-X\beta)\right) \tag{3.27}$$

其中的未知参数是 β 和 σ^2，最大似然估计就是选取使似然函数 L 达到最大的 $\hat{\beta}$ 和 $\hat{\sigma}^2$。要使 L 达到最大，对式（3.27）两边同时取自然对数，得

$$\ln L = -\frac{n}{2}\ln(2\pi) - \frac{n}{2}\ln(\sigma^2) - \frac{1}{2\sigma^2}(y-X\beta)'(y-X\beta) \tag{3.28}$$

在式（3.28）中，仅在最后一项中含有 β，显然使式（3.28）达到最大，等价于使

$$(y-X\beta)'(y-X\beta)$$

达到最小，这又完全与普通最小二乘估计一样。故在正态假定下，回归参数 β 的最大似然估计与普通最小二乘估计完全相同，即

$$\hat{\beta} = (X'X)^{-1}X'y$$

误差项方差 σ^2 的最大似然估计为：

$$\hat{\sigma}_L^2 = \frac{1}{n}\text{SSE} = \frac{1}{n}(e'e) \tag{3.29}$$

这是 σ^2 的有偏估计，但它满足一致性。在大样本的情况下，这是 σ^2 的渐近无偏估计。

四、实例分析

 例 3.1

现实生活中，影响一个地区居民消费的因素有很多，例如，一个地区的人均生产总值、收入水平、消费价格指数、生活必需品的花费等。本例选取 9 个解释变量研究城镇居民家庭平均每人全年的消费性支出 y，解释变量为：x_1 居民的食品花费，x_2 居民的衣着花费，x_3 居民的居住花费，x_4 居民的医疗保健花费，x_5 居民的文教娱乐花费，x_6 地区的职工平均工资，x_7 地区的人均 GDP，x_8 地区的消费价格指数，x_9 地区的失业率。本例选取 2013 年《中国统计年鉴》中我国 31 个省、直辖市、自治区（不含港、澳、台）2012 年的数据，以居民的消费性支出（元）为因变量，以如上 9 个变量为自变量做多元线性回归。数据见表 3-1，其中，自变量 $x_1 \sim x_7$ 单位为元，x_9 为百分数。

表 3-1

地区	x_1	x_2	x_3	x_4	x_5	x_6	x_7	x_8	x_9	y
北京	7 535	2 639	1 971	1 658	3 696	84 742	87 475	106.5	1.3	24 046
天津	7 344	1 881	1 854	1 556	2 254	61 514	93 173	107.5	3.6	20 024

续前表

地区	x_1	x_2	x_3	x_4	x_5	x_6	x_7	x_8	x_9	y
河北	4 211	1 542	1 502	1 047	1 204	38 658	36 584	104.1	3.7	12 531
山西	3 856	1 529	1 439	906	1 506	44 236	33 628	108.8	3.3	12 212
内蒙古	5 463	2 730	1 584	1 354	1 972	46 557	63 886	109.6	3.7	17 717
辽宁	5 809	2 042	1 433	1 310	1 844	41 858	56 649	107.7	3.6	16 594
吉林	4 635	2 045	1 594	1 448	1 643	38 407	43 415	111	3.7	14 614
黑龙江	4 687	1 807	1 337	1 181	1 217	36 406	35 711	104.8	4.2	12 984
上海	9 656	2 111	1 790	1 017	3 724	78 673	85 373	106	3.1	26 253
江苏	6 658	1 916	1 437	1 058	3 078	50 639	68 347	112.6	3.1	18 825
浙江	7 552	2 110	1 552	1 228	2 997	50 197	63 374	104.5	3	21 545
安徽	5 815	1 541	1 397	1 143	1 933	44 601	28 792	105.3	3.7	15 012
福建	7 317	1 634	1 754	773	2 105	44 525	52 763	104.6	3.6	18 593
江西	5 072	1 477	1 174	671	1 487	38 512	28 800	106.7	3	12 776
山东	5 201	2 197	1 572	1 005	1 656	41 904	51 768	106.7	3.3	15 778
河南	4 607	1 886	1 191	1 085	1 525	37 338	31 499	106.8	3.1	13 733
湖北	5 838	1 783	1 371	1 030	1 652	39 846	38 572	105.6	3.8	14 496
湖南	5 442	1 625	1 302	918	1 738	38 971	33 480	105.7	4.2	14 609
广东	8 258	1 521	2 100	1 048	2 954	50 278	54 095	107.9	2.5	22 396
广西	5 553	1 146	1 377	884	1 626	36 386	27 952	107.5	3.4	14 244
海南	6 556	865	1 521	993	1 320	39 485	32 377	107	2	14 457
重庆	6 870	2 229	1 177	1 102	1 471	44 498	38 914	107.8	3.3	16 573
四川	6 074	1 651	1 284	773	1 587	42 339	29 608	105.9	4	15 050
贵州	4 993	1 399	1 014	655	1 396	41 156	19 710	105.5	3.3	12 586
云南	5 468	1 760	974	939	1 434	37 629	22 195	108.9	4	13 884
西藏	5 518	1 362	845	467	550	51 705	22 936	109.5	2.6	11 184
陕西	5 551	1 789	1 322	1 212	2 079	43 073	38 564	109.4	3.2	15 333
甘肃	4 602	1 631	1 288	1 050	1 388	37 679	21 978	108.6	2.7	12 847
青海	4 667	1 512	1 232	906	1 097	46 483	33 181	110.6	3.4	12 346
宁夏	4 769	1 876	1 193	1 063	1 516	47 436	36 394	105.5	4.2	14 067
新疆	5 239	2 031	1 167	1 028	1 281	44 576	33 796	114.8	3.4	13 892

用 SPSS 22.0 计算出的回归系数见输出结果 3.1。

因而 y 对 9 个自变量的线性回归方程为：

$$\hat{y} = 320.641 + 1.317x_1 + 1.650x_2 + 2.179x_3 - 0.006x_4$$
$$+ 1.684x_5 + 0.010x_6 + 0.004x_7 - 19.131x_8 + 50.516x_9$$

从回归方程中可以看到，x_1，x_2，x_3，x_5，x_6，x_7，x_9 对居民的消费性支出有正影响，x_4，x_8 对居民的消费性支出有负影响，这与定性分析的结果不完全一致，可能是因为变量之间存在相关关系。

从回归方程中可以看出，对城镇居民消费性支出有显著影响的即通过回归系数显著性检验的是居民在食品、衣着、居住和文教娱乐上的花费，而且回归系数的符号都为正。很

输出结果 3.1

Coefficients[a]

Model		Unstandardized Coefficients		Standardized Coefficients	t	Sig.
		B	Std. Error	Beta		
1	(Constant)	320.641	3951.557		.081	.936
	x1	1.317	.106	.462	12.400	.000
	x2	1.650	.301	.173	5.484	.000
	x3	2.179	.520	.167	4.190	.000
	x4	-.006	.477	.000	-.012	.991
	x5	1.684	.214	.336	7.864	.000
	x6	.010	.013	.031	.769	.451
	x7	.004	.011	.019	.342	.736
	x8	-19.131	31.970	-.013	-.598	.556
	x9	50.516	150.212	.009	.336	.740

a.Dependent Variable:y

显然，居民在食品、衣着、居住和文教娱乐上的花费越多，其消费性支出越多。

根据凯恩斯的消费理论，随着收入增加，消费也会增加。在回归方程中的体现就是，平均工资的系数为正，工资越多意味着收入越多，从而消费就会增加。地区的人均 GDP 也会引起居民收入的增加，从而导致居民消费的增加。一般情况下，消费价格指数高，在一定程度上会影响居民的消费意愿，但是由于居民对食品、衣着等必需品的消费具有刚性，因此消费性支出也会增加。但当一个地区失业率高时，居民的收入会减少，同时失业的压力会影响居民对未来收入的预期和消费信心，因此消费性支出会随之减少。但在我们运行出的回归方程中，消费价格指数和失业率的系数符号与定性分析结果相反，这可能是由于方程中变量太多，存在共线性造成的。

这一回归方程并不理想，所选自变量数目过多，部分回归系数的显著性检验不能通过，这里只是作为多元线性回归参数估计的一个例子，后面我们将要进一步完善这一问题模型的建立。

3.3 参数估计量的性质

性质1 $\hat{\boldsymbol{\beta}}$ 是随机向量 y 的一个线性变换。

在多元线性回归中，无论应用普通最小二乘估计还是最大似然估计，得到回归系数向量 $\boldsymbol{\beta}$ 的估计量为：

$$\hat{\boldsymbol{\beta}} = (\boldsymbol{X}'\boldsymbol{X})^{-1}\boldsymbol{X}'\boldsymbol{y} \tag{3.30}$$

根据回归模型假设知，$\boldsymbol{X}$ 是固定的设计矩阵，因此，$\hat{\boldsymbol{\beta}}$ 是 $\boldsymbol{y}$ 的一个线性变换。

性质 2 $\hat{\boldsymbol{\beta}}$ 是 $\boldsymbol{\beta}$ 的无偏估计。

证明：

$$
\begin{aligned}
E(\hat{\boldsymbol{\beta}}) &= E((\boldsymbol{X}'\boldsymbol{X})^{-1}\boldsymbol{X}'\boldsymbol{y}) \\
&= (\boldsymbol{X}'\boldsymbol{X})^{-1}\boldsymbol{X}'E(\boldsymbol{y}) \\
&= (\boldsymbol{X}'\boldsymbol{X})^{-1}\boldsymbol{X}'E(\boldsymbol{X}\boldsymbol{\beta}+\boldsymbol{\varepsilon}) \\
&= (\boldsymbol{X}'\boldsymbol{X})^{-1}\boldsymbol{X}'\boldsymbol{X}\boldsymbol{\beta} \\
&= \boldsymbol{\beta}
\end{aligned}
$$

这一性质与一元线性回归 $\hat{\beta}_0$ 和 $\hat{\beta}_1$ 无偏的性质相同。

性质 3 $D(\hat{\boldsymbol{\beta}}) = \sigma^2 (\boldsymbol{X}'\boldsymbol{X})^{-1}$ \hfill (3.31)

证明：

$$
\begin{aligned}
D(\hat{\boldsymbol{\beta}}) &= \text{cov}(\hat{\boldsymbol{\beta}}, \hat{\boldsymbol{\beta}}) \\
&= \text{cov}((\boldsymbol{X}'\boldsymbol{X})^{-1}\boldsymbol{X}'\boldsymbol{y}, (\boldsymbol{X}'\boldsymbol{X})^{-1}\boldsymbol{X}'\boldsymbol{y}) \\
&= (\boldsymbol{X}'\boldsymbol{X})^{-1}\boldsymbol{X}'\text{cov}(\boldsymbol{y},\boldsymbol{y})((\boldsymbol{X}'\boldsymbol{X})^{-1}\boldsymbol{X}')' \\
&= (\boldsymbol{X}'\boldsymbol{X})^{-1}\boldsymbol{X}'\sigma^2\boldsymbol{X}(\boldsymbol{X}'\boldsymbol{X})^{-1} \\
&= \sigma^2(\boldsymbol{X}'\boldsymbol{X})^{-1}\boldsymbol{X}'\boldsymbol{X}(\boldsymbol{X}'\boldsymbol{X})^{-1} \\
&= \sigma^2(\boldsymbol{X}'\boldsymbol{X})^{-1}
\end{aligned}
$$

当 $p=1$ 时即一元线性回归的情况，此时

$$
\boldsymbol{X}'\boldsymbol{X} = \begin{bmatrix} n & \sum\limits_{i=1}^{n} x_i \\ \sum\limits_{i=1}^{n} x_i & \sum\limits_{i=1}^{n} x_i^2 \end{bmatrix}
$$

$$
\begin{aligned}
(\boldsymbol{X}'\boldsymbol{X})^{-1} &= \frac{1}{|\boldsymbol{X}'\boldsymbol{X}|} \begin{bmatrix} \sum\limits_{i=1}^{n} x_i^2 & -\sum\limits_{i=1}^{n} x_i \\ -\sum\limits_{i=1}^{n} x_i & n \end{bmatrix} \\
&= \frac{1}{nL_{xx}} \begin{bmatrix} \sum\limits_{i=1}^{n} x_i^2 & -\sum\limits_{i=1}^{n} x_i \\ -\sum\limits_{i=1}^{n} x_i & n \end{bmatrix} \\
&= \begin{bmatrix} \dfrac{1}{nL_{xx}}\sum\limits_{i=1}^{n} x_i^2 & -\dfrac{\overline{x}}{L_{xx}} \\ -\dfrac{\overline{x}}{L_{xx}} & \dfrac{1}{L_{xx}} \end{bmatrix}
\end{aligned} \tag{3.32}
$$

再由

$$D(\hat{\boldsymbol{\beta}}) = \begin{pmatrix} \operatorname{var}(\hat{\beta}_0) & \operatorname{cov}(\hat{\beta}_0, \hat{\beta}_1) \\ \operatorname{cov}(\hat{\beta}_0, \hat{\beta}_1) & \operatorname{var}(\hat{\beta}_1) \end{pmatrix} \tag{3.33}$$

即可得式（2.41）、式（2.42）、式（2.45）。

$\hat{\boldsymbol{\beta}}$ 的方差阵 $D(\hat{\boldsymbol{\beta}})$ 也记为 $\operatorname{cov}(\hat{\boldsymbol{\beta}}, \hat{\boldsymbol{\beta}})$，因而也称作 $\hat{\boldsymbol{\beta}}$ 的协方差阵，它是回归系数 $\hat{\beta}_1$ 方差的推广，反映了估计量 $\hat{\boldsymbol{\beta}}$ 的波动大小。由于 $D(\hat{\boldsymbol{\beta}})$ 是 $(\boldsymbol{X}'\boldsymbol{X})^{-1}$ 乘上 σ^2，而 $(\boldsymbol{X}'\boldsymbol{X})^{-1}$ 一般为非对角阵，所以 $\hat{\boldsymbol{\beta}}$ 的各分量 $\hat{\beta}_0$，$\hat{\beta}_1$，$\hat{\beta}_2$，…，$\hat{\beta}_p$ 之间有一定的联系，根据 $D(\hat{\boldsymbol{\beta}})$ 可以分析 $\hat{\boldsymbol{\beta}}$ 各分量的波动以及各分量之间的相关程度。

由此性质还可看出，回归系数向量 $\hat{\boldsymbol{\beta}}$ 的稳定状况不仅与随机误差项的方差 σ^2 有关，还与设计矩阵 $\boldsymbol{X}$ 有关，这与一元线性回归中的情况一样，即要想使估计量的方差小，采集样本数据时就不能太集中。这对设计矩阵的构造有一定的指导意义。

分析 $\hat{\boldsymbol{\beta}}$ 各分量之间的相关程度，更方便的工具是 $\hat{\boldsymbol{\beta}}$ 的相关阵。以一元线性回归为例，$\hat{\boldsymbol{\beta}} = (\hat{\beta}_0, \hat{\beta}_1)'$ 的相关阵为：

$$R(\hat{\boldsymbol{\beta}}) = \begin{bmatrix} 1 & \dfrac{\operatorname{cov}(\hat{\beta}_0, \hat{\beta}_1)}{\sqrt{\operatorname{var}(\hat{\beta}_0)}\sqrt{\operatorname{var}(\hat{\beta}_1)}} \\ \dfrac{\operatorname{cov}(\hat{\beta}_0, \hat{\beta}_1)}{\sqrt{\operatorname{var}(\hat{\beta}_0)}\sqrt{\operatorname{var}(\hat{\beta}_1)}} & 1 \end{bmatrix}$$

$$= \begin{bmatrix} 1 & -\dfrac{\bar{x}}{\sqrt{\dfrac{1}{n}\sum_{i=1}^{n} x_i^2}} \\ -\dfrac{\bar{x}}{\sqrt{\dfrac{1}{n}\sum_{i=1}^{n} x_i^2}} & 1 \end{bmatrix} \tag{3.34}$$

利用 SPSS 软件可以方便地计算出 $\hat{\boldsymbol{\beta}}$ 的协方差阵与相关阵，$\hat{\boldsymbol{\beta}}$ 的协方差阵与相关阵不属于默认输出值，在 Linear Regression 对话框中点击 Statistics→Covariance matrix 即可。根据例 3.1 的数据计算出的 $\hat{\boldsymbol{\beta}}$ 的相关阵与协方差阵如表 3-2、表 3-3 所示。

表 3-2　　　　　　　　　　　　　　　　相关系数阵

	$\hat{\beta}_9$	$\hat{\beta}_2$	$\hat{\beta}_8$	$\hat{\beta}_1$	$\hat{\beta}_4$	$\hat{\beta}_3$	$\hat{\beta}_6$	$\hat{\beta}_5$	$\hat{\beta}_7$
$\hat{\beta}_9$	1.000	−0.189	0.297	0.057	0.097	0.239	0.501	0.065	−0.322
$\hat{\beta}_2$	−0.189	1.000	−0.089	0.186	−0.409	0.368	−0.100	−0.220	−0.307
$\hat{\beta}_8$	0.297	−0.089	1.000	0.104	−0.035	0.247	0.127	0.036	−0.187
$\hat{\beta}_1$	0.057	0.186	0.104	1.000	0.314	−0.006	−0.106	−0.461	−0.285
$\hat{\beta}_4$	0.097	−0.409	−0.035	0.314	1.000	−0.308	0.141	−0.043	−0.251
$\hat{\beta}_3$	0.239	0.368	0.247	−0.006	−0.308	1.000	0.306	−0.283	−0.515
$\hat{\beta}_6$	0.501	−0.100	0.127	−0.106	0.141	0.306	1.000	−0.172	−0.521

续前表

	$\hat{\beta}_9$	$\hat{\beta}_2$	$\hat{\beta}_8$	$\hat{\beta}_1$	$\hat{\beta}_4$	$\hat{\beta}_3$	$\hat{\beta}_6$	$\hat{\beta}_5$	$\hat{\beta}_7$
$\hat{\beta}_5$	0.065	-0.220	0.036	-0.461	-0.043	-0.283	-0.172	1.000	-0.054
$\hat{\beta}_7$	-0.322	-0.307	-0.187	-0.285	-0.251	-0.515	-0.521	-0.054	1.000

表 3 - 3 协方差阵

	$\hat{\beta}_9$	$\hat{\beta}_2$	$\hat{\beta}_8$	$\hat{\beta}_1$	$\hat{\beta}_4$	$\hat{\beta}_3$	$\hat{\beta}_6$	$\hat{\beta}_5$	$\hat{\beta}_7$
$\hat{\beta}_9$	22 563.712	-8.554	1 427.341	0.915	6.922	18.673	1.010	2.098	-0.517
$\hat{\beta}_2$	-8.554	0.090	-0.855	0.006	-0.059	0.058	0.000	-0.014	-0.001
$\hat{\beta}_8$	1427.341	-0.855	1 022.103	0.354	-0.536	4.112	0.054	0.249	-0.064
$\hat{\beta}_1$	0.915	0.006	0.354	0.011	0.016	0.000	0.000	-0.010	0.000
$\hat{\beta}_4$	6.922	-0.059	-0.536	0.016	0.227	-0.076	0.001	-0.004	-0.001
$\hat{\beta}_3$	18.673	0.058	4.112	0.000	-0.076	0.270	0.002	-0.031	-0.003
$\hat{\beta}_6$	1.010	0.000	0.054	0.000	0.001	0.002	0.000	0.000	0.000
$\hat{\beta}_5$	2.098	-0.014	0.249	-0.010	-0.004	-0.031	0.000	0.046	0.000
$\hat{\beta}_7$	-0.517	-0.001	-0.064	0.000	-0.001	-0.003	0.000	0.000	0.000

性质 4 高斯-马尔柯夫 (G-M) 定理

在实际应用中，我们关心的一个主要问题是预测。预测函数

$$\hat{y}_0 = \hat{\beta}_0 + \hat{\beta}_1 x_{10} + \hat{\beta}_2 x_{20} + \cdots + \hat{\beta}_p x_{p0} \tag{3.35}$$

是 $\hat{\boldsymbol{\beta}}$ 的线性函数，因而我们希望 $\hat{\boldsymbol{\beta}}$ 的线性函数的波动越小越好。设 c 为任一 $p+1$ 维常数向量，我们希望回归系数向量 $\boldsymbol{\beta}$ 的估计值 $\hat{\boldsymbol{\beta}}$ 具有如下性质：

（1）$c'\hat{\boldsymbol{\beta}}$ 是 $c'\boldsymbol{\beta}$ 的无偏估计。

（2）$c'\hat{\boldsymbol{\beta}}$ 的方差要小。

下面的一个重要性质告诉我们普通最小二乘估计 $\hat{\boldsymbol{\beta}}$ 正好满足上述条件。

高斯-马尔柯夫定理：在假定 $E(\boldsymbol{y}) = \boldsymbol{X}\boldsymbol{\beta}$，$D(\boldsymbol{y}) = \sigma^2 \boldsymbol{I}_n$ 时，$\boldsymbol{\beta}$ 的任一线性函数 $c'\boldsymbol{\beta}$ 的最小方差线性无偏估计（BLUE）为 $c'\hat{\boldsymbol{\beta}}$，其中，$c$ 是任一 $p+1$ 维常数向量，$\hat{\boldsymbol{\beta}}$ 是 $\boldsymbol{\beta}$ 的最小二乘估计。

证明参见参考文献［5］。

此定理说明了用普通最小二乘估计得到的 $\hat{\boldsymbol{\beta}}$ 是理想的估计量。关于这条性质，请读者注意以下四点：

第一，取常数向量 c 的第 j（$j=0, 1, \cdots, p$）个分量为 1，其余分量为 0，这时 G-M 定理表明最小二乘估计 $\hat{\beta}_j$ 是 β_j 的最小方差线性无偏估计。

第二，可能存在 $y_1, y_2, \cdots, y_n$ 的非线性函数，作为 $c'\boldsymbol{\beta}$ 的无偏估计，比最小二乘估计 $c'\hat{\boldsymbol{\beta}}$ 的方差更小。

第三，可能存在 $c'\boldsymbol{\beta}$ 的有偏估计，在某种意义（例如均方误差最小）上比最小二乘估计 $c'\hat{\boldsymbol{\beta}}$ 更好。

第四，在正态假定下，$c'\hat{\boldsymbol{\beta}}$ 是 $c'\boldsymbol{\beta}$ 的最小方差无偏估计。也就是说，既不可能存在

y_1，y_2，$\cdots$，y_n 的非线性函数，也不可能存在 y_1，y_2，$\cdots$，y_n 的其他线性函数，作为 $c'\boldsymbol{\beta}$ 的无偏估计，比最小二乘估计 $c'\hat{\boldsymbol{\beta}}$ 的方差更小。

性质 5 $\operatorname{cov}(\hat{\boldsymbol{\beta}}，e)=\boldsymbol{0}$。

证明参见参考文献［5］。

此性质说明 $\hat{\boldsymbol{\beta}}$ 与 e 不相关，在正态假定下，$\hat{\boldsymbol{\beta}}$ 与 e 不相关等价于 $\hat{\boldsymbol{\beta}}$ 与 e 独立，从而 $\hat{\boldsymbol{\beta}}$ 与 SSE$=e'e$ 独立。

性质 6 当 $\boldsymbol{y}\sim N(\boldsymbol{X\beta}，\sigma^2\mathbf{I}_n)$ 时，则

(1) $\hat{\boldsymbol{\beta}}\sim N(\boldsymbol{\beta}，\sigma^2(\boldsymbol{X'X})^{-1})$。

(2) SSE$/\sigma^2\sim\chi^2(n-p-1)$。

由前 3 个性质易证明 (1)，(2) 的证明参见参考文献［7］。

性质 5 和性质 6 在构造 t 统计量和 F 统计量时有用。这两条性质对一元线性回归当然也成立，只是为了保持教材的系统性，在第 2 章 "一元线性回归" 中没有提出。

3.4 回归方程的显著性检验

在实际问题的研究中，事先并不能断定随机变量 y 与变量 x_1，x_2，$\cdots$，x_p 之间确有线性关系，在进行回归参数的估计前，我们用多元线性回归方程去拟合随机变量 y 与变量 x_1，x_2，$\cdots$，x_p 之间的关系，只是根据一些定性分析所做的一种假设。因此，在求出线性回归方程后，还需对回归方程进行显著性检验。多元线性回归方程的显著性检验与一元线性回归方程的显著性检验既有相同之处，也有不同之处。

下面介绍两种统计检验方法：一种是回归方程显著性的 F 检验；另一种是回归系数显著性的 t 检验。同时介绍衡量回归拟合程度的拟合优度检验。

一、F 检验

对多元线性回归方程的显著性检验就是要看自变量 x_1，x_2，$\cdots$，x_p 从整体上对随机变量 y 是否有明显的影响。为此提出原假设

$$H_0:\beta_1=\beta_2=\cdots=\beta_p=0$$

如果 H_0 被接受，则表明随机变量 y 与 x_1，x_2，$\cdots$，x_p 之间的关系由线性回归模型表示不合适。类似于一元线性回归检验，为了建立对 H_0 进行检验的 F 统计量，仍然利用总离差平方和的分解式，即

$$\sum_{i=1}^{n}(y_i-\bar{y})^2=\sum_{i=1}^{n}(\hat{y}_i-\bar{y})^2+\sum_{i=1}^{n}(y_i-\hat{y}_i)^2$$

简写为：

$$\text{SST}=\text{SSR}+\text{SSE}$$

此分解式的证明只需利用式（3.25）即可。构造 F 检验统计量如下：

$$F = \frac{\text{SSR}/p}{\text{SSE}/(n-p-1)} \qquad (3.36)$$

在正态假设下，当原假设 H_0：$\beta_1 = \beta_2 = \cdots = \beta_p = 0$ 成立时，F 服从自由度为 $(p, n-p-1)$ 的 F 分布。于是，可以利用 F 统计量对回归方程的总体显著性进行检验。对于给定的数据 $(i=1, 2, \cdots, n)$，计算出 SSR 和 SSE，进而得到 F 的值，其计算过程列在表 3-4 所示的方差分析表中，再由给定的显著性水平 α 查 F 分布表，得临界值 $F_\alpha(p, n-p-1)$。

表 3-4 方差分析表

方差来源	自由度	平方和	均方	F 值	P 值
回归	p	SSR	SSR/p	$\dfrac{\text{SSR}/p}{\text{SSE}/(n-p-1)}$	$P(F > F\text{ 值}) = P\text{ 值}$
残差	$n-p-1$	SSE	$\text{SSE}/(n-p-1)$		
总和	$n-1$	SST			

当 $F > F_\alpha(p, n-p-1)$ 时，拒绝原假设 H_0，认为在显著性水平 α 下，y 与 x_1，x_2，$\cdots$，x_p 有显著的线性关系，即回归方程是显著的。更通俗一些说，就是接受"自变量全体对因变量 y 产生线性影响"这一结论犯错误的概率不超过 α。反之，当 $F \leqslant F_\alpha(p, n-p-1)$ 时，则认为回归方程不显著。

与一元线性回归一样，也可以根据 P 值做检验。当 P 值 $< \alpha$ 时，拒绝原假设 H_0；当 P 值 $\geqslant \alpha$ 时，接受原假设 H_0。

对例 3.1 的数据，用 SPSS 软件计算出的方差分析表见输出结果 3.2。

输出结果 3.2

ANOVA[a]

Model		Sum of Squares	df	Mean Square	F	Sig.
1	Regression	407884556.027	9	45320506.225	298.882	.000[b]
	Residual	3184304.812	21	151633.562		
	Total	411068860.839	30			

a. Dependent Variable:y

b. Predictors:(Constant),x9,x2,x8,x1,x4,x3,x6,x5,x7

输出结果 3.2 中，Sig. 即显著性 P 值，由 P 值 $= 3.257\mathrm{E}-20 \approx 0.000$ 可知，此回归方程高度显著，即做出 9 个自变量整体对因变量 y 产生显著线性影响的判断犯错误的概率仅为 $3.257\mathrm{E}-20 \approx 0.000$。

二、t 检验

在多元线性回归中，回归方程显著并不意味着每个自变量对 y 的影响都显著，我们总想从回归方程中剔除那些次要的、可有可无的变量，重新建立更为简单的回归方程，所以需要对每个自变量进行显著性检验。

显然，如果某个自变量 x_j 对 y 的作用不显著，那么在回归模型中，它的系数 β_j 就取

值为零。因此，检验变量 x_j 是否显著，等价于检验假设

$$H_{0j}:\beta_j=0, \quad j=1,2,\cdots,p$$

如果接受原假设 H_{0j}，则 x_j 不显著；如果拒绝原假设 H_{0j}，则 x_j 是显著的。

由 3.3 节中性质 6 知

$$\hat{\boldsymbol{\beta}} \sim N(\boldsymbol{\beta},\sigma^2(\boldsymbol{X}'\boldsymbol{X})^{-1}) \tag{3.37}$$

记

$$(\boldsymbol{X}'\boldsymbol{X})^{-1}=(c_{ij}), \quad i,j=0,1,2,\cdots,p \tag{3.38}$$

于是有

$$E(\hat{\beta}_j)=\beta_j, \quad \mathrm{var}(\hat{\beta}_j)=c_{jj}\sigma^2$$
$$\hat{\beta}_j \sim N(\beta_j,c_{jj}\sigma^2), \quad j=0,1,2,\cdots,p \tag{3.39}$$

据此可以构造 t 统计量

$$t_j=\frac{\hat{\beta}_j}{\sqrt{c_{jj}}\,\hat{\sigma}} \tag{3.40}$$

式中

$$\hat{\sigma}=\sqrt{\frac{1}{n-p-1}\sum_{i=1}^n e_i^2}=\sqrt{\frac{1}{n-p-1}\sum_{i=1}^n (y_i-\hat{y}_i)^2} \tag{3.41}$$

是回归标准差。

当原假设 $H_{0j}:\beta_j=0$ 成立时，式（3.40）构造的 t_j 统计量服从自由度为 $n-p-1$ 的 t 分布。给定显著性水平 α，查出双侧检验的临界值 $t_{\alpha/2}$。当 $|t_j|\geqslant t_{\alpha/2}$ 时，拒绝原假设 $H_{0j}:\beta_j=0$，认为 β_j 显著不为零，自变量 x_j 对因变量 y 的线性效果显著；当 $|t_j|<t_{\alpha/2}$ 时，接受原假设 $H_{0j}:\beta_j=0$，认为 β_j 为零，自变量 x_j 对因变量 y 的线性效果不显著。

对于例 3.1 的城镇居民消费性支出的例子，由 F 检验知道回归方程的整体是显著的，即 9 个自变量作为一个整体对因变量 y 有十分显著的影响。那么，每一个自变量 x_j（$j=1$，2，$\cdots$，9）是否都对 y 有显著影响呢？

利用 SPSS 软件计算的关于 β_j 的 t 统计量 t_j（$j=1$，2，$\cdots$，9）及其相应的 P 值见输出结果 3.1。我们可以发现在显著性水平 $\alpha=0.05$ 时只有 x_1，x_2，x_3，x_5 通过了显著性检验。这个例子说明，尽管回归方程高度显著，但也会出现某些自变量 x_j（甚至每个 x_j）对 y 无显著影响的情况。

由于某些自变量不显著，因而在多元回归中并不是包含在回归方程中的自变量越多越好，这个问题将在第 5 章中详细讨论。在此仅简单介绍一种剔除多余变量的方法——后退法。当有多个自变量对因变量 y 无显著影响时，由于自变量之间的交互作用，不能一次剔除掉所有不显著的变量。原则上每次只剔除一个变量，先剔除其中 $|t|$ 值最小的（或 P 值最大的）一个变量，然后再对求得的新的回归方程进行检验，有不显著的

变量再剔除，直到保留的变量都对 y 有显著影响为止。也可以根据对问题的定性分析先选择 t 值较小的变量剔除。本例中 P 值最大的 $p_4 = 0.991$。从定性分析看，居民在医疗保健上的花费对居民的消费性支出的影响应该很小。首先剔除 x_4，用 y 与其余 8 个自变量做回归，计算结果见输出结果 3.3。

输出结果 3.3

Coefficients[a]

Model		Unstandardized Coefficients		Standardized Coefficients	t	Sig.
		B	Std. Error	Beta		
1	(Constant)	319.106	3858.613		.083	.935
	x1	1.317	.098	.462	13.373	.000
	x2	1.648	.268	.173	6.146	.000
	x3	2.177	.483	.166	4.504	.000
	x5	1.684	.209	.336	8.056	.000
	x6	.010	.013	.031	.796	.434
	x7	.004	.010	.019	.358	.724
	x8	-19.144	31.216	-.013	-.613	.546
	x9	50.687	146.071	.009	.347	.732

a.Dependent Variable:y

剔除 x_4 后，仍然有不显著的自变量，此时最大的 P 值为 $p_9 = 0.732$，因此进一步剔除 x_9，用 y 与其余 7 个自变量做回归。依次剔除 P 值最大的自变量，直到最后所有的自变量在显著性水平 $\alpha = 0.05$ 时都显著。最终方程中保留 x_1，x_2，x_3，x_5，其回归系数表见输出结果 3.4。

输出结果 3.4

Coefficients[a]

Model		Unstandardized Coefficients		Standardized Coefficients	t	Sig.
		B	Std. Error	Beta		
1	(Constant)	-1694.627	562.977		-3.010	.006
	x1	1.364	.086	.479	15.844	.000
	x2	1.768	.201	.186	8.796	.000
	x3	2.289	.349	.175	6.569	.000
	x5	1.742	.191	.348	9.111	.000

a.Dependent Variable:y

在一元线性回归中，回归系数显著性的 t 检验与回归方程显著性的 F 检验是等价的，而在多元线性回归中，这两种检验是不等价的。F 检验显著，说明 y 对自变量 x_1，x_2，$\cdots$，x_p 整体的线性回归效果是显著的，但不等于 y 对每个自变量 x_i 的回归效果都显著。反之，某个或某几个 x_i 的系数不显著，回归方程显著性的 F 检验仍有可能是显著的。

可以从另外一个角度考虑自变量 x_j 的显著性。y 对自变量 x_1，x_2，$\cdots$，x_p 线性回归的残差平方和为 SSE，回归平方和为 SSR，在剔除掉 x_j 后，用 y 对其余的 $p-1$ 个自变量做回归，记所得的残差平方和为 $\text{SSE}_{(j)}$，回归平方和为 $\text{SSR}_{(j)}$，则自变量 x_j 对回归的贡献为 $\Delta\text{SSR}_{(j)} = \text{SSR} - \text{SSR}_{(j)}$，称为 x_j 的偏回归平方和。由此构造偏 F 统计量

$$F_j = \frac{\Delta\text{SSR}_{(j)}/1}{\text{SSE}/(n-p-1)} \tag{3.42}$$

当原假设 H_{0j}：$\beta_j = 0$ 成立时，式（3.42）的偏 F 统计量 F_j 服从自由度为（1，$n-p-1$）的 F 分布，此 F 检验与式（3.40）的 t 检验是一致的，可以证明 $F_j = t_j^2$，当从回归方程中剔除变元时，回归平方和减少，残差平方和增加。根据平方和分解式可知，$\Delta\text{SSR}_{(j)} = \Delta\text{SSE}_{(j)} = \text{SSE}_{(j)} - \text{SSE}$。反之，往回归方程中引入变元时，回归平方和增加，残差平方和减少，两者的增减量同样相等。

三、回归系数的置信区间

当我们有了参数向量 $\boldsymbol{\beta}$ 的估计量 $\hat{\boldsymbol{\beta}}$ 时，$\hat{\boldsymbol{\beta}}$ 与 $\boldsymbol{\beta}$ 的接近程度如何？这就需构造 β_j 的一个区间——以 $\hat{\beta}_j$ 为中心的区间，该区间以一定的概率包含 β_j。

由式（3.39）可知

$$t_j = \frac{\hat{\beta}_j - \beta_j}{\sqrt{c_{jj}}\,\hat{\sigma}} \sim t(n-p-1) \tag{3.43}$$

仿照式（2.69）一元线性回归系数区间估计的推导过程，可得 β_j 的置信度为 $1-\alpha$ 的置信区间为：

$$(\hat{\beta}_j - t_{\alpha/2}\sqrt{c_{jj}}\,\hat{\sigma}\,,\,\hat{\beta}_j + t_{\alpha/2}\sqrt{c_{jj}}\,\hat{\sigma}) \tag{3.44}$$

用 SPSS 软件可计算出例 3.1 数据的回归系数区间估计。

四、拟合优度

拟合优度用于检验回归方程对样本观测值的拟合程度。在一元线性回归中，定义了样本决定系数 $r^2 = \text{SSR}/\text{SST}$，在多元线性回归中，同样可以定义样本决定系数为：

$$R^2 = \frac{\text{SSR}}{\text{SST}} = 1 - \frac{\text{SSE}}{\text{SST}} \tag{3.45}$$

样本决定系数 R^2 的取值在 $[0, 1]$ 区间内，R^2 越接近 1，表明回归拟合的效果越好；R^2 越接近 0，表明回归拟合的效果越差。与 F 检验相比，R^2 可以更清楚直观地反映回归拟合的效果，但是并不能作为严格的显著性检验。

称

$$R = \sqrt{R^2} = \sqrt{\frac{\mathrm{SSR}}{\mathrm{SST}}} \qquad\qquad (3.46)$$

为 y 关于 x_1，x_2，$\cdots$，x_p 的样本复相关系数。在两个变量的简单相关系数中，相关系数有正负之分，而复相关系数表示的是因变量 y 与全体自变量之间的线性关系，它的符号不能由某一个自变量的回归系数的符号来确定，因而都取正号。与一元线性回归方程中曾定义的相关系数 r 一样，在多元线性回归的实际应用中，人们用复相关系数 R 来表示回归方程对原有数据的拟合程度，它衡量作为一个整体的 x_1，x_2，$\cdots$，x_p 与 y 的线性关系。

在实际应用中，样本决定系数 R^2 到底达到多大，才算通过了拟合优度检验呢？这要根据具体情况来定。在此需要指出的是，拟合优度并不是检验模型优劣的唯一标准，有时为了使得模型从结构上有比较合理的经济解释，在 n 较大时，即使 R^2 在 0.7 左右，我们也给回归模型以肯定的态度。在后面的回归变量选择中，还将看到 R^2 与回归方程中自变量的数目以及样本量 n 有关，当样本量 n 与自变量的个数接近时，R^2 易接近 1，其中隐含着一些虚假成分。因此，由 R^2 决定模型优劣时还需慎重。

3.5 中心化和标准化

在多元线性回归分析中，由于涉及多个自变量，自变量的单位往往不同，给利用回归方程进行结构分析带来一定困难；由于多元回归涉及的数据量很大，可能因为舍入误差而使计算结果不理想。尽管计算机能使我们保留更多位的小数，但舍入误差肯定还会出现。因此，对原始数据进行一些处理，尽量避免大的误差是有实际意义的。

产生舍入误差有两个主要原因：一是在回归分析计算中数据量级有很大差异，比如 892 976 与 0.582 这样大小悬殊的数据出现在同一个计算中；二是设计矩阵 $\boldsymbol{X}$ 的列向量近似线性相关，$\boldsymbol{X'X}$ 为病态矩阵，其逆矩阵 $(\boldsymbol{X'X})^{-1}$ 就会产生较大的误差。

一、中心化

多元线性回归模型的一般形式式（3.1）为：

$$y = \beta_0 + \beta_1 x_1 + \beta_2 x_2 + \cdots + \beta_p x_p + \varepsilon$$

其经验回归方程式（3.19）为：

$$\hat{y} = \hat{\beta}_0 + \hat{\beta}_1 x_1 + \hat{\beta}_2 x_2 + \cdots + \hat{\beta}_p x_p$$

此经验回归方程经过样本中心（$\bar{x}_1$，$\bar{x}_2$，$\cdots$，$\bar{x}_p$；$\bar{y}$），将坐标原点移至样本中心，即做坐标变换

$$x'_{ij} = x_{ij} - \bar{x}_j, \quad i = 1, 2, \cdots, n; \quad j = 1, 2, \cdots, p$$

$$y_i' = y_i - y, \qquad i = 1, 2, \cdots, n \tag{3.47}$$

上述经验方程式即转变为：

$$\hat{y}' = \hat{\beta}_1 x_1' + \hat{\beta}_2 x_2' + \cdots + \hat{\beta}_p x_p' \tag{3.48}$$

式（3.48）即中心化经验回归方程。中心化经验回归方程的常数项为 0，而回归系数的最小二乘估计值 $\hat{\beta}_1$，$\hat{\beta}_2$，$\cdots$，$\hat{\beta}_p$ 保持不变，这一点是容易理解的。这是因为坐标系的平移变换只改变直线的截距，不改变直线的斜率。

中心化经验回归方程式（3.48）只包含 p 个参数估计值 $\hat{\beta}_1$，$\hat{\beta}_2$，$\cdots$，$\hat{\beta}_p$，比式（3.19）的一般经验回归方程少了一个未知参数。在变量较多时，减少一个未知参数，计算工作量会减少许多，对手工计算尤其重要。因而在用手工计算求解线性回归方程时，通常先对数据中心化，求出中心化经验回归方程式（3.48），再由

$$\hat{\beta}_0 = y - \hat{\beta}_1 \bar{x}_1 - \hat{\beta}_2 \bar{x}_2 - \cdots - \hat{\beta}_p \bar{x}_p$$

求出常数项估计值 $\hat{\beta}_0$。

二、标准化回归系数

在上述中心化的基础上，我们可进一步给出变量的标准化和标准化回归系数。在用多元线性回归方程描述某种经济现象时，由于自变量 x_1，x_2，$\cdots$，x_p 所用的单位大多不同，数据的大小差异也往往很大，这就不利于在同一标准上进行比较。为了消除量纲不同和数量级差异所带来的影响，就需要将样本数据做标准化处理，然后用最小二乘法估计未知参数，求得标准化回归系数。

样本数据的标准化公式为：

$$x_{ij}^* = \frac{x_{ij} - \bar{x}_j}{\sqrt{L_{jj}}}, \quad i = 1, 2, \cdots, n; \quad j = 1, 2, \cdots, p$$

$$y_i^* = \frac{y_i - y}{\sqrt{L_{yy}}}, \quad i = 1, 2, \cdots, n \tag{3.49}$$

式中

$$L_{jj} = \sum_{i=1}^{n} (x_{ij} - \bar{x}_j)^2 \tag{3.50}$$

是自变量 x_j（$j = 1$，2，$\cdots$，p）的离差平方和。用最小二乘法求出标准化的样本数据（x_{i1}^*，x_{i2}^*，$\cdots$，x_{ip}^*；y_i^*）的经验回归方程，记为：

$$\hat{y}^* = \hat{\beta}_1^* x_1^* + \hat{\beta}_2^* x_2^* + \cdots + \hat{\beta}_p^* x_p^* \tag{3.51}$$

式中，$\hat{\beta}_1^*$，$\hat{\beta}_2^*$，$\cdots$，$\hat{\beta}_p^*$ 为 y 对自变量 x_1，x_2，$\cdots$，x_p 的标准化回归系数。标准化包括了中心化，因而标准化的回归常数项为 0。容易验证，标准化回归系数与普通最小二乘回归系数之间存在关系式

$$\hat{\beta}_j^* = \frac{\sqrt{L_{jj}}}{\sqrt{L_{yy}}}\hat{\beta}_j, \quad j=1,2,\cdots,p \tag{3.52}$$

普通最小二乘估计 $\hat{\beta}_j$ 表示在其他变量不变的情况下，自变量 x_j 的每单位的绝对变化引起的因变量均值的绝对变化量。标准化回归系数 $\hat{\beta}_j^*$ 表示自变量 x_j 的 1％ 相对变化（相对于 $\sqrt{L_{jj}}$）引起的因变量均值的相对变化百分数（相对于 $\sqrt{L_{yy}}$）。

当自变量所使用的单位不同时，用普通最小二乘估计建立的回归方程，其回归系数不具有可比性，得不到合理的解释。例如有一回归方程为：

$$\hat{y} = 200 + 2\,000x_1 + 2x_2$$

如果不管 x_1，x_2 的单位是什么，人们会很自然地认为 x_1 对因变量 y 的影响最重要，因为 x_1 的系数 2 000 比 x_2 的系数 2 大得多。可是，如果 x_1 的单位是吨，x_2 的单位是千克，那么 x_1 与 x_2 的重要性实际上是相同的。这是因为 x_1 增加 1 吨时 y 增加 2 000 个单位，x_2 增加 1 千克时 y 增加 2 个单位，那么 x_2 增加 1 吨时 y 同样增加 2 000 个单位，x_1 增加 1 吨对 y 的影响程度与 x_2 增加 1 吨对 y 的影响程度是相同的。

标准化回归系数是比较自变量对 y 影响程度的相对重要性的一种较为理想的方法，有了标准化回归系数后，变量的相对重要性就容易比较了。但是，我们仍提醒人们对回归系数的解释须采取谨慎的态度，这是因为当自变量相关时会影响标准化回归系数的大小，有关内容在第 6 章中详细讨论。

3.6　相关阵与偏相关系数

一、样本相关阵

复相关系数 R 反映了 y 与一组自变量的相关性，是整体和共性指标；简单相关系数反映的是两个变量间的相关性，是局部和个性指标。我们在分析问题时，应该本着整体与局部相结合、共性与个性相结合的原则。

由样本观测值 x_{i1}，x_{i2}，$\cdots$，x_{ip}（$i=1$, 2, $\cdots$, n），分别计算 x_i 与 x_j 之间的简单相关系数 r_{ij}，得自变量样本相关阵

$$\boldsymbol{r} = \begin{bmatrix} 1 & r_{12} & \cdots & r_{1p} \\ r_{21} & 1 & \cdots & r_{2p} \\ \vdots & \vdots & & \vdots \\ r_{p1} & r_{p2} & \cdots & 1 \end{bmatrix} \tag{3.53}$$

注意相关阵是对称矩阵。记

$$\boldsymbol{X}^* = (x_{ij}^*)_{n \times p}$$

表示中心标准化的设计阵，则相关阵可表示为：

$$r = (X^*)' X^* \tag{3.54}$$

进一步求出 y 与每个自变量 x_i 的相关系数 r_{yi}，得增广的样本相关阵为：

$$\tilde{r} = \begin{bmatrix} 1 & r_{y1} & r_{y2} & \cdots & r_{yp} \\ r_{1y} & 1 & r_{12} & \cdots & r_{1p} \\ r_{2y} & r_{21} & 1 & \cdots & r_{2p} \\ \vdots & \vdots & \vdots & & \vdots \\ r_{py} & r_{p1} & r_{p2} & \cdots & 1 \end{bmatrix} \tag{3.55}$$

用 SPSS 软件计算出的例 3.1 城镇居民消费性支出数据的增广样本相关矩阵如表 3-5 所示，其中表的格式已略做修改。

可以看出，y 与 x_5 的相关系数最大，$r_{y5} = 0.941$。$r_{y8} = -0.130$，也可以作为对自变量 x_8 的系数为负数的一个解释。某些自变量间的相关性也很强，例如 $r_{15} = 0.787$，说明自变量之间可能存在多重共线性，回归模型还需要进行优化。SPSS 软件同时可以计算出相关系数显著性单侧和双侧检验的 P 值，限于篇幅，本书不在此列出了（操作流程为点击 Analyze→Correlate→Bivariate）。

表 3-5　　　　　　　　　　Correlations（样本相关阵）

	y	x1	x2	x3	x4	x5	x6	x7	x8	x9
y	1.000	0.902	0.512	0.781	0.494	0.941	0.785	0.873	−0.130	−0.361
x1	0.902	1.000	0.227	0.612	0.213	0.787	0.697	0.697	−0.163	−0.376
x2	0.512	0.227	1.000	0.305	0.646	0.470	0.460	0.615	0.144	0.013
x3	0.781	0.612	0.305	1.000	0.584	0.736	0.539	0.777	−0.178	−0.325
x4	0.494	0.213	0.646	0.584	1.000	0.488	0.381	0.651	0.070	−0.110
x5	0.941	0.787	0.470	0.736	0.488	1.000	0.747	0.814	−0.104	−0.374
x6	0.785	0.697	0.460	0.539	0.381	0.747	1.000	0.780	−0.018	−0.499
x7	0.873	0.697	0.615	0.777	0.651	0.814	0.780	1.000	−0.020	−0.262
x8	−0.130	−0.163	0.144	−0.178	0.070	−0.104	−0.018	−0.020	1.000	−0.130
x9	−0.361	−0.376	0.013	−0.325	−0.110	−0.374	−0.499	−0.262	−0.130	1.000

二、偏决定系数

前面介绍了复相关系数与简单相关系数，以下介绍变量间的另一种相关性——偏相关。在多元线性回归分析中，当其他变量固定后，给定的任两个变量之间的相关系数叫偏相关系数。偏相关系数可以度量 $p+1$ 个变量 y，x_1，x_2，…，x_p 之中任意两个变量的线性相关程度，而这种相关程度是在固定其余 $p-1$ 个变量的影响下的线性相关。例如，我们在研究粮食产量与农业投入资金、粮食产量与劳动力投入之间的关系时，农业投入资金的多少会影响粮食产量，劳动力投入的多少也会影响粮食产量。由于资金投入数量的变化，劳动力投入的多少也经常在变化，用简单相关系数往往不能说明现象间的关系程度如何。这就需要在固定其他变量影响的情况下来计算两个变量之间的关系程度，计算出的这种相关系数就称为偏相关系数。我们在研究粮食产量与劳动力投入的关系时可以假定投入资金数量不变，在研究粮食产量与投入资金的关系时可以假定劳动力投入不变。复决定系数 R^2 测量回归中一组自变量 x_1, x_2, $\cdots$, x_p 使因变量 y 的变差的相对减少量。相应地，偏决定系数测量在回归方程中已包含若干个自变量时，再引入某一新的自变量，y 的剩余变差的相对减少量，它衡量某自变量对 y 的变差减少的边际贡献。在讲偏相关系数之前，首先引入偏决定系数。

1. 两个自变量的偏决定系数

二元线性回归模型为：

$$y_i = \beta_0 + \beta_1 x_{i1} + \beta_2 x_{i2} + \varepsilon_i, \quad i = 1, 2, \cdots, n$$

记 $\text{SSE}(x_2)$ 是模型中只含有自变量 x_2 时 y 的残差平方和，$\text{SSE}(x_1, x_2)$ 是模型中同时含有自变量 x_1 和 x_2 时 y 的残差平方和。因此，模型中已含有 x_2 时，再加入 x_1 使 y 的剩余变差的相对减少量为：

$$r_{y1;2}^2 = \frac{\text{SSE}(x_2) - \text{SSE}(x_1, x_2)}{\text{SSE}(x_2)} \tag{3.56}$$

此即模型中已含有 x_2 时，y 与 x_1 的偏决定系数。

同样，模型中已含有 x_1 时，y 与 x_2 的偏决定系数为：

$$r_{y2;1}^2 = \frac{\text{SSE}(x_1) - \text{SSE}(x_1, x_2)}{\text{SSE}(x_1)} \tag{3.57}$$

2. 一般情况

当模型中已含有 x_2, $\cdots$, x_p 时，y 与 x_1 的偏决定系数为：

$$r_{y1;2,\cdots,p}^2 = \frac{\text{SSE}(x_2, \cdots, x_p) - \text{SSE}(x_1, x_2, \cdots, x_p)}{\text{SSE}(x_2, \cdots, x_p)} \tag{3.58}$$

其余情况依此类推。由思考与练习中 3.9 题知，偏决定系数与回归系数显著性检验的偏 F 值是等价的。

三、偏相关系数

偏决定系数的平方根称为偏相关系数，其符号与相应的回归系数的符号相同。偏相关系数与回归系数显著性检验的 t 值是等价的。

例 3.2

为了研究北京市各经济开发区经济发展与招商投资的关系，我们以各开发区的销售收入（百万元）为因变量 y，选取两个自变量：x_1 为截至 1998 年底各开发区累计招商数目，x_2 为招商企业注册资本（百万元）。表 3-6 列出了截至 1998 年底招商企业注册资本 x_2 在

5 亿～50 亿元的 15 个开发区的数据。以 y 对 x_1 和 x_2 建立二元线性回归，用 SPSS 软件计算出回归系数及偏相关系数，见输出结果 3.5。

表 3-6　　　　　　　　　　　　　　　北京开发区数据

x_1	x_2	y	x_1	x_2	y
25	3 547.79	553.96	7	671.13	122.24
20	896.34	208.55	532	2 863.32	1 400.00
6	750.32	3.10	75	1 160.00	464.00
1 001	2 087.05	2 815.40	40	862.75	7.50
525	1 639.31	1 052.12	187	672.99	224.18
825	3 357.70	3 427.00	122	901.76	538.94
120	808.47	442.82	74	3 546.18	2 442.79
28	520.27	70.12			

输出结果 3.5

Coefficients[a]

	Unstandardized Coefficients		Standardized Coefficients	t	Sig.	Correlations		
	B	Std.Error	Beta			Zero-order	Partial	Part
(Constant)	-327.039	218.001		-1.500	.159			
x1	2.036	.438	.594	4.649	.001	.807	.802	.534
x2	.468	.123	.485	3.799	.003	.746	.739	.436

a.Dependent Variable:y.

从输出结果 3.5 中看到，两个偏相关系数分别为 $r_{y1;2}=0.802$，$r_{y2;1}=0.739$，进一步计算偏决定系数 $r_{y1;2}^2=(0.802)^2=0.643$，$r_{y2;1}^2=(0.739)^2=0.546$。表中相关系数栏的 Zero-order 为 y 与 x_i 的简单相关系数，分别为 $r_{y1}=0.807$，$r_{y2}=0.746$，两个决定系数分别为 $r_{y1}^2=(0.807)^2=0.651$，$r_{y2}^2=(0.746)^2=0.557$。

表中的 Part 为部分相关系数。$\Delta \mathrm{SSR}(x_2)=\mathrm{SSR}(x_1，x_2)-\mathrm{SSR}(x_1)$ 为先引入 x_1，再引入 x_2 时 SSR 的增量，那么 y 关于 x_2 的部分相关系数 $=\sqrt{\dfrac{\Delta \mathrm{SSR}(x_2)}{\mathrm{SST}}}$。

以上数据表明，用 y 与 x_1 做一元线性回归时，x_1 能消除 y 的变差 SST 的比例为 $r_{y1}^2=0.651=65.1\%$，再引入 x_2 时，x_2 能消除剩余变差 $\mathrm{SSE}(x_1)$ 的比例为 $r_{y2;1}^2=0.546=54.6\%$，因而自变量 x_1 和 x_2 消除 y 变差的总比例为 $1-(1-r_{y1}^2)(1-r_{y2;1}^2)=1-(1-0.651)\times(1-0.546)=0.842=84.2\%$。这个值 84.2% 恰好是 y 对 x_1 和 x_2 二元线性回归的决定系数 R^2，这一点请读者自己验证。

相应地，用 y 与 x_2 做一元线性回归时，x_2 能消除 y 的变差 SST 的比例为 $r_{y2}^2=0.557=55.7\%$，再引入 x_1 时，x_1 能消除剩余变差 $\mathrm{SSE}(x_2)$ 的比例为 $r_{y1;2}^2=0.643=64.3\%$，因而自变量 x_1 和 x_2 消除 y 变差的总比例为 $1-(1-r_{y2}^2)(1-r_{y1;2}^2)=1-(1-0.557)\times(1-0.643)=0.842=84.2\%$。这个值同样是 y 对 x_1 和 x_2 二元线性回归的决定系数 R^2。

偏相关系数反映的是变量间的相关性，因而并不需要有处于特殊地位的变量 y，我们

可以对任意 p 个变量 x_1，x_2，$\cdots$，x_p 定义它们之间的偏相关系数。记

$$r_{ij} = \frac{L_{ij}}{\sqrt{L_{ii} \cdot L_{jj}}} \tag{3.59}$$

表示两个变量 x_i，x_j 之间的简单相关系数，$\boldsymbol{r} = (r_{ij})_{p \times p}$ 为 x_1，x_2，$\cdots$，x_p 的相关阵，则在固定 x_3，$\cdots$，x_p 保持不变时，x_1 与 x_2 之间的偏相关系数为：

$$r_{12;3,\cdots,p} = \frac{-\Delta_{12}}{\sqrt{\Delta_{11} \cdot \Delta_{22}}} \tag{3.60}$$

其余变量间偏相关系数的定义依此类推，这个定义与用式（3.58）的平方根的定义是等价的。

其中符号 Δ_{ij} 表示相关阵 $(r_{ij})_{p \times p}$ 第 i 行第 j 列元素的代数余子式，注意相关阵 $(r_{ij})_{p \times p}$ 是对称矩阵。容易验证以下关系

$$r_{12;3} = \frac{r_{12} - r_{13}r_{23}}{\sqrt{(1 - r_{13}^2)(1 - r_{23}^2)}} \tag{3.61}$$

再用一个例子说明偏相关系数和简单相关系数的关系。分别以 x_1 表示某种商品的销售量，x_2 表示消费者人均可支配收入，x_3 表示商品价格。从经验上看，销售量 x_1 与消费者人均可支配收入 x_2 之间应该有正相关关系，简单相关系数 r_{12} 应该是正的。但是如果你计算出的 r_{12} 是个负数也不要感到惊讶，这是因为还有其他没有被固定的变量在产生影响，例如商品价格 x_3 在这期间大幅提高了。反映固定 x_3 后 x_1 与 x_2 相关程度的偏相关系数 $r_{12;3}$ 会是个正数。如果你计算出的偏相关系数 $r_{12;3}$ 仍然是个负数，想一想会是什么原因。肯定是还有需要考虑而没有考虑的重要变量，也就是没有被固定的变量。会是什么变量？如果这种商品已经进入淘汰期，正在被其他商品取代，那么你计算出负的 $r_{12;3}$ 也就不足为奇了。

在多元回归中，应注意简单相关系数只是两变量局部的相关性质，而并非整体的性质。所以在多元线性回归分析中我们并不看重简单相关系数，而认为偏相关系数才是真正反映因变量 y 与自变量 x_i 以及自变量 x_i 与 x_j 相关性的数值。根据偏相关系数，可以判断哪些自变量对因变量的影响较大，从而选择必须考虑的自变量，对于那些对因变量影响较小的自变量，则可以舍去不顾。在剔除某个自变量时，可以结合偏相关系数考虑。

3.7 本章小结与评注

一、多元线性回归模型的建立过程

本章结合两个经济问题实例介绍了多元线性回归模型的建立过程，在此，我们再

结合一个实例，对多元线性回归模型的建立过程与应用做一个完整的介绍。

中国民航客运量的回归模型。为了研究我国民航客运量的变化趋势及其成因，我们以民航客运量作为因变量 y，以国民收入、民用汽车拥有量、铁路客运量、民航航线里程、来华旅游入境人数作为影响民航客运量的主要因素。y 表示民航客运量（万人），x_1 表示国民收入（亿元），x_2 表示民用汽车拥有量（万辆），x_3 表示铁路客运量（万人），x_4 表示民航航线里程（万公里），x_5 表示来华旅游入境人数（万人）。根据《2017 年中国统计年鉴》获得 1997—2016 年统计数据，如表 3-7 所示。

表 3-7 民航客运量数据

年份	y	x_1	x_2	x_3	x_4	x_5
1997	5 630	78 803	1 219	910 927	93 308	644
1998	5 755	83 818	1 319	994 130	95 085	695
1999	6 094	89 367	1 453	998 921	100 164	719
2000	6 722	99 066	1 609	994 000	105 073	744
2001	7 524	109 276	1 802	1 036 737	105 155	784
2002	8 594	120 480	2 053	1 063 238	105 606	878
2003	8 759	136 576	2 383	1 034 276	97 260	870
2004	12 123	161 415	2 694	1 155 219	111 764	1 102
2005	13 827	185 999	3 160	1 142 569	115 583	1 212
2006	15 968	219 029	3 697	1 147 337	125 656	1 394
2007	18 576	270 844	4 358	1 295 543	135 670	1 610
2008	19 251	321 501	5 100	1 341 674	146 193	1 712
2009	23 052	348 499	6 281	1 425 186	152 451	1 902
2010	26 769	411 265	7 802	1 695 000	167 609	2 103
2011	29 317	484 753	9 356	1 996 184	186 226	2 641
2012	31 936	539 117	10 933	1 995 402	189 337	2 957
2013	35 397	590 422	12 670	2 602 850	210 597	3 262
2014	39 195	644 791	14 598	2 870 004	230 460	3 611
2015	43 618	686 450	16 285	2 922 796	253 484	4 000
2016	48 796	740 599	18 575	3 520 129	281 405	4 440

第一步，提出因变量与自变量，收集数据，如例 3.3 所示。

第二步，做相关分析，设定理论模型。用 SPSS 软件计算增广相关阵有两种方法：一种方法是在 Correlate 模块计算；另一种方法是在回归模块中的统计量按钮选项下，选择 Descriptives。结果见输出结果 3.6。

输出结果 3.6

Correlations

		Y	X1	X2	X3	X4	X5
Pearson Correlation	Y	1.000	.996	.990	.968	.992	.996
	X1	.996	1.000	.989	.965	.988	.995
	x2	.990	.989	1.000	.990	.996	.997
	X3	.968	.965	.990	1.000	.986	.982
	X4	.992	.988	.996	.986	1.000	.996
	X5	.996	.995	.997	.982	.996	1.000

从相关阵看出，y 与 5 个自变量 x_1，x_2，x_3，x_4，x_5 的相关系数都在 0.9 以上，说明所选自变量是与 y 高度线性相关的，用 y 与自变量做多元线性回归是合适的。

第三步，用 SPSS 软件对原始数据做回归分析，结果见输出结果 3.7。

输出结果 3.7

Model Summary

Model	R	R Square	Adjusted R Square	Std. Error of the Estimate
1	.998ᵃ	.996	.994	1019.91

a. Predictors: (Constant), X5, X3, X1, X4, X2

ANOVA

Model		Sum of Squares	df	Mean Square	F	Sig.
1	Regression	3570203519.0	5	714040703.8	686.43	.000
	Residual	14563131.5	14	1040223.7		
	Total	3584766651.0	19			

Coefficients

Model		Unstandardized Coefficients		Standardized Coefficients	t	Sig.
		B	Std. Error	Beta		
1	(Constant)	-5322.037	4299.928		-1.238	.236
	X1	.025	.013	.405	1.917	.076
	x2	-.210	.913	-.084	-.230	.821
	X3	-.004	.003	-.208	-1.188	.254
	X4	.103	.052	.428	1.992	.066
	X5	5.156	4.246	.455	1.214	.245

第四步，回归拟合优度诊断。

（1）得到的初步的回归方程为：

$$\hat{y} = -5\,322.037 + 0.025x_1 - 0.210x_2 - 0.004x_3 + 0.103x_4 + 5.156x_5 \tag{3.62}$$

这个回归方程还需要根据以下的各种诊断效果做相应改进。

（2）从回归的相对效果看，复相关系数 $R=0.998$，决定系数 $R^2=0.996=99.6\%$，回归可以减少因变量 99.6% 的变异，从决定系数看回归方程高度显著。从回归的绝对效果看，回归标准误差的估计值 $\hat{\sigma}=S_e=1\,019.91$，而 2016 年因变量 y 的水平值已经达到 48 796，标准误差和水平值相比很小，也说明回归效果很好。

（3）从方差分析表看，$F=686.43$，P 值 $=0$，表明回归方程高度显著，说明 x_1，x_2，x_3，x_4，x_5 整体上对 y 有高度显著的线性影响。

（4）回归系数的显著性检验。虽然自变量 x_1，x_2，x_3，x_4，x_5 整体上对 y 有显著影响，但是每个自变量对 y 的显著性却较差。其中 x_2 民用汽车拥有量的 P 值 $=0.821$ 最大，不显著。x_3，x_5 的 P 值分别是 0.254，0.245，也不显著。x_1，x_4 的 P 值在 $0.05\sim0.10$ 之间，也只是弱显著。由此可见，在多元线性回归中，虽然回归方程整体的显著性很强，但是并不意味着每个自变量都显著。

另外，每个自变量的显著性和这些自变量与因变量 y 两两之间的简单相关系数的大小并不一致，产生这个问题的原因是自变量之间存在共线性。其中 x_2，x_3 的偏回归系数是负数，而因变量 y 与这两个自变量却是高度正相关，这也是共线性带来的问题。因而此回归方程式还要在第 6 章多重共线性部分做进一步改进，或用其他消除共线性的方法重新建立回归方程，在此暂不做共线性方面的讨论。

第五步，回归应用。

因变量新值的点估计为：

$$\hat{y}_0=\hat{\beta}_0+\hat{\beta}_1x_{10}+\hat{\beta}_2x_{20}+\hat{\beta}_3x_{30}+\hat{\beta}_4x_{40}+\hat{\beta}_5x_{50} \tag{3.63}$$

其精确置信区间的表达式较为复杂，无法用手工计算，可以仿照一元线性回归的情况用 SPSS 软件计算。但是当样本量较大时，其置信度为 95% 的近似置信区间仍然可以用下面的公式简单计算：

$$(\hat{y}-2\hat{\sigma}\,,\hat{y}+2\hat{\sigma}) \tag{3.64}$$

第六步，专业背景分析。

民航客运量 y 与民用汽车拥有量 x_2、铁路客运量 x_3 的简单相关系数为 0.990，0.968，而回归方程（3.62）中 x_2，x_3 的偏回归系数都是负值，并且不显著。如前所述，这是由自变量间的共线性造成的。这里暂不讨论共线性问题，仅从专业背景分析 y 与 x_2，x_3 是高度正相关，还是负相关，或者是线性无关。一般认为铁路客运量与民航客运量之间应呈负相关关系，铁路和民航拥有共同旅客，乘了火车就乘不了飞机。但就中国的实际情况分析，近些年我国经济建设持续发展，每年探亲、旅游和公务出差的人数高速增加，节假日火车票和机票更是一票难求。所以民航客运量和铁路客运量之间不是一个恶性竞争的关系，而是一个相辅相成、共同发展的关系。中短旅途乘坐高铁，远途乘坐飞机，成为多数人的首选，高铁的建设并没有导致民航客运量减少。民用汽车拥有量 x_2 和民航客运量 y 也有类似的关系。因此有理由预期，在消除共线性的影响后，民用汽车拥有量 x_2、铁路客运量 x_3 都应该是回归方程中显著的有正偏回归系数的自变量。

二、评注

对于多元线性回归模型未知参数向量 $\boldsymbol{\beta}$ 的估计，最主要的方法是普通最小二乘估计。在运用普通最小二乘法估计未知参数时，应首先看具体问题的样本数据是否满足模型的基本假定，只有满足基本假定的模型才能应用普通最小二乘法。前面的几个例子都是假设满足基本假定要求的，在后面几章中我们还会看到在不满足基本假定的情况下，如何估计未知参数。

在回归模型的未知参数估计出来后，我们实际上是由 n 组样本观测数据得到一个经验回归方程，这个经验回归方程是否真正反映了变量 y 和变量 x_1，x_2，$\cdots$，x_p 之间的线性关系，这就需要进一步对回归方程进行检验。一种检验方法是拟合优度检验，即用样本决定系数的大小来衡量模型的拟合优度。样本决定系数 R^2 越大，说明回归方程拟合原始数据 y 的观测值的效果越好。但由于 R^2 的大小与样本量 n 以及自变量个数 p 有关，当 n 与 p 的数目接近时，R^2 容易接近 1，这说明 R^2 中隐含着一些虚假成分。因此，仅由 R^2 的值去推断模型优劣一定要慎重。

对于回归方程的显著性检验，我们用 F 统计量去判断假设 H_0：$\beta_1=\beta_2=\cdots=\beta_p=0$ 是否成立。当给定显著性水平 α 时，若 $F>F_\alpha(p，n-p-1)$，则拒绝假设 H_0，否则接受 H_0。接受假设 H_0 和拒绝假设 H_0 对于回归方程来说意味着什么，仍需慎重对待。

一般来说，当接受假设 H_0 时，认为在给定的显著性水平 α 下，自变量 x_1，x_2，$\cdots$，x_p 对因变量 y 无显著影响，于是通过 x_1，x_2，$\cdots$，x_p 去推断 y 也就没有多大意义。在这种情况下，一方面可能这个问题本来应该用非线性模型去描述，而我们误用了线性模型，使得自变量对因变量无显著影响；另一方面可能是在考虑自变量时，由于我们认识上的局限性把一些影响因变量 y 的自变量漏掉了，这就从两个方面提醒我们重新考虑建模问题。

当拒绝了假设 H_0 时，我们也不能过于相信这个检验，认为这个回归模型已经很完美了。其实当拒绝 H_0 时，我们只能认为这个回归模型在一定程度上说明了自变量 x_1，x_2，$\cdots$，x_p 与因变量 y 的线性关系。因为这时仍不能排除我们漏掉了一些重要的自变量。参考文献［2］的作者认为，此检验只宜用于辅助性的、事后验证性质的目的。研究者在事前根据专业知识及经验，认为已把较重要的自变量选入了，且在一定误差限度内认为模型为线性是合理的。经过样本数据计算后，可以用来验证原先的考虑是否周全。这时，若拒绝 H_0，可认为至少并不与其原来的设想矛盾。如果接受 H_0，可以肯定模型不能反映因变量 y 与自变量 x_1，x_2，$\cdots$，x_p 的线性关系，这个模型就不能用于实际预测和分析。

当样本量 n 较小，变量个数 p 较大时，F 检验或 t 检验的自由度太小，这时尽管样本决定系数 R^2 很大，但参数估计的效果很不稳定，我们曾发现一个实际应用例子暴露出了这方面的问题。某参考文献在研究建筑业降低成本率 y 与流动资金 x_1、固定资金 x_2、优良品率 x_3、竣工面积 x_4、劳动生产率 x_5、施工产值 x_6 的关系时，利用表 3-8 中的数据建立回归方程，得回归方程

$$\hat{y}=-38.487\,36-0.000\,273\,9x_1-0.002\,833x_2+0.205\,18x_3$$
$$-0.755\,07x_4+0.005\,227x_5+0.002\,657\,4x_6$$

SST＝154.764 6， SSR＝143.45， SSE＝11.314 6

F＝4.226， R^2＝0.926 79

表 3 - 8

序号	降低成本率 y（%）	流动资金 x_1（万元）	固定资金 x_2（万元）	优良品率 x_3（%）	竣工面积 x_4（万平方米）	劳动生产率 x_5（元/人）	施工产值 x_6（万元）
1	5.78	1 297.98	1 543.48	62.68	13.828	6 761	3 666.29
2	6.34	2 164.21	1 527.03	64.99	15.228	7 133	4 320.21
3	5.49	1 429.28	1 714.09	66.96	17.211	6 946	4 786.66
4	−6.99	581.38	681.03	40.03	4.304	4 968	1 262.76
5	7.18	981.78	1 134.31	74.72	12.298	6 810	3 062.90
6	6.70	601.21	611.98	60.24	7.481	6 416	1 718.70
7	5.00	588.27	802.21	62.93	10.683	6 911	2 369.13
8	6.56	2 975.63	2 403.22	67.59	25.938	7 124	7 797.64
9	5.01	1 096.10	1 908.98	64.49	9.800	6 540	3 494.30

由于 R^2＝0.926 79，所以该文献作者认为上述回归方程非常显著。其实进一步做 F 检验，给定 α＝0.05，查 F 分布表：$F_{0.05}(p, n-p-1)=F_{0.05}(6, 2)=19.3$。$F=4.226<F_{0.05}(6, 2)=19.3$，回归方程没有通过 F 检验。可是该参考文献当时给错了自由度，查 $F_{0.05}(6, 9)=3.37$。结果 $F>F_{0.05}(6, 9)$，通过了检验，从而进一步肯定了上述回归方程。

之所以 R^2 在 0.9 以上，已接近 1，方程还通不过 F 检验，就是因为样本量个数 n 太小，而自变量又较多造成 R^2 很大的虚假现象。如果样本量再稍做改变，未知参数就会发生较大变化，即表现出很不稳定的状况。

一个回归方程通过了显著性检验，并不能说明这个回归方程中所有自变量都对因变量 y 有显著影响，因此还要对回归系数进行检验。前面的几个例子中，我们看到尽管回归方程通过了检验，但有些回归系数并没有通过检验。对没有通过检验的回归系数，在一定程度上说明它们对应的自变量在方程中可有可无，一般为了使模型简化，需剔除不显著的自变量，重新建立回归方程。但在实际应用中，为了使模型的结构合理，我们有时也保留个别对 y 影响不大的自变量，尤其是在建立宏观经济模型时常常如此。

当一个实际经济问题的回归模型通过各种检验之后，模型的形式就随之确定下来，接着就可以运用回归方程去做经济预测和经济分析。我们在一元线性回归方程的应用中强调注意的问题在多元线性回归方程的应用中仍然有效。由于多元线性回归模型所描述的实际问题的复杂性，在做预测和结构分析时应更慎重。

如果自变量 x_j（$j=1, 2, \cdots, p$）的取值 x_{0j}（$j=1, 2, \cdots, p$）可以人为控制，其取值范围在当初建模时的范围之内，其他条件也没发生太大变化，则利用回归方程，根据 x_{0j}（$j=1, 2, \cdots, p$）的值去推断 y_0 的预测值 $\hat{y}_0$ 是可行的，预测值与真实值的误差也不会太大。这时把 x_j 的回归系数 $\hat{\beta}_j$ 解释为当 x_j 增减 1 单位时，因变量 y 平均增减

$\hat\beta_j$ 个单位也是合理的。

在实际应用中，尤其是在经济问题的研究中，我们研究的某种经济现象涉及多个因素，这些因素之间也大多有一定的联系。当回归方程中某一个自变量变动时，往往也会导致其他变量变动。这时，各回归系数的值都是在全体自变量值的联合变动的格局内起作用，如果我们仍认为某一回归系数 $\hat\beta_j$ 表示当 x_j 增减 1 单位时，因变量 y 平均增减 $\hat\beta_j$ 个单位就不合理了。

回归自变量之间的相关性在经济问题研究中经常存在，只要涉及多个自变量，就很难找出它们当中某些自变量是不相关的。要想找到既对某一经济现象有显著影响，自变量之间又完全不相关的一组自变量几乎是不可能的。问题是我们在建立经济问题的回归模型时，应尽可能地避免自变量间的高度相关。自变量间的高度相关称为多重共线性，它使得最小二乘估计的参数稳健性很差。后面的章节中将专门研究这类问题。

真实的回归函数，特别是在较大的范围内，很少是线性的。线性是一种近似，它包含了一种从实际角度看往往不一定合理的假定：各变量的作用与其他变量取什么值无关，且各变量的作用可以叠加。这是因为若 $y=\beta_0+\beta_1 x_1+\cdots+\beta_p x_p$，则不论把 $x_2,\cdots,x_p$ 的值固定在何处，当 x_1 增减 1 单位时，y 总是增减 β_1 个单位。事实并非如此。例如，y 为某公司的销售利润，x_1 为销售量，x_2 为商品价格，x_3 为广告费，x_4 为销售费用，则 x_1 对 y 起的作用与 x_2，x_3，x_4 的值有关。这种现象称为各因素之间的"交互作用"。在这种情况下，单个回归系数意义的解释也应是基于其他变量的平均而言的。

 思考与练习

3.1 写出多元线性回归模型的矩阵表示形式，并给出多元线性回归模型的基本假设。

3.2 讨论样本量 n 与自变量个数 p 的关系。它们对模型的参数估计有何影响？

3.3 证明 $\hat\sigma^2=\dfrac{1}{n-p-1}\text{SSE}$ 是误差项方差 σ^2 的无偏估计。

3.4 一个回归方程的复相关系数 $R=0.99$，样本决定系数 $R^2=0.9801$，我们能断定这个回归方程很理想吗？

3.5 如何正确理解回归方程显著性检验拒绝 H_0 或接受 H_0？

3.6 数据中心化和标准化在回归分析中的意义是什么？

3.7 验证式（3.52）

$$\hat\beta_j^*=\frac{\sqrt{L_{jj}}}{\sqrt{L_{yy}}}\hat\beta_j,\quad j=1,2,\cdots,p$$

3.8 利用式（3.60）证明式（3.61）成立，即

$$r_{12;3}=\frac{r_{12}-r_{13}r_{23}}{\sqrt{(1-r_{13}^2)(1-r_{23}^2)}}$$

3.9 证明 y 与自变量 x_j 的偏决定系数与式（3.42）的偏 F 检验值 F_j 是等价的。

3.10 验证决定系数 R^2 与 F 值之间的关系式

$$R^2 = \frac{F}{F + (n - p - 1)/p}$$

3.11 研究货运总量 y（万吨）与工业总产值 x_1（亿元）、农业总产值 x_2（亿元）、居民非商品支出 x_3（亿元）的关系。数据如表 3-9 所示。

（1）计算出 y，x_1，x_2，x_3 的相关系数矩阵。

（2）求 y 关于 x_1，x_2，x_3 的三元线性回归方程。

（3）对所求得的方程做拟合优度检验。

（4）对回归方程做显著性检验。

（5）对每一个回归系数做显著性检验。

（6）如果有的回归系数没通过显著性检验，将其剔除，重新建立回归方程，再做回归方程的显著性检验和回归系数的显著性检验。

（7）求出每一个回归系数的置信水平为 95% 的置信区间。

（8）求标准化回归方程。

（9）求当 $x_{01} = 75$，$x_{02} = 42$，$x_{03} = 3.1$ 时的 $\hat{y}_0$，给定置信水平为 95%，用 SPSS 软件计算精确置信区间，用手工计算近似预测区间。

（10）结合回归方程对问题做一些基本分析。

表 3-9

编号	货运总量 y(万吨)	工业总产值 x_1(亿元)	农业总产值 x_2(亿元)	居民非商品支出 x_3(亿元)
1	160	70	35	1.0
2	260	75	40	2.4
3	210	65	40	2.0
4	265	74	42	3.0
5	240	72	38	1.2
6	220	68	45	1.5
7	275	78	42	4.0
8	160	66	36	2.0
9	275	70	44	3.2
10	250	65	42	3.0

3.12 用表 3-10 的数据，建立 GDP 对 x_1 和 x_2 的回归。对得到的二元回归方程，你能够合理地解释两个回归系数吗？如果现在不能给出合理的解释，不妨在学过第 6 章后再来解释这个问题，在学过第 7 章后再来改进模型。

年份	GDP	第一产业增加值 x_1	第二产业增加值 x_2	第三产业增加值 x_3
1990	18 667.8	5 062.0	7 717.4	5 888.4
1991	21 781.5	5 342.2	9 102.2	7 337.1
1992	26 923.5	5 866.6	11 699.5	9 357.4
1993	35 333.9	6 963.8	16 454.4	11 915.7
1994	48 197.9	9 572.7	22 445.4	16 179.8
1995	60 793.7	12 135.8	28 679.5	19 978.5
1996	71 176.6	14 015.4	33 835.0	23 326.2
1997	78 973.0	14 441.9	37 543.0	26 988.1
1998	84 402.3	14 817.6	39 004.2	30 580.5
1999	89 677.1	14 770.0	41 033.6	33 873.4
2000	99 214.6	14 944.7	45 555.9	38 714.0
2001	109 655.2	15 781.3	49 512.3	44 361.6
2002	120 332.7	16 537.0	53 896.8	49 898.9
2003	135 822.8	17 381.7	62 436.3	56 004.7
2004	159 878.3	21 412.7	73 904.3	64 561.3
2005	184 937.4	22 420.0	87 598.1	74 919.3
2006	216 314.4	24 040.0	103 719.5	88 554.9
2007	265 810.3	28 627.0	125 831.4	111 351.9
2008	314 045.4	33 702.0	149 003.4	131 340.0
2009	340 902.8	35 226.0	157 638.8	148 038.0
2010	401 512.8	40 533.6	187 383.2	173 596.0
2011	473 104.0	47 486.2	220 412.8	205 205.0
2012	518 942.1	52 373.6	235 162.0	231 406.5

表 3 - 10   **GDP 和三次产业数据**   单位：亿元

资料来源：中华人民共和国国家统计局. 中国统计年鉴：2013. 北京：中国统计出版社，2013.

第 *4* 章

违背基本假设的情况

在回归模型的基本假设中，假定随机误差项 ε_1，ε_2，$\cdots$，ε_n 具有相同的方差，独立或不相关，即对于所有样本点，有

$$\begin{cases} E(\varepsilon_i)=0, \quad i=1,2,\cdots,n \\ \mathrm{cov}(\varepsilon_i,\varepsilon_j)=\begin{cases} \sigma^2, i=j \\ 0, \ i\neq j \end{cases} \quad i,j=1,2,\cdots,n \end{cases}$$

但在建立实际问题的回归模型时，经常存在与此假设相违背的情况，一种是计量经济建模中常说的异方差性，即

$$\mathrm{var}(\varepsilon_i)\neq\mathrm{var}(\varepsilon_j)，\quad 当 i\neq j 时$$

另一种是自相关性，即

$$\mathrm{cov}(\varepsilon_i,\varepsilon_j)\neq 0，\quad 当 i\neq j 时$$

本章将结合实例介绍异方差性和自相关性产生的背景和原因，以及给回归建模带来的影响，讨论异方差性和自相关性问题的诊断及处理方法。

4.1 异方差性产生的背景和原因

一、异方差性产生的原因

由于实际问题是错综复杂的，因此在建立实际问题的回归分析模型时，经常会出现某一因素或某些因素随着解释变量观测值的变化而对被解释变量产生不同的影响，导致随机

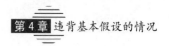

误差项产生不同方差。通过下面的几个例子，我们可以了解产生异方差性的背景和原因。

 例 4.1

在研究城镇居民收入与购买量的关系时，我们知道居民收入与消费水平有密切的关系。用 x_i 表示第 i 户的收入量，y_i 表示第 i 户的消费额，一个简单的消费模型为：

$$y_i = \beta_0 + \beta_1 x_i + \varepsilon_i, \quad i = 1, 2, \cdots, n$$

在此问题中，由于各户的收入、消费观念和习惯不同，通常存在明显的异方差性。一般情况下，低收入的家庭购买差异性比较小，大多购买生活必需品，但高收入家庭的购买行为差异就很大。高档消费品很多，房子、汽车的选择余地也很大，这样购买金额的差异就很大，导致消费模型的随机项 ε_i 具有不同的方差。

 例 4.2

利用某行业的不同企业的横截面样本数据估计 C-D 生产函数

$$y = AK^\alpha L^\beta e^\varepsilon$$

这里的 ε 表示不同企业的设备、工艺、地理条件、工人素质、管理水平以及其他因素的差异，对于不同企业，这些因素对产出的影响程度不同，引起 ε_i 偏离 0 均值的程度不同，进而出现了异方差性。

利用平均数作为样本数据，也容易出现异方差性。鉴于正态分布的普遍性，许多经济变量之间的关系服从正态分布。例如，不同收入水平组的人数随收入增加呈正态分布。以不同收入组的人均数据作为样本时，由于每组中人数不同，观测误差也不同。一般来说，人数多的收入组的人均数据相对人数少的收入组的人均数据具有较高的准确性。这些不同的观测误差也会引起异方差性，且 $\mathrm{var}(\varepsilon_i)$ 随收入的增加呈先降后升的趋势，参见参考文献 [9]。

总之，引起异方差性的原因很多，但当样本数据为横截面数据时容易出现异方差性。

二、异方差性带来的问题

当一个回归问题存在异方差性时，如果仍用普通最小二乘法估计未知参数，将引起不良后果，特别是最小二乘估计量不再具有最小方差的优良性，即最小二乘估计的有效性被破坏了。

当存在异方差性时，参数向量 $\hat{\boldsymbol{\beta}}$ 的方差大于在同方差条件下的方差，如果用普通最小二乘法估计参数，将出现低估 $\hat{\boldsymbol{\beta}}$ 的真实方差的情况，进一步将导致高估回归系数的 t 检验值，可能造成本来不显著的某些回归系数变成显著的。这将给回归方程的应用效果带来一定影响。

当存在异方差性时，普通最小二乘估计存在以下问题：

(1) 参数估计值虽是无偏的，但不是最小方差线性无偏估计。

（2）参数的显著性检验失效。

（3）回归方程的应用效果极不理想。

4.2　一元加权最小二乘估计

一、异方差性的检验

关于异方差性的检验，统计学家进行了大量的研究，提出的诊断方法已有 10 多种，但没有一个公认的最优方法。本书介绍残差图分析法与等级相关系数法这两种常用方法。

1. 残差图分析法

残差图分析法是一种直观、方便的分析方法。它以残差 e_i 为纵坐标，以其他适宜的变量为横坐标画散点图。常用的横坐标有三种选择：（1）以拟合值 $\hat{y}$ 为横坐标；（2）以 x_i（$i=1,2,\cdots,p$）为横坐标；（3）以观测时间或序号为横坐标。

如果回归模型适合样本数据，那么残差 e_i 应反映 ε_i 所假定的性质，因此可以根据它来判断回归模型是否具有某些性质。一般情况下，当回归模型满足所有假定时，残差图上的 n 个点的散布应是随机的，无任何规律，如图 2-5（a）所示。如果回归模型存在异方差性，残差图上的点的散布会呈现出一定的趋势。图 2-5（b）的残差 e 值随 x 值的增大而增大，具有明显的规律，因而可认为模型的随机误差项 ε_i 的方差是非齐性的，存在异方差性。另外，残差 e 值也可能随 x 值的增大而减小，这种情况同样属于存在异方差性。

2. 等级相关系数法

等级相关系数法又称斯皮尔曼（Spearman）检验，是一种应用较广泛的方法。进行等级相关系数检验通常有三个步骤：

第一步，做 y 关于 x 的普通最小二乘回归，求出 ε_i 的估计值，即 e_i 的值。

第二步，取 e_i 的绝对值，即 $|e_i|$，把 x_i 和 $|e_i|$ 按递增或递减的次序排列后分成等级，按式（4.1）计算出等级相关系数

$$r_s = 1 - \frac{6}{n(n^2-1)} \sum_{i=1}^{n} d_i^2 \tag{4.1}$$

式中，n 为样本量；d_i 为对应于 x_i 和 $|e_i|$ 的等级的差数。

第三步，做等级相关系数的显著性检验。在 $n>8$ 的情况下，用式（4.2）对样本等级相关系数 r_s 进行 t 检验。检验统计量为：

$$t = \frac{\sqrt{n-2}\, r_s}{\sqrt{1-r_s^2}} \tag{4.2}$$

如果 $|t| \leqslant t_{\alpha/2}(n-2)$，可以认为异方差性问题不存在；如果 $|t| > t_{\alpha/2}(n-2)$，说明 x_i 与 $|e_i|$ 之间存在系统关系，异方差性问题存在。

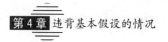

 例 4.3 •• ●

表 4-1 是 2016 年我国 31 个省、直辖市、自治区（不含港、澳、台）财政收入、地区生产总值两个宏观经济变量数据。

（1）用普通最小二乘法建立财政收入 y 对地区生产总值 x 的回归方程，并画出残差散点图；

（2）诊断该问题是否存在异方差性。

表 4-1

地区	财政收入 y（亿元）	地区生产总值 x（亿元）	x_i 等级	残差 e_i	$|e_i|$	残差 $|e_i|$ 等级	d_i	d_i^2
北京	5 081	25 669	20	2 213.1	2 213.1	30	−10	100
天津	2 724	17 885	13	686.5	686.5	24	−11	121
河北	2 850	32 070	24	−701.8	701.8	25	−1	1
山西	1 557	13 050	8	36.2	36.2	1	7	49
内蒙古	2016	18 128	14	−46.5	46.5	2	12	144
辽宁	2 200	22 247	18	−302.3	302.3	17	1	1
吉林	1 264	14 777	9	−441.3	441.3	19	−10	100
黑龙江	1 148	15 386	11	−621.8	621.8	23	−12	144
上海	6 406	28 179	21	3 270.0	3 270.0	31	−10	100
江苏	8 121	77 388	30	−269.3	269.3	16	14	196
浙江	5 302	47 251	28	129.4	129.4	10	18	324
安徽	2 673	24 408	19	−60.7	60.7	4	15	225
福建	2 655	28 811	22	−548.8	548.8	22	0	0
江西	2 151	18 499	16	48.9	48.9	3	13	169
山东	5 860	68 024	29	−1 530.5	1 530.5	28	1	1
河南	3 153	40 472	27	−1 295.3	1 295.3	27	0	0
湖北	3 102	32 665	25	−513.1	513.1	20	5	25
湖南	2 698	31 551	23	−798.4	798.4	26	−3	9
广东	10 390	80 855	31	1 629.7	1 629.7	29	2	4
广西	1 556	18 318	15	−526.9	526.9	21	−6	36
海南	638	4 053	4	77.4	77.4	5	−1	1
重庆	2 228	17 741	12	206.3	206.3	14	−2	4
四川	3 389	32 935	26	−255.1	255.1	15	11	121
贵州	1 561	11 777	7	176.6	176.6	13	−6	36
云南	1 812	14 788	10	105.9	105.9	8	2	4
西藏	156	1 151	1	−94.3	94.3	7	−6	36
陕西	1 834	19 400	17	−364.7	364.7	18	−1	1
甘肃	787	7 200	5	−109.2	109.2	9	−4	16
青海	239	2 572	2	−163.5	163.5	12	−10	100
宁夏	388	3 169	3	−78.0	78.0	6	−3	9
新疆	1 299	9 650	6	141.3	141.3	11	−5	25

应用回归分析（第5版）

解：（1）首先用 SPSS 软件建立 y 对 x 的普通最小二乘回归模型，决定系数 $R^2 =$ 0.918，估计的回归标准差 $\hat{\sigma} = 944.02$。方差分析表与回归系数表见输出结果 4.1。回归方程为 $\hat{y} = 127.304 + 0.107x$，残差 e_i 列在表 4-1 中，残差图见图 4-1。

从残差图 4-1 可以看出，误差项具有明显的异方差性，误差随着地区生产总值的增加而增加。

输出结果 4.1

ANOVAª

Model		Sum of Squares	df	Mean Square	F	Sig.
1	Regression	138227498.500	1	138227498.500	155.106	.000ᵇ
	Residual	25844193.050	29	891179.071		
	Total	164071691.600	30			

a. Dependent Variable:财政收入
b. Predictors:(Constant),地区生产总值

Coefficients

Model		Unstandardized Coefficients		Standardized Coefficients	t	Sig.
		B	Std. Error	Beta		
1	(Constant)	127.304	274.393		.464	.646
	地区生产总值	.107	.009	.918	12.454	.000

（2）计算等级相关系数。由表 4-1 得，$\sum d_i^2 = 2\,102$，代入式（4.1）得

$$r_s = 1 - \frac{6}{31 \times (31^2 - 1)} \times 2\,102 = 0.576\,2$$

将 $r_s = 0.576\,2$ 代入式（4.2），得

$$t = \frac{\sqrt{31-2} \times 0.576\,2}{\sqrt{1-0.576\,2^2}} = 3.797$$

给定显著性水平 $\alpha = 0.05$，自由度 $n-2 = 31-2 = 29$，查得临界值 $t_{0.025}(29) = 2.045$，由于 $|t| = 3.797 > 2.045$，认为残差绝对值 $|e_i|$ 与自变量 x_i 显著相关，误差项存在异方差性。

等级相关系数的检验可以用 SPSS 软件实现，首先用 Transform→Compute Variable 命令计算出残差绝对值 $|e_i| = abs(e_i)$，然后在 Analyze 下拉菜单中点选 Correlate→Bivariate→Spearman，计算 $|e_i|$ 与 x_i 的等级相关系数，见输出结果 4.2。同样得等级相关系数 $r_s = 0.576$，P 值 $= 0$，认为残差绝对值 $|e_i|$ 与自变量 x_i 显著相关，存在异方差性。

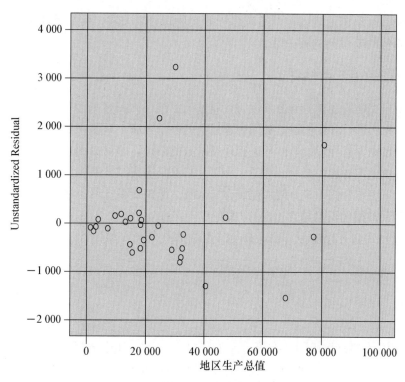

图 4-1 残差图

输出结果 4.2

Correlations

			地区生产总值	ABSE
Spearman's Rho	地区生产总值	Correlation Coefficient	1.000	.576**
		Sig. (2-tailed)	.	.001
		N	31	31
	ABSE	Correlation Coefficient	.576**	1.000
		Sig. (2-tailed)	.001	.
		N	31	31

**. Correlation is significant at the 0.01 level (2-tailed).

计算残差绝对值 $|e_i|$ 与自变量 x_i 的相关性时采用 Spearman 等级相关系数，而不采用 Pearson 简单相关系数，这是因为等级相关系数可以反映非线性相关的情况，而简单相关系数不能如实反映非线性相关的情况。例如 x 与 y 的取值如表 4-2 所示。

表 4-2

序号	1	2	3	4	5	6	7	8	9	10
x	1	2	3	4	5	6	7	8	9	10
y	1	4	9	16	25	36	49	64	81	100

可以看出，y_i 与 x_i 之间的关系为 $y_i = x_i^2$（$i = 1, 2, \cdots, 10$），具有完全的曲线相关关系。容易计算出 y 与 x 的简单相关系数 $r = 0.9746$，而 y 与 x 的等级相关系数 $r_s = 1$。与简单相关系数相比，等级相关系数可以更准确地反映非线性相关的情况。等级相关系数

可以如实反映具有单调递增或单调递减趋势的变量间的相关性，而简单相关系数只适宜衡量具有直线趋势的变量间的相关性。

二、一元加权最小二乘估计

当我们所研究的问题具有异方差性时，就违反了线性回归模型的基本假定。此时，不能用普通最小二乘法进行参数估计，必须寻求适当的补救方法，对原来的模型进行变换，使变换后的模型满足同方差性假设，然后进行模型参数的估计，即可得到理想的回归模型。消除异方差性的方法通常有加权最小二乘法、BOX-COX 变换法、方差稳定性变换法（参见参考文献 ［2］）。下面结合例 4.3 介绍加权最小二乘法。加权最小二乘法（weighted least square, WLS）是一种最常用的消除异方差性的方法。

对一元线性回归方程来说，普通最小二乘法的离差平方和为：

$$Q(\beta_0, \beta_1) = \sum_{i=1}^{n}(y_i - E(y_i))^2$$
$$= \sum_{i=1}^{n}(y_i - \beta_0 - \beta_1 x_i)^2 \qquad (4.3)$$

其中，每个观测值的权数相同。在等方差的条件下，平方和中的每一项的地位是相同的。然而，在异方差的条件下，平方和中的每一项的地位是不同的，误差项方差 σ_i^2 大的项，在式（4.3）平方和中的作用就偏大，因而普通最小二乘估计的回归线就被拉向方差大的项，而方差小的项的拟合程度就差。加权最小二乘法是在平方和中加入一个适当的权数 w_i，以调整各项在平方和中的作用。一元线性回归的加权最小二乘的离差平方和为：

$$Q_w(\beta_0, \beta_1) = \sum_{i=1}^{n} w_i(y_i - E(y_i))^2$$
$$= \sum_{i=1}^{n} w_i(y_i - \beta_0 - \beta_1 x_i)^2 \qquad (4.4)$$

式中，w_i 为给定的第 i 个观测值的权数。加权最小二乘估计就是寻找参数 β_0，β_1 的估计值 $\hat{\beta}_{0w}$，$\hat{\beta}_{1w}$，使式（4.4）的离差平方和 Q_w 达到极小。如果所有的权数相等，即 w_i 都等于某个常数，该方法就成为普通最小二乘法。可以证明加权最小二乘估计为：

$$\begin{cases} \hat{\beta}_{0w} = \bar{y}_w - \hat{\beta}_{1w}\bar{x}_w \\ \hat{\beta}_{1w} = \dfrac{\sum_{i=1}^{n} w_i(x_i - \bar{x}_w)(y_i - \bar{y}_w)}{\sum_{i=1}^{n} w_i(x_i - \bar{x}_w)^2} \end{cases} \qquad (4.5)$$

式中，$\bar{x}_w = \dfrac{1}{\sum w_i}\sum w_i x_i$ 为自变量的加权平均；$\bar{y}_w = \dfrac{1}{\sum w_i}\sum w_i y_i$ 为因变量的加权平均。

加权最小二乘估计的计算可以用 SPSS 软件完成。

在使用加权最小二乘法时，为了消除异方差性的影响，使式（4.4）中的各项地位相

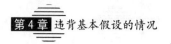

同，观测值的权数应该是观测值误差项方差的倒数，即

$$w_i = \frac{1}{\sigma_i^2}$$

式中，σ_i^2 为第 i 个观测值误差项的方差。所以误差项方差较大的观测值接受较小的权数；误差项方差较小的观测值接受较大的权数。

在实际问题的研究中，误差项的方差 σ_i^2 通常是未知的，但是，当误差项方差随自变量水平以系统的形式变化时，我们可以利用这种关系。例如，已知误差项方差 σ_i^2 与 x_i^2 成比例，那么 $\sigma_i^2 = kx_i^2$，其中 k 为比例系数。

权数 w_i 为：

$$w_i = \frac{1}{kx_i^2}$$

因为比例系数 k 在参数估计中可以消去，所以可以直接使用权数

$$w_i = \frac{1}{x_i^2}$$

在社会经济研究中，经常会遇到这种特殊的权数，即误差项方差与 x 的幂函数 x^m 成比例，其中，m 为待定的未知参数。

此时，权函数为：

$$w_i = \frac{1}{x_i^m} \tag{4.6}$$

三、寻找最优权函数

利用 SPSS 软件可以确定式（4.6）中幂指数 m 的最优取值。对例 4.3 的数据，依次点选 Analyze→Regression→Weight Estimation 进入估计权函数对话框，默认的幂指数 m 的取值为 -2.0，-1.5，-1.0，-0.5，0，0.5，1.0，1.5，2.0，这一默认值可以更改。先将因变量 y 与自变量 x 选入各自的变量框，再把 x 选入 Weight 变量框，幂指数（Power）取默认值，计算结果如输出结果 4.3 所示（格式略有变动）：

输出结果 4.3

对数似然值[b]

Power		
	-2.000	-281.603
	-1.500	-273.766
	-1.000	-266.760
	$-.500$	-260.626
	$.000$	-255.342
	$.500$	-250.830
	1.000	-246.977
	1.500	-243.745
	2.000	-241.338[a]

a. The corresponding power is selected for further analysis because it maximizes the log-likelihood function.

b. Dependent variable: 财政收入，source variable: 地区生产总值.

Model Description

Dependent Variable		财政收入
Independent Variables	1	地区生产总值
Weight	Source	地区生产总值
	Power Value	2.000

Model: MOD_1.

Model Summary

Multiple R	.946
R Square	.895
Adjusted R Square	.892
Std. Error of the Estimate	.034
Log-likelihood Function Value	−241.338

ANOVA

	Sum of Squares	df	Mean Square	F	Sig.
Regression	.285	1	.285	248.430	.000
Residual	.033	29	.001		
Total	.318	30			

Coefficients

	Unstandardized Coefficients		Standardized Coefficients		t	Sig.
	B	Std. Error	Beta	Std. Error		
(Constant)	24.798	37.144			.668	.510
地区生产总值	.113	.007	.946	.060	15.762	.000

　　根据以上输出结果，幂指数 m 的最优取值为 $m=2.0$。加权最小二乘的 $R^2=0.895$，F 值 $=248.430$。其中方差分析表中的平方和是对用权函数变换后的变量计算的，所以和输出结果 4.1 中用原始数据计算的平方和不一致。但是回归系数表是针对原始变量的，和输出结果 4.1 中用原始数据计算的回归系数有可比性。

　　由于幂指数的最优值 $m=2.0$ 在边界达到，这时应该增大幂指数 m 的选择范围，重新寻找最优幂指数。增大 m 的选择范围重新计算后，本例数据的最优幂指数在 $m=2.5$ 时达到，对数似然函数值 $=-240.380$，略高于 $m=2.0$ 时的对数似然函数值 -241.338，差别不大。由于幂指数 $m=2.0$ 对应于权函数 $w=1/x^2$，从经济意义看表示误差项的标准差与自变量的大小成正比，更符合经济意义，所以本例仍选取最优幂指数为 $m=2.0$。

　　如果直接用加权最小二乘的残差 e_{iw} 作残差图，会发现仍然是呈现喇叭口形状的异方差图形。为了直观地看到加权最小二乘的效果，需要以权变换残差 $\sqrt{w_i}\,e_{iw}$ 为纵轴变量画残差图，如果此时残差图显示随机分布，不再呈现喇叭口的异方差形状，就说明加权最小二乘达到了消除异方差性的效果。SPSS 没有提供直接计算权变换残差 $\sqrt{w_i}\,e_{iw}$ 的选项，需要读者自己做几步计算工作：

　　第一步，对确定出的最优幂指数，用 Transform→Compute Variable 命令计算出权函数 w_i。本例取最优幂指数 $m=2.0$，$w_i=1/x_i^2$。

第二步，进入线性回归对话框，选入因变量和自变量后，再把在第一步计算出的权函数 w_i 选入 WLS Weight 变量框。

第三步，点选线性回归对话框的 Save 选项，保存残差变量，可以根据需要选取未标准化或标准化残差，运行得到加权残差 e_{iw}，再计算权变换残差 $\sqrt{w_i}\,e_{iw}$。

第四步，以自变量 x 为横轴，以权变换残差 $\sqrt{w_i}\,e_{iw}$ 为纵轴画残差图，见图 4 - 2。

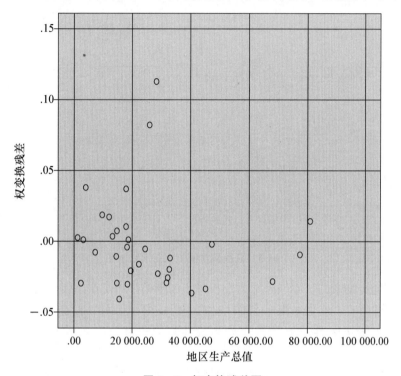

图 4 - 2   权变换残差图

比较图 4 - 2 权变换残差图和图 4 - 1 普通最小二乘残差图，可以看出异方差问题已经解决。但是，上海和北京两个城市的数据似乎成为异常值。如果把上海和北京两个样本数据作为异常值剔除，得到如图 4 - 3 所示的权变换残差图，这个图的残差分布是完全随机的。我们将剔除上海和北京两个异常值的回归计算作为习题 4.17，请读者自己完成。

SPSS 软件的 Weight Estimation 命令的主要作用是估计最优幂指数 m，可以用 Options 选项保存权函数变量值，或者用 Transform→Compute Variable 命令计算出权函数变量值。然后在普通线性回归对话框中的 WLS Weight 变量框选入这个权函数变量，就成为加权最小二乘算法，可以说普通最小二乘是加权最小二乘的特例。这样 SPSS 普通最小二乘的很多功能，包括共线性诊断、异常值判定、自相关分析、区间预测等，也都可以用到加权最小二乘回归中。读者在学到后面的这些内容时，可以结合加权最小二乘使用。

普通最小二乘回归方程是 $\hat{y} = 127.304 + 0.107x$，加权最小二乘回归方程是 $\hat{y} = 24.798 + 0.113x$，两者的回归系数 0.107 和 0.113 相差并不大。两个常数项 127.304 和 24.798 看似相差很大，但是和因变量的数值大小相比，这个差异实际也是很小的。由此看到，当回归模型存在异方差性时，加权最小二乘估计只是对普通最小二乘估计的改进，

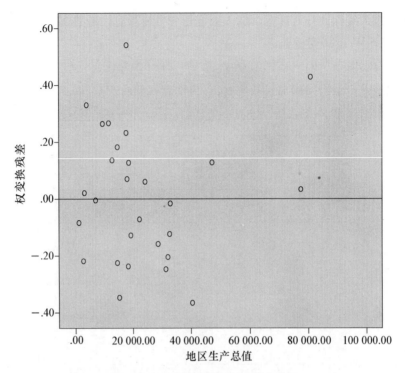

图 4-3　剔除异常值的权变换残差图

这种改进有可能是细微的，不能理解为加权最小二乘估计一定会得到与普通最小二乘估计截然不同的回归方程，或者结果一定有大幅改进。实际上，可以构造出这样的数据，回归模型存在很强的异方差性，但是普通最小二乘与加权最小二乘所得的回归方程却完全一样。

需要注意的是，加权最小二乘是以牺牲大方差项的拟合效果为代价改善了小方差项的拟合效果，但这也并不总是研究者所需要的。在社会经济现象中，通常变量取值大时方差也大，在以经济总量为研究目标时，更关心的是变量取值大的项，而普通最小二乘恰好能满足这个要求。在对时间序列数据建模时，近期的经济数据往往数值偏大，早期的数据数值会偏小，表现出异方差性。对这样的数据使用加权最小二乘，会对早期的数据拟合得更好，而近期数据的拟合效果变差。所以在一些特定场合，即使数据存在异方差性，也可以选择使用普通最小二乘估计。

例如对表 4-3 的数据，建立地区生产总值 y 对固定资产投资 x 的回归方程。普通最小二乘回归方程是 $\hat{y}=-90.389+1.302x$，表明每投入 1 亿元的固定资产，会有 1.302 亿元生产总值的产出。用加权最小二乘得到的回归方程是 $\hat{y}=988.613+1.251x$，表明每投入 1 亿元的固定资产，会有 1.251 亿元生产总值的产出。对此问题，普通最小二乘方程和加权最小二乘方程哪一个更符合我国的经济现状呢？仔细观察表 4-3 的数据发现，沿海地区经济总量大的省市，地区生产总值都高于固定资产投资，产出大于投入，而边远地区经济总量小的省市，地区生产总值都低于固定资产投资，产出小于投入，于是建立的加权最小二乘回归系数偏小。在以经济总量为研究目标时，仍然可以考虑使用普通最小二乘回归方程。

表 4 - 3　　　　**2016 年 31 个省市自治区地区生产总值和固定资产投资数据**　　　单位：亿元

省市	地区生产总值	固定资产投资	省市	地区生产总值	固定资产投资
北京	25 669	7 944	湖北	32 665	30 012
天津	17 885	12 779	湖南	31 551	28 353
河北	32 070	31 750	广东	80 855	33 304
山西	13 050	14 198	广西	18 318	18 237
内蒙古	18 128	15 080	海南	4 053	3 890
辽宁	22 247	6 692	重庆	17 741	16 048
吉林	14 777	13 923	四川	32 935	28 812
黑龙江	15 386	10 648	贵州	11 777	13 204
上海	28 179	6 756	云南	14 788	16 119
江苏	77 388	49 663	西藏	1 151	1 596
浙江	47 251	30 276	陕西	19 400	20 825
安徽	24 408	27 033	甘肃	7 200	9 664
福建	28 811	23 237	青海	2 572	3 528
江西	18 499	19 694	宁夏	3 169	3 794
山东	68 024	53 323	新疆	9 650	10 288
河南	40 472	40 415			

4.3　多元加权最小二乘估计

一、多元加权最小二乘法

对于一般的多元线性回归模型

$$y_i = \beta_0 + \beta_1 x_{i1} + \beta_2 x_{i2} + \cdots + \beta_p x_{ip} + \varepsilon_i, \quad i = 1, 2, \cdots, n$$

当误差项 ε_i 存在异方差性时，加权离差平方和为：

$$Q_w = \sum_{i=1}^{n} w_i (y_i - \beta_0 - \beta_1 x_{i1} - \beta_2 x_{i2} - \cdots - \beta_p x_{ip})^2 \qquad (4.7)$$

式中，w_i 为给定的第 i 个观测值的权数。加权最小二乘估计就是寻找参数 β_0，β_1，β_2，$\cdots$，β_p 的估计值 $\hat{\beta}_{0w}$，$\hat{\beta}_{1w}$，$\hat{\beta}_{2w}$，$\cdots$，$\hat{\beta}_{pw}$，使式（4.7）的 Q_w 达到极小。记

$$\boldsymbol{W} = \begin{bmatrix} w_1 & & & \vdots \\ & w_2 & & \\ & & \ddots & \\ \vdots & & & w_n \end{bmatrix}$$

可以证明，加权最小二乘估计的矩阵表达为：

$$\hat{\boldsymbol{\beta}}_w = (\boldsymbol{X}'\boldsymbol{W}\boldsymbol{X})^{-1}\boldsymbol{X}'\boldsymbol{W}\boldsymbol{y} \tag{4.8}$$

二、权函数的确定方法

多元线性回归有多个自变量，通常取权函数 W 为某个自变量 x_j $(j=1, 2, \cdots, p)$ 的幂函数，即 $W = x_j^m$。在 $x_1, x_2, \cdots, x_p$ 这 p 个自变量中，应该取哪一个自变量呢？只需计算每个自变量 x_j 与普通残差的等级相关系数，选取等级相关系数最大的自变量构造权函数。

 例 4.4

续例 3.2，研究北京市各经济开发区经济发展与招商投资的关系，因变量 y 为各开发区的销售收入（百万元），选取两个自变量：x_1 为截至 1998 年底各开发区累计招商数目，x_2 为招商企业注册资本（百万元）。

计算出普通残差的绝对值 ABSE $= |e_i|$ 与 x_1，x_2 的等级相关系数，见输出结果 4.4。

输出结果 4.4

Correlations

			X1	X2	ABSE
Spearman's rho	X1	Correlation Coefficient	1.000	.432	.443
		Sig. (2-tailed)	.	.108	.098
		N	15	15	15
	X2	Correlation Coefficient	.432	1.000	.721**
		Sig. (2-tailed)	.108	.	.002
		N	15	15	15
	ABSE	Correlation Coefficient	.443	.721**	1.000
		Sig. (2-tailed)	.098	.002	.
		N	15	15	15

**. Correlation is significant at the 0.01 level (2-tailed).

从输出结果 4.4 中看出，残差绝对值与自变量 x_1 的相关系数为 $r_{e1} = 0.443$，与自变量 x_2 的相关系数为 $r_{e2} = 0.721$，因而选 x_2 构造权函数。

仿照例 4.3，用 Weight Estimate 估计幂指数 m，得 m 的最优值为 $m=2$，由于是在默认范围 $[-2, 2]$ 的边界，因而应该扩大范围重新计算。

取 m 从 1 到 5，步长仍为 0.5，得 m 的最优值为 $m=2.5$，部分输出结果如输出结果 4.5 所示。

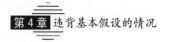

输出结果 4.5

Model Summary

Multiple R	.922
R Square	.849
Adjusted R Square	.824
Std. Error of the Estimate	.032
Log-likelihood Function Value	-102.683

ANOVA

	Sum of Squares	df	Mean Square	F	Sig.
Regression	.071	2	.035	33.843	.000
Residual	.013	12	.001		
Total	.084	14			

Coefficients

	Unstandardized Coefficients		Standardized Coefficients			
	B	Std. Error	Beta	Std. Error	t	Sig.
(Constant)	-266.962	106.742			-2.501	.028
X1	1.696	.404	.587	.140	4.195	.001
X2	.470	.149	.441	.140	3.150	.008

根据以上输出结果，加权最小二乘的 $R^2=0.849$，F 值$=33.843$；而普通最小二乘的 $R^2=0.842$，F 值$=31.96$。这说明对本例的数据加权最小二乘估计的拟合效果略好于普通最小二乘，选用加权最小二乘估计是正确的。

加权最小二乘的回归方程为：

$$\hat{y}=-266.962+1.696x_1+0.470x_2$$

普通最小二乘的回归方程为

$$\hat{y}=-327.039+2.036x_1+0.468x_2$$

4.4 自相关性问题及其处理

无论是在介绍一元还是多元线性回归模型时，我们总假定其随机误差项是不相关的，即

$$\mathrm{cov}(\varepsilon_i,\varepsilon_j)=0, \quad i\neq j \tag{4.9}$$

式（4.9）表示不同时点的误差项之间不相关。如果一个回归模型不满足式（4.9），即 $\text{cov}(\varepsilon_i, \varepsilon_j) \neq 0$，则称随机误差项之间存在自相关现象。这里的自相关现象不是指两个或两个以上的变量之间的相关关系，而是指一个变量前后期数值之间的相关关系。

本节主要讨论自相关现象产生的背景和原因，自相关现象给回归分析带来的影响，诊断自相关是否存在的方法，以及如何克服自相关现象产生的影响。

一、自相关性产生的背景和原因

在实际问题的研究中，经常遇到时间序列出现正的序列相关的情形。产生序列自相关的背景及其原因通常有以下几个方面。

（1）遗漏关键变量时会产生序列的自相关性。在回归分析的建模过程中，如果忽略了一个或几个重要的变量，而这些遗漏的关键变量在时间顺序上的影响是正相关的，回归模型中的误差项就会具有明显的正相关性，这是因为误差包含了遗漏变量的影响。例如，我们利用新中国成立以来的有关统计数据建立我国居民消费模型时，居民可支配收入是一个重要的变量，它对居民的消费有重要的影响，如果把这个重要的变量漏掉了，就可能使得误差项正自相关，因为居民可支配收入对居民消费的影响很可能是时间上正相关的。

（2）经济变量的滞后性会给序列带来自相关性。许多经济变量都会产生滞后影响，例如物价指数、基建投资、国民收入、消费、货币发行量等都有一定的滞后性。如前期消费额对后期消费额一般会有明显的影响。有时，经济变量的这种滞后表现出一种不规则的循环波动，当经济情况处于衰退的谷底时，经济扩张期随之开始，这时，大多数经济时间序列上升得快一些。在经济扩张期，经济时间序列内部有一种内在的冲力，受此影响，时间序列一直上升到循环的顶点，在顶点时刻，经济收缩随之开始。因此，在这样的时间序列数据中，顺序观测值之间的相关现象是很自然的。经济现象中的自相关一般是正的。

（3）采用错误的回归函数形式也可能引起自相关性。例如，假定某实际问题的正确回归函数应由指数形式

$$y = \beta_0 \exp(\beta_1 x + \varepsilon)$$

来表示，但研究者误用线性回归模型

$$y = \beta_0 + \beta_1 x + \varepsilon'$$

表示，这时，误差项 ε' 也表现为自相关性。

（4）蛛网现象（cobweb phenomenon）可能带来序列的自相关性。蛛网现象是微观经济学中研究商品市场运行规律所用的一个名词，它表示某种商品的供给量因受前一期价格影响而表现出来的某种规律性，即呈蛛网状收敛或发散于供需的均衡点。规律性的作用使得所用回归模型的误差项不再是随机的，而产生了某种自相关性。例如，许多农产品的供给呈现出蛛网现象，即供给量受前一期价格的影响。这样，今年某种产品的生产和供给计划取决于上一年的价格。因此，农产品的供给函数可表示为：

$$S_t = \beta_0 + \beta_1 P_{t-1} + \varepsilon_t, \quad t = 1, 2, \cdots, n$$

式中，S_t 为 t 期农产品供给量；P_{t-1} 为 $t-1$ 期农产品的价格。

假定 t 期的农产品价格 P_t 低于 $t-1$ 期的农产品价格 P_{t-1}，那么，$t+1$ 期的农产品供给量将低于 t 期的供给量。在这种情况下，干扰项 ε_t 不能预测，成为随机的，因为农民在第 t 年多生产了，很可能导致他们在第 $t+1$ 年少生产。比如我们都有过上年某种农产品的价格低，本年这种农产品就供应紧张、价格上涨的经验。

（5）因对数据加工整理而导致误差项之间产生自相关性。在回归分析建模中，经常要对原始数据进行一些处理，如在具有季节性时序资料的建模中，我们常常要消除季节性，对数据做修匀处理。但如果采用了不恰当的差分变换，也会带来序列的自相关性。

自相关问题在时序资料的建模中会经常碰到，在横截面样本数据中有时也会存在。大多数经济时间序列由于受经济波动规律的作用，一般随着时间的推移有一种向下或向上变动的趋势，所以，随机误差项 ε_t 一般表现为正自相关情形。负自相关的情形有时也会出现，但并不多见。

二、自相关性带来的问题

当一个线性回归模型的随机误差项存在序列相关时，就违背了线性回归方程的基本假设，如果仍然直接用普通最小二乘法估计未知参数，将会产生严重后果。一般情况下，序列相关性会带来下列问题：

（1）参数的估计值不再具有最小方差线性无偏性。

（2）均方误差（MSE）可能严重低估误差项的方差。

（3）容易导致对 t 值评价过高，常用的 F 检验和 t 检验失效。如果忽视这一点，可能导致得出回归参数统计检验为显著，但实际上并不显著的严重错误结论。

（4）当存在序列相关时，$\hat{\boldsymbol{\beta}}$ 仍然是 $\boldsymbol{\beta}$ 的无偏估计量，但在任一特定的样本中，$\hat{\boldsymbol{\beta}}$ 可能严重歪曲 $\boldsymbol{\beta}$ 的真实情况，即最小二乘估计量对抽样波动非常敏感。

（5）如果不加处理地运用普通最小二乘法估计模型参数，那么用此模型进行预测和结构分析将会带来较大的方差甚至错误的解释。

三、自相关性的诊断

由于随机扰动项存在序列相关会给普通最小二乘法的应用带来非常严重的后果，因此，如何诊断随机扰动项是否存在序列相关就成为一个极其重要的问题。下面介绍两种主要的诊断方法。

1. 图示检验法

图示检验法是一种直观的诊断方法，它是对给定的回归模型直接用普通最小二乘法估计参数，求出残差项 e_t 作为随机项 ε_t 的真实值的估计值，再描绘 e_t 的散点图，根据 e_t 的相关性来判断随机项 ε_t 的序列相关性。残差 e_t 的散点图通常有两种绘制方式。

（1）绘制 e_t，e_{t-1} 的散点图。用 $(e_t, e_{t-1})(t=2, 3, \cdots, n)$ 作为散布点绘图。如果大部分点落在第 Ⅰ，Ⅲ 象限，表明随机扰动项 ε_t 存在正的序列相关，如图 4-4（a）所示；如果大部分点落在第 Ⅱ，Ⅳ 象限，表明随机扰动项 ε_t 存在负相关，如图 4-4（b）所示。

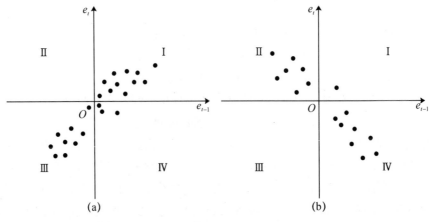

图 4 - 4

（2）按照时间顺序绘制回归残差项 e_t 的图形。如果 e_t（$t=1,2,\cdots,n$）随着 t 的变化逐次有规律地呈现锯齿形或循环形状的变化，就可断言 e_t 存在相关，表明 ε_t 存在序列相关。如果 e_t 随着 t 的变化逐次变化并不断地改变符号，如图 4 - 5（a）所示，那么随机扰动项 ε_t 存在负的序列相关，这种现象称为蛛网现象。如果 e_t 随着 t 的变化逐次变化并不频繁地改变符号，而是几个正的 e_t 后面跟着几个负的，如图 4 - 5（b）所示，则表明随机扰动项 ε_t 存在正的序列相关。

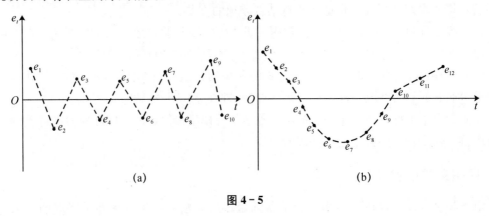

图 4 - 5

2. 自相关系数法

误差序列 $\varepsilon_1,\varepsilon_2,\cdots,\varepsilon_n$ 的自相关系数定义为：

$$\rho = \frac{\sum_{t=2}^{n}\varepsilon_t\varepsilon_{t-1}}{\sqrt{\sum_{t=2}^{n}\varepsilon_t^2}\sqrt{\sum_{t=2}^{n}\varepsilon_{t-1}^2}} \tag{4.10}$$

自相关系数 ρ 的取值范围是 $[-1,1]$，当 ρ 接近 1 时，表明误差序列存在正相关；当 ρ 接近 -1 时，表明误差序列存在负相关。在实际应用中，误差序列 $\varepsilon_1,\varepsilon_2,\cdots,\varepsilon_n$ 的真实值是未知的，需要用其估计值 e_t 代替，得自相关系数的估计值为：

$$\hat{\rho} = \frac{\sum_{t=2}^{n} e_t e_{t-1}}{\sqrt{\sum_{t=2}^{n} e_t^2} \sqrt{\sum_{t=2}^{n} e_{t-1}^2}} \tag{4.11}$$

$\hat{\rho}$ 作为自相关系数 ρ 的估计值与样本量有关，需要做统计显著性检验才能确定自相关性是否存在，通常采用下面介绍的 DW 检验代替对 $\hat{\rho}$ 的检验。

3. DW 检验

DW 检验是杜宾（J. Durbin）和沃特森（G. S. Watson）于 1951 年提出的适用于小样本的一种检验方法。DW 检验只能用于检验随机扰动项具有一阶自回归形式的序列相关问题。这种检验方法是建立计量经济学模型时最常用的方法，一般的计算机软件都可以计算出 DW 值。

随机扰动项的一阶自回归形式为：

$$\varepsilon_t = \rho \varepsilon_{t-1} + u_t \tag{4.12}$$

为了检验序列的相关性，构造的假设是

$$H_0 : \rho = 0$$

为了检验上述假设，构造 DW 统计量，首先要求计算出回归估计式的残差 e_t，定义 DW 统计量为：

$$DW = \frac{\sum_{t=2}^{n} (e_t - e_{t-1})^2}{\sum_{t=2}^{n} e_t^2} \tag{4.13}$$

式中，$e_t = y_t - \hat{y}_t (t=1, 2, \cdots, n)$。

下面我们推导出 DW 值的取值范围。由式（4.13）有

$$DW = \frac{\sum_{t=2}^{n} e_t^2 + \sum_{t=2}^{n} e_{t-1}^2 - 2\sum_{t=2}^{n} e_t e_{t-1}}{\sum_{t=2}^{n} e_t^2} \tag{4.14}$$

如果认为 $\sum_{t=2}^{n} e_t^2$ 与 $\sum_{t=2}^{n} e_{t-1}^2$ 近似相等，则由式（4.14）得

$$DW \approx 2\left[1 - \frac{\sum_{t=2}^{n} e_t e_{t-1}}{\sum_{t=2}^{n} e_t^2}\right] \tag{4.15}$$

同样，在认为 $\sum_{t=2}^{n} e_t^2$ 与 $\sum_{t=2}^{n} e_{t-1}^2$ 近似相等时，由式（4.11）得

$$\hat{\rho} \approx \frac{\sum_{t=2}^{n} e_t e_{t-1}}{\sum_{t=2}^{n} e_t^2} \tag{4.16}$$

因此，式（4.15）可以写为：

$$DW \approx 2(1-\hat{\rho}) \tag{4.17}$$

因而 DW 值与 $\hat{\rho}$ 的对应关系如表 4-4 所示。

表 4-4

$\hat{\rho}$	DW	误差项的自相关性
-1	4	完全负自相关
(-1, 0)	(2, 4)	负自相关
0	2	无自相关
(0, 1)	(0, 2)	正自相关
1	0	完全正自相关

由上述讨论可知 DW 的取值范围为 $0 \leqslant DW \leqslant 4$。

根据样本量 n 和解释变量的数目 k（这里包括常数项）查 DW 分布表，得临界值 d_L 和 d_U，然后依下列准则考察计算得到的 DW 值，决定模型的自相关状态，如表 4-5 所示。

表 4-5

$0 \leqslant DW \leqslant d_L$	误差项 ε_1，ε_2，…，ε_n 间存在正自相关
$d_L < DW \leqslant d_U$	不能判定是否有自相关
$d_U < DW < 4-d_U$	误差项 ε_1，ε_2，…，ε_n 间无自相关
$4-d_U \leqslant DW < 4-d_L$	不能判定是否有自相关
$4-d_L \leqslant DW \leqslant 4$	误差项 ε_1，ε_2，…，ε_n 间存在负自相关

上述判别准则结合图 4-6 容易记忆。由图 4-6 可看到 DW＝2 的左右有一个较大的无自相关区，所以，通常当 DW 的值在 2 左右时，无须查表即可放心地认为模型不存在序列自相关性。

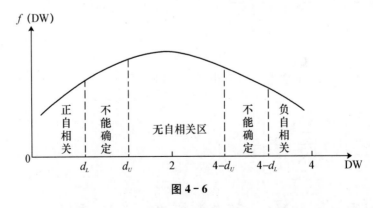

图 4-6

需要注意的是，DW 检验尽管有着广泛的应用，但也有明显的缺点和局限性：

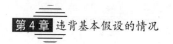

（1）DW 检验有两个不能确定的区域，一旦 DW 值落在这两个区域，就无法判断，这时，只有增大样本量或选取其他方法。

（2）DW 统计量的上、下界表要求 $n > 15$，这是因为样本如果再小，利用残差就很难对自相关性的存在做出比较正确的诊断。

（3）DW 检验不适合随机项具有高阶序列相关的情形。

四、自相关问题的处理方法

当一个回归模型存在序列相关性时，首先要查明序列相关性产生的原因。如果是回归模型选用不当，则应改用适当的回归模型；如果是缺少重要的自变量，则应增加自变量；如果以上两种方法都不能消除序列相关性，则需采用迭代法、差分法等方法处理。

1. 迭代法

以一元线性回归模型为例，设一元线性回归模型的误差项存在一阶自相关

$$y_t = \beta_0 + \beta_1 x_t + \varepsilon_t \tag{4.18}$$

$$\varepsilon_t = \rho \varepsilon_{t-1} + u_t \tag{4.19}$$

$$\begin{cases} E(u_t) = 0, & t = 1,2,\cdots,n \\ \mathrm{cov}(u_t, u_s) = \begin{cases} \sigma^2, t = s \\ 0, \ t \neq s \end{cases} & t,s = 1,2,\cdots,n \end{cases} \tag{4.20}$$

式（4.19）表明误差项 ε_t 存在一阶自相关，式（4.20）表明 u_t 满足关于随机扰动项的基本假设。

根据回归模型式（4.18），有

$$y_{t-1} = \beta_0 + \beta_1 x_{t-1} + \varepsilon_{t-1} \tag{4.21}$$

将式（4.21）两端乘以 ρ，用式（4.18）减去乘以 ρ 的式（4.21），则有

$$(y_t - \rho y_{t-1}) = (\beta_0 - \rho \beta_0) + \beta_1 (x_t - \rho x_{t-1}) + (\varepsilon_t - \rho \varepsilon_{t-1}) \tag{4.22}$$

在式（4.22）中，令

$$\begin{aligned} & y'_t = y_t - \rho y_{t-1} \\ & x'_t = x_t - \rho x_{t-1} \\ & \beta'_0 = \beta_0 (1-\rho), \beta'_1 = \beta_1 \end{aligned} \tag{4.23}$$

于是式（4.22）变成

$$y'_t = \beta'_0 + \beta'_1 x'_t + u_t \tag{4.24}$$

模型式（4.24）有独立随机误差项，它满足线性回归模型的基本假设，用普通最小二乘法估计的参数估计量具有通常的优良性。

由于式（4.23）中的自相关系数 ρ 是未知的，需要用式（4.17）对 ρ 做估计。根据式（4.17），$\hat{\rho} \approx 1 - \frac{1}{2} \mathrm{DW}$，计算出 ρ 的估计值 $\hat{\rho}$ 后，代入式（4.23），计算变换因变量

y_t' 与变换自变量 x_t'，然后用式（4.24）做普通最小二乘回归。如果误差项确实是式（4.19）的一阶自相关模型，那么通过以上变换，模型式（4.24）已经消除了自相关，迭代法到此结束。

在实际问题中，有时误差项并不是简单的一阶自相关，而是更复杂的自相关形式，式（4.24）的误差项 u_t 可能仍然存在自相关，这就需要进一步对式（4.24）的误差项 u_t 做 DW 检验，以判断 u_t 是否存在自相关。如果检验表明误差项 u_t 不存在自相关，迭代法到此结束。如果检验表明误差项 u_t 存在自相关，那么对回归模型式（4.24）重复用迭代法，这个过程可能要重复几次，直至最终消除误差项的自相关。这种通过迭代消除自相关的过程正是迭代法名称的由来。

2. 差分法

差分法就是用增量数据代替原来的样本数据，将原来的回归模型变为差分形式的模型。一阶差分法通常适用于原模型存在较高程度的一阶自相关的情况。

在迭代法式（4.22）中，当 $\rho=1$ 时，得

$$(y_t - y_{t-1}) = \beta_1(x_t - x_{t-1}) + (\varepsilon_t - \varepsilon_{t-1}) \tag{4.25}$$

以 $\Delta y_t = y_t - y_{t-1}$，$\Delta x_t = x_t - x_{t-1}$ 代之，得

$$\Delta y_t = \beta_1 \Delta x_t + u_t \tag{4.26}$$

式（4.26）不存在序列的自相关，它是以差分数据 Δy_t 和 Δx_t 为样本的回归方程。

对式（4.26）这样不带常数项的回归方程用最小二乘法，但它与前面带常数项的情形稍有不同，它是回归直线过原点的回归方程。根据第 2 章末 2.2 题得

$$\hat{\beta}_1 = \frac{\displaystyle\sum_{t=2}^{n} \Delta y_t \Delta x_t}{\displaystyle\sum_{t=2}^{n} \Delta x_t^2}$$

一阶差分法的应用条件是自相关系数 $\rho=1$，在实际应用中，ρ 接近 1 时就采用差分法而不用迭代法。这有两个原因：（1）迭代法需要用样本估计自相关系数 ρ，对 ρ 的估计误差会影响迭代法的使用效率；（2）差分法比迭代法简单，人们在建立时序数据的回归模型时，更习惯于用差分法。

五、自相关实例分析

例4.5

续例 2.2，表 2-2 的数据是时间序列数据，因变量 y 为城镇家庭平均每人全年消费性支出，自变量 x 为城镇家庭平均每人可支配收入。输出结果 2.4 中计算出 DW=0.283，查 DW 表，$n=23$，$k=2$，显著性水平 $\alpha=0.05$，得 $d_L=1.26$，$d_U=1.44$。由 DW=0.283＜1.26，可知残差存在正的自相关。由输出结果 2.4 的图中可以看到残差有明显的

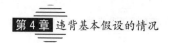

趋势变动，表明误差项存在自相关。自相关系数 $\hat{\rho} \approx 1 - \dfrac{1}{2}\mathrm{DW} = 1 - \dfrac{1}{2} \times 0.283 = 0.858\,5$，说明误差项存在高度自相关。

（1）用迭代法消除自相关。依照式（4.23）计算变换因变量 y'_t 与变换自变量 x'_t，结果如表4-6所示。然后用 y'_t 对 x'_t 做普通最小二乘回归，计算结果见输出结果4.6，残差 e'_t 列在表4-6中。从输出结果4.6中看到，新回归残差 e'_t 的 DW=1.820，查 DW 表，$n=22$，$k=2$，显著性水平 $\alpha=0.05$，得 $d_L=1.24$，$d_U=1.43$。由于 $d_U < 1.820 < 4 - d_U$，因而 DW 值落入无自相关区域。误差项 u_t 的标准差 $\hat{\sigma}_u = 86.311\,16$，小于 ε_t 的标准差 $\hat{\sigma} = 211.071$。y'_t 对 x'_t 的回归方程为：

$$y'_t = 185.337 + 0.628 x'_t$$

把 $y'_t = y_t - 0.858\,5 y_{t-1}$，$x'_t = x_t - 0.858\,5 x_{t-1}$ 代入，还原为原始变量的方程

$$\hat{y}_t = 185.337 + 0.858\,5 y_{t-1} + 0.628(x_t - 0.858\,5 x_{t-1})$$
$$= 185.337 + 0.858\,5 y_{t-1} + 0.628 x_t - 0.539\,18 x_{t-1}$$

表4-6

年份	序号	x_t	y_t	e_t	x'_t	y'_t	e'_t
1990	1	1 510.16	1 278.89	−346.94			
1991	2	1 700.6	1 453.8	−300.23	404.20	355.94	−83.15
1992	3	2 026.6	1 671.7	−301.78	566.72	423.69	−117.43
1993	4	2 577.4	2 110.8	−233.47	837.67	675.73	−35.50
1994	5	3 496.2	2 851.3	−111.49	1 283.63	1 039.28	48.08
1995	6	4 282.95	3 537.57	45.16	1 281.64	1 089.87	99.92
1996	7	4 838.9	3 919.5	52.83	1 162.20	882.67	−32.30
1997	8	5 160.3	4 185.6	102.57	1 006.35	820.91	3.79
1998	9	5 425.1	4 331.6	70.32	995.24	738.47	−71.68
1999	10	5 854	4 615.9	65.89	1 196.82	897.44	−39.26
2000	11	6 279.98	4 998	161.23	1 254.61	1 035.48	62.50
2001	12	6 859.6	5 309.01	82.05	1 468.55	1 018.48	−88.81
2002	13	7 702.8	6 029.92	235.34	1 814.18	1 472.40	148.12
2003	14	8 472.2	6 510.94	198.41	1 859.73	1 334.56	−18.31
2004	15	9 421.6	7 182.1	230.45	2 148.64	1 592.78	58.53
2005	16	10 493	7 942.88	269.99	2 405.03	1 777.41	82.20
2006	17	11 759.5	8 696.55	171.08	2 751.78	1 877.98	−34.92
2007	18	13 785.8	9 997.47	107.94	3 690.86	2 531.92	29.46
2008	19	15 780.76	11 242.85	10.35	3 946.34	2 660.52	−2.33
2009	20	17 174.65	12 264.55	93.71	3 627.66	2 613.13	150.35
2010	21	19 109.4	13 471.45	−1.82	4 365.82	2 942.95	16.76
2011	22	21 809.8	15 160.89	−130.24	5 405.34	3 596.32	17.52
2012	23	24 564.7	16 674.32	−471.35	5 842.08	3 659.45	−193.54

输出结果 4.6

Model Summary[b]

Model	R	R Square	Adjusted R Square	Std. Error of the Estimate	Durbin-Watson
1	.996[a]	.993	.992	86.31116	1.820

a.Predictors:(Constant),x
b.Dependent Variable:y

ANOVA[a]

Model		Sum of Squares	df	Mean Square	F	Sig.
1	Regression	20469619.037	1	20469619.037	2747.741	.000[b]
	Residual	148992.337	20	7449.617		
	Total	20618611.374	21			

a.Dependent Variable:y
b.Predictors:(Constant),x

Coefficients[a]

Model		Unstandardized Coefficients		Standardized Coefficients	t	Sig.
		B	Std. Error	Beta		
1	(Constant)	185.337	32.548		5.694	.000
	x	.628	.012	.996	52.419	.000

a.Dependent Variable:y

（2）用一阶差分法消除自相关。首先计算差分 $\Delta y_t = y_t - y_{t-1}$，$\Delta x_t = x_t - x_{t-1}$，差分结果列在表 4-7 中，然后用 Δy_t 对 Δx_t 做过原点的最小二乘回归，注意在 SPSS 线性回归对话框中的 Options 按钮下将 "Include constant in equation"（包含常数项）前面的钩去掉。计算结果见输出结果 4.7，残差 e_t' 列在表 4-7 中。从输出结果 4.7 中看到，新回归残差 e_t' 的 DW=1.415，查 DW 表，$n=22$，$k=2$，显著性水平 $\alpha=0.01$，得 $d_L=1.00$，$d_U=1.17$，由于 $d_U < 1.415 < 4 - d_U$，可知 DW 值落入无自相关区域。其中，如果取 $\alpha=0.05$，DW 落入不确定区域，所以不妨取 $\alpha=0.01$。误差项 u_t 的标准差 $\hat{\sigma}_u = 101.349$，小于 ε_t 的标准差 $\hat{\sigma} = 211.071$。Δy_t 对 Δx_t 的回归方程为：

$$\Delta y_t = 0.637 \Delta x_t$$

将 $\Delta y_t = y_t - y_{t-1}$，$\Delta x_t = x_t - x_{t-1}$ 代入，还原为原始变量的方程

$$y_t = y_{t-1} + 0.637(x_t - x_{t-1}) \tag{4.27}$$

表 4-7

年份	序号	x_t	y_t	e_t	Δx_t	Δy_t	e_t'
1990	1	1 510.16	1 278.89	—346.94			

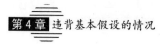

续前表

年份	序号	x_t	y_t	e_t	Δx_t	Δy_t	e'_t
1991	2	1 700. 6	1 453. 8	−300. 23	190. 44	174. 91	53. 68
1992	3	2 026. 6	1 671. 7	−301. 78	326. 00	217. 90	10. 38
1993	4	2 577. 4	2 110. 8	−233. 47	550. 80	439. 10	88. 48
1994	5	3 496. 2	2 851. 3	−111. 49	918. 80	740. 50	155. 62
1995	6	4 282. 95	3 537. 57	45. 16	786. 75	686. 27	185. 45
1996	7	4 838. 9	3 919. 5	52. 83	555. 95	381. 93	28. 03
1997	8	5 160. 3	4 185. 6	102. 57	321. 40	266. 10	61. 51
1998	9	5 425. 1	4 331. 6	70. 32	264. 80	146. 00	−22. 56
1999	10	5 854	4 615. 9	65. 89	428. 90	284. 30	11. 27
2000	11	6 279. 98	4 998	161. 23	425. 98	382. 10	110. 93
2001	12	6 859. 6	5 309. 01	82. 05	579. 62	311. 01	−57. 96
2002	13	7 702. 8	6 029. 92	235. 34	843. 20	720. 91	184. 15
2003	14	8 472. 2	6 510. 94	198. 41	769. 40	481. 02	−8. 76
2004	15	9 421. 6	7 182. 1	230. 45	949. 40	671. 16	66. 80
2005	16	10 493	7 942. 88	269. 99	1 071. 40	760. 78	78. 76
2006	17	11 759. 5	8 696. 55	171. 08	1 266. 50	753. 67	−52. 55
2007	18	13 785. 8	9 997. 47	107. 94	2 026. 30	1 300. 92	11. 03
2008	19	15 780. 76	11 242. 85	10. 35	1994. 96	1 245. 38	−24. 56
2009	20	17 174. 65	12 264. 55	93. 71	1 393. 89	1 021. 70	134. 39
2010	21	19 109. 4	13 471. 45	−1. 82	1 934. 75	1 206. 90	−24. 71
2011	22	21 809. 8	15 160. 89	−130. 24	2 700. 40	1 689. 44	−29. 56
2012	23	24 564. 7	16 674. 32	−471. 35	2 754. 90	1 513. 43	−240. 27

输出结果 4. 7

Model Summary[c,d]

Model	R	R Square[b]	Adjusted R Square	Std. Error of the Estimate	Durbin-Watson
1	.993[a]	.986	.985	101.34926	1.415

a.Predictors:x

b.For regression through the origin (the no-intercept model),R Square measures the proportion of the variability in the dependent variable about the origin explained by regression.This CANNOT be compared to R Square for models which include an intercept.

c.Dependent Variable:y

d.Linear Regression through the Origin

ANOVA[a,b]

Model		Sum of Squares	df	Mean Square	F	Sig.
1	Regression	14872906.680	1	14872906.680	1447.954	.000
	Residual	215705.127	21	10271.673		
	Total	15088611.807	22			

Coefficients

Model		Unstandardized Coefficients		Standardized Coefficients	t	Sig.
		B	Std. Error	Beta		
1	x	.637	.017	.993	38.052	.000

（3）预测。SPSS 软件提供的三种方法可以直接保存回归预测值 $\hat{y}_t$ 和残差 e_t'。而使用迭代法和差分法则需要用手工计算回归预测值 $\hat{y}_t$。计算 $\hat{y}_t$ 有两种方法，下面以迭代法为例说明回归预测值 $\hat{y}_t$ 和残差 e_t' 的计算方法。

在自相关回归中，回归预测值 $\hat{y}_t$ 不是使用估计值 $\hat{\beta}_0 + \hat{\beta}_1 x_t$ 计算，而是用式（4.27）计算，其一般性公式为：

$$\hat{y}_t = \hat{\beta}_0' + \hat{\rho} y_{t-1} + \hat{\beta}_1'(x_t - \hat{\rho} x_{t-1}) \tag{4.28}$$

计算出 $\hat{y}_t$ 后，再用 $y_t - \hat{y}_t$ 计算 e_t'，这里 e_t' 是随机误差项 u_t 的估计值。

另外一种计算 $\hat{y}_t$ 的方法是对 $\hat{\beta}_0 + \hat{\beta}_1 x_t$ 做修正。在误差项不存在自相关时，我们实际上就是直接用估计值 $\hat{\beta}_0 + \hat{\beta}_1 x_t$ 作为回归预测值 $\hat{y}_t$。现在误差项存在自相关 $\varepsilon_t = \rho \varepsilon_{t-1} + u_t$，需要从残差 e_t 中提取出有用的信息对估计值 $\hat{\beta}_0 + \hat{\beta}_1 x_t$ 做修正，其中 $e_t = y_t - (\hat{\beta}_0 + \hat{\beta}_1 x_t)$ 是误差项 ε_t 的估计值。注意其中的系数估计值 $\hat{\beta}_0$ 和 $\hat{\beta}_1$ 是按照关系式 $\hat{\beta}_0 = \hat{\beta}_0'/(1 - \hat{\rho})$ 和 $\hat{\beta}_1 = \hat{\beta}_1'$ 根据迭代法的参数估计值推算的，并不是普通最小二乘的估计值，残差 e_t 也不是普通最小二乘的残差。计算过程如下：

$$t = 1 \text{ 时}, \text{取 } \hat{y}_1 = \hat{\beta}_0 + \hat{\beta}_1 x_1, e_1 = y_1 - (\hat{\beta}_0 + \hat{\beta}_1 x_1)$$
$$t \geq 2 \text{ 时}, \text{取 } \hat{y}_t = \hat{\beta}_0 + \hat{\beta}_1 x_t + \hat{\rho} e_{t-1}, e_t = y_t - (\hat{\beta}_0 + \hat{\beta}_1 x_t) \tag{4.29}$$

例如，预计 2013 年城镇居民人均收入是 $x_{24} = 26\,000$（元），则用迭代法计算的人均消费额的预测值为：

$$y_{24} = 185.337 + 0.858\,5 \times 16\,674.32 + 0.628 \times (26\,000 - 0.858\,5 \times 24\,564.7)$$
$$= 17\,584.48 (\text{元})$$

用第二种方法：

$$\hat{\beta}_0 = 185.337/(1 - 0.858\,5) = 1\,309.802$$
$$e_{23} = 16\,674.32 - (1\,309.802 + 0.628 \times 24\,564.7) = -62.113\,6 (\text{元})$$
$$y_{24} = 1\,309.802 + 0.628 \times 26\,000 + 0.858\,5 \times (-62.113\,6) = 17\,584.48 (\text{元})$$

两种方法得到的结果完全一样。

4.5 BOX-COX 变换

BOX-COX 变换是由博克斯（Box）与考克斯（Cox）在 1964 年提出的一种应用非常

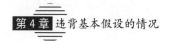

广泛的变换，它是对因变量 y 所做的如下变换：

$$y^{(\lambda)} = \begin{cases} \dfrac{y^{\lambda}-1}{\lambda}, & \lambda \neq 0 \\[2mm] \ln y, & \lambda = 0 \end{cases}$$

式中，λ 是待定参数。此变换要求 y 的各分量都大于 0，否则可用下面推广的 BOX-COX 变换：

$$y^{(\lambda)} = \begin{cases} \dfrac{(y+a)^{\lambda}-1}{\lambda}, & \lambda \neq 0 \\[2mm] \ln(y+a), & \lambda = 0 \end{cases}$$

即先对 y 做平移，使得 $y+a$ 的各个分量都大于 0 后再做 BOX-COX 变换。

对于不同的 λ，所做的变换也不同，所以这是一个变换族。它包含一些常用变换，如对数变换（$\lambda = 0$），平方根变换（$\lambda = 1/2$）和倒数变换（$\lambda = -1$）。

通过此变换，我们寻找合适的 λ，使得变换后

$$\boldsymbol{y}^{(\lambda)} = \begin{bmatrix} y_1^{(\lambda)} \\ y_2^{(\lambda)} \\ \vdots \\ y_n^{(\lambda)} \end{bmatrix} \sim N_n(\boldsymbol{X\beta}, \sigma^2 \boldsymbol{I})$$

从而符合线性回归模型的各项假设：误差各分量等方差、不相关等。事实上，BOX-COX变换不仅可以处理异方差性问题，还能处理自相关、误差非正态、回归函数非线性等情况。

经过计算可得 λ 的最大似然估计（参见参考文献 [2]）：

$$L_{\max}(\lambda) = (2\pi \mathrm{e} \hat{\sigma}_{\lambda}^2)^{-\frac{n}{2}} |\boldsymbol{J}|$$

式中，$\hat{\sigma}_{\lambda}^2 = \dfrac{1}{n} \mathrm{SSE}(\lambda, y^{(\lambda)})$，$|\boldsymbol{J}| = \prod\limits_{i=1}^{n} \left| \dfrac{\mathrm{d}y_i^{(\lambda)}}{\mathrm{d}y_i} \right| = \prod\limits_{i=1}^{n} y_i^{\lambda-1}$

令 $z^{(\lambda)} = \dfrac{y^{(\lambda)}}{|\boldsymbol{J}|}$，对 $L_{\max}(\lambda)$ 取对数并略去与 λ 无关的常数项，可得

$$\ln L_{\max}(\lambda) = -\frac{n}{2} \ln \mathrm{SSE}(\lambda, z^{(\lambda)})$$

为找出 λ，使得 $L_{\max}(\lambda)$ 达到最大，只需使 $\mathrm{SSE}(\lambda, z^{(\lambda)})$ 达到最小即可。它的解析解比较难找，通常是给出一系列 λ 的值，计算对应的 $\mathrm{SSE}(\lambda, z^{(\lambda)})$，取使得 $\mathrm{SSE}(\lambda, z^{(\lambda)})$ 达到最小的 λ 即可。用 R 软件可以直接给出 λ 的最优值。

1. 消除异方差性

例4.6

续例4.3，对表4-1财政收入和地区生产总值数据，用加权最小二乘已经很好地解决了异方差问题，这里再用 BOX-COX 变换消除异方差性的影响。由于数据中北京和上海两个城市是异常值，在此剔除掉这两个异常值数据，用其余 29 个地区的数据做回归分析。先作散点图，并在图中加上回归趋势线，见图4-7。

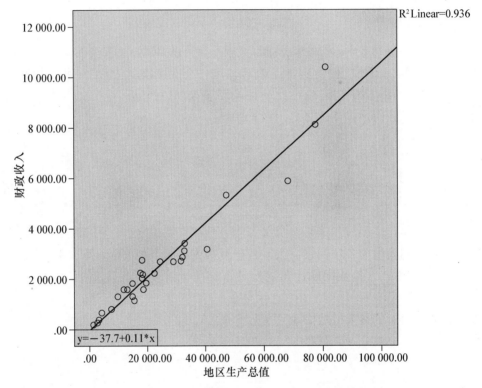

图4-7　29个地区财政收入 y 对地区生产总值 x 的散点图

从散点图图4-7可以看到，这个线性回归有明显的异方差性，如果作出这个回归的残差图，也可以看出明显的异方差性，其结论和直接看散点图是一致的。SPSS 没有做 BOX-COX 变换的功能，在此用 R 软件做辅助计算。

R 软件是以程序包（package）函数的形式生成的组合式软件包，包含的统计方法比 SPSS 更为丰富，并且其免费开放，可以从官网（https：//www. r-project. org/）自由下载。但是 R 软件在使用时需要编写简单的 R 语言程序命令，没有 SPSS 软件可视对话框的运行方式。想全面系统掌握 R 是很困难的，但如果只是想学会某几种具体方法的应用则并非难事。本书的计算以 SPSS 为主，对于 SPSS 解决不了的问题，则简要介绍 R 软件的计算方法。

表4-1给出了财政收入和地区生产总值数据，先用 Excel 生成 csv 格式的数据文件，文件第一行是变量名称，本例数据财政收入和地区生产总值数据的变量名称就简记为 y 和

x。剔除北京和上海两个城市的数据，实际样本量是 29。假设数据文件名是 li4.3，存放在 D 盘根目录下，则 R 语言的命令如下：

install.packages("MASS") ♯安装 MASS 包，只需要下载一次，下次使用不用重新下载

library(MASS)   ♯加载 MASS 包，每次启动 R 要重新加载

data4.3<-read.csv("D:/li4.3.csv",head = TRUE)

　　♯读入数据文件并赋给 data4.3，head = TRUE 表示数据第一行是变量名称

re4.3<-boxcox(y~x,data = data4.3,lambda = seq(-3,3,0.1))

♯参数 λ 在区间 [-3, 3] 上以步长为 0.1 取值，re4.3 中保存了 λ 和对应的对数似然函数值

lambda<-re4.3$x[which.max(re4.3$y)]   ♯将使对数似然函数值达到最大的 λ 赋给 lambda

lambda   ♯显示 lambda 的数值

运行结果得 λ 的最优值 lambda＝0.696 969 7，近似取 lambda＝0.7，然后用 SPSS 的 Transform→Compute Variable 命令，计算新变量 $y^{(0.7)} = \dfrac{y^{0.7}-1}{0.7}$，再做 $y^{(0.7)}$ 对 x 的回归，得回归方程：

$$y^{(0.7)} = 98.88 + 0.009\ 166x$$

回归方程的残差图如图 4-8 所示，从中可以看到残差呈随机分布，BOX-COX 变换成功消除了异方差性。

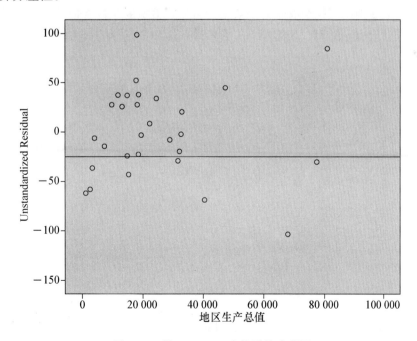

图 4-8　做 BOX-COX 变换后的残差图

由关系式

$$\frac{y^{0.7}-1}{0.7}=98.88+0.009\ 166x$$

得原始变量间的回归方程为：

$$y=(70.21+0.006\ 416x)^{1/0.7}$$

BOX-COX 变换是一个幂变换族，其中当变换参数 $\lambda=0$ 时成为对数变换，而对数变换则是比幂变换应用更广泛的变换，在很多场合都可以首先尝试对数据做对数变换。从概率分布的角度看，当数据本身服从对数正态分布时，对数据做对数变换后其就服从正态分布。对数正态分布是右偏分布，有厚重的右尾。从数据看，如果数据中一些数值很大，但是小数值的数据更密集，个数也更多，大数值的数据较疏松，个数较少，这样的数据很可能服从对数正态分布，可以尝试对其做对数变换。对回归分析问题，如果只对因变量做对数变换，就是 BOX-COX 变换 $\lambda=0$ 时的特例。也可以考虑只对自变量做对数变换，或者同时对因变量和自变量做对数变换。

图 4-9 是只对因变量做对数变换的残差图，图 4-10 是只对自变量做对数变换的残差图，图 4-11 是同时对因变量和自变量做对数变换的残差图。可以看到，对于本例数据，只对因变量或只对自变量做对数变换的效果不好，残差呈非随机分布，有一定的趋势，表明回归模型不正确。而同时对因变量和自变量做对数变换的效果则很好，残差完全随机分布，消除了异方差性。本例的线性回归关系是正确的，只是存在异方差性，所以单独对因变量或自变量做对数变换的效果不好。如果线性回归关系本身不正确，那么单独对因变量或自变量做对数变换则可能会有很好的效果。可见，数据的对数变换是一种简单有效的变换方法，在线性模型不适用、误差项非正态或者存在异方差性等很多场合都适用。

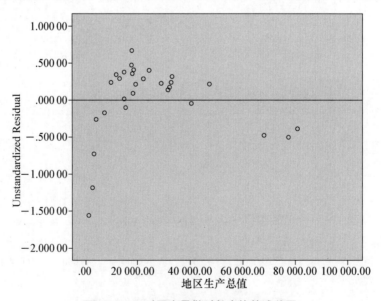

图 4-9　只对因变量做对数变换的残差图

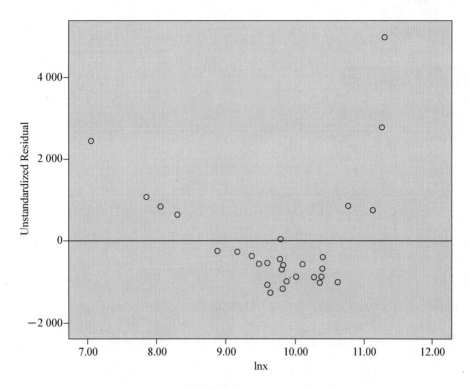

图 4 - 10 只对自变量做对数变换的残差图

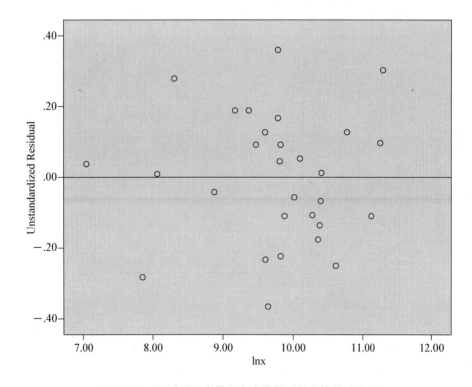

图 4 - 11 同时对因变量和自变量做对数变换的残差图

2. 消除自相关

 例4.7

以下对例 2.2 数据用 BOX-COX 变换消除残差序列自相关。

计算代码如下：

```
library(MASS)              #加载已经安装过的 MASS 包
data2.2<-read.csv("D:/li2.2.csv",head = TRUE)
       #读入例 2.2 数据文件并赋给 data2.2，head = TRUE 表示数据第一行是变量名称
re4.7<-boxcox(y~x,data = data2.2,lambda = seq(-2,2,0.1))
lambda<-re4.7$x[which.max(re4.7$y)]
lambda
```

运行结果得 lambda=1.15，然后用 SPSS 的 Transform→Compute Variable 命令，计算新变量 $y^{(1.15)} = \dfrac{y^{1.15}-1}{1.15}$，再做 $y^{(1.15)}$ 对 x 的回归，得回归方程：

$$y^{(1.15)} = -716.6+2.579x$$

此回归的 DW=1.989，很接近 2，残差如图 4-12 所示，呈随机分布，BOX-COX 变换成功消除了序列自相关。

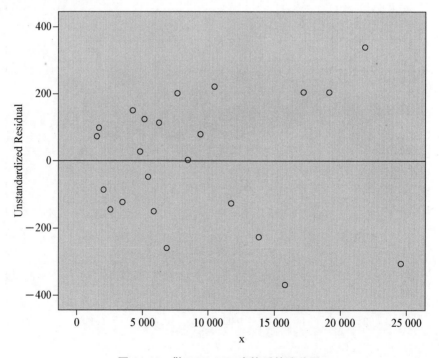

图 4-12　做 BOX-COX 变换后的残差图

由关系式

$$\frac{y^{1.15}-1}{1.15}=-716.6+2.579x$$

得原始变量间的回归方程为：

$$y=(-823.1+2.966x)^{1/1.15}$$

原始变量 y 对 x 回归的残差图已在输出结果 2.4 中给出，为了方便比较，把这个残差图重新绘制成图 4-13。从图 4-13 看到，本例的数据较少，残差的自相关只完成了半个周期变动，而这半个周期变动也很像是 y 和 x 之间符合一个非线性函数关系，而 BOX-COX 变换恰好是一个非线性幂函数回归。如果数据量更多，残差图的自相关能完成一个完整的周期变动，那么用 BOX-COX 变换消除自相关则不再适用。

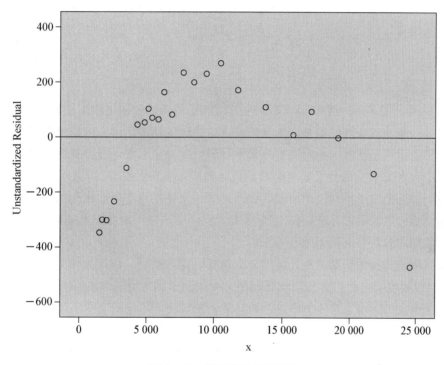

图 4-13 原始变量的残差图

4.6 异常值与强影响点

在回归分析的应用中，数据时常包含一些异常的或极端的观测值，这些观测值与其他数据远远分开，可能引起较大的残差，极大地影响回归拟合的效果。在一元回归的情况下，用散点图或残差图就可以方便地识别出异常值，而在多元回归的情况下，用简单画图法识别异常值就很困难，需要更有效的方法。

异常值分为两种情况：一种是关于因变量 y 异常；另一种是关于自变量 x 异常。以下分别讨论这两种情况。

一、关于因变量 y 的异常值

在残差分析中，认为超过 $\pm 3\hat{\sigma}$ 的残差为异常值。由于普通残差 e_1，e_2，$\cdots$，e_n 的方差 $D(e_i) = (1-h_{ii})\sigma^2$ 不等，用 e_i 做判断会带来一定的麻烦。类似于一元线性回归，在多元线性回归中，同样可以引入标准化残差 ZRE_i 和学生化残差 SRE_i 的概念，以改进普通残差的性质。定义形式与式（2.64）和式（2.65）完全相同，分别为：

标准化残差

$$ZRE_i = \frac{e_i}{\hat{\sigma}} \tag{4.30}$$

学生化残差

$$SRE_i = \frac{e_i}{\hat{\sigma}\sqrt{1-h_{ii}}} \tag{4.31}$$

式中，h_{ii} 为帽子矩阵 $\boldsymbol{H} = \boldsymbol{X}(\boldsymbol{X}'\boldsymbol{X})^{-1}\boldsymbol{X}'$ 的主对角线元素。标准化残差使残差具有可比性，$|ZRE_i| > 3$ 的相应观测值即判定为异常值，这简化了判定工作，但是没有解决方差不等的问题。学生化残差则进一步解决了方差不等的问题，比标准化残差又有所改进。但是当观测数据中存在关于 y 的异常观测值时，普通残差、标准化残差、学生化残差这三种残差都不再适用。这是由于异常值把回归线拉向自身，使异常值本身的残差减少，而其余观测值的残差增大，这时回归标准差 $\hat{\sigma}$ 也会增大，因而用"3σ"准则不能正确分辨出异常值。解决这个问题的方法是改用删除残差。

删除残差的构造思想是：在计算第 i 个观测值的残差时，用删除掉第 i 个观测值的其余 $n-1$ 个观测值拟合回归方程，计算出第 i 个观测值的删除拟合值 $\hat{y}_{(i)}$，这个删除拟合值与第 i 个值无关，不受第 i 个值是否为异常值的影响，由此定义第 i 个观测值的删除残差为：

$$e_{(i)} = y_i - \hat{y}_{(i)} \tag{4.32}$$

删除残差 $e_{(i)}$ 相比普通残差更能如实反映第 i 个观测值的异常性。可以证明

$$e_{(i)} = \frac{e_i}{1-h_{ii}}$$

进一步，我们可以给出第 i 个观测值的删除学生化残差，记为 $SRE_{(i)}$。删除学生化残差 $SRE_{(i)}$ 的公式推导比较复杂，本书在此不加证明地给出其表达式

$$SRE_{(i)} = SRE_i \left(\frac{n-p-2}{n-p-1-SRE_i^2} \right)^{\frac{1}{2}} \tag{4.33}$$

式（4.33）的证明参见参考文献 [2]。在实际应用中，我们可以直接用 SPSS 软件计算

出删除学生化残差 $\text{SRE}_{(i)}$ 的数值，$|\text{SRE}_{(i)}|>3$ 的观测值即判定为异常值。

二、关于自变量 x 的异常值对回归的影响

由式（3.24）有 $D(e_i)=(1-h_{ii})\sigma^2$，其中，$h_{ii}$ 为帽子矩阵中主对角线的第 i 个元素，它是调节 e_i 方差大小的杠杆，因而称 h_{ii} 为第 i 个观测值的杠杆值。类似于一元线性回归，多元线性回归的杠杆值 h_{ii} 也表示自变量的第 i 次观测值与自变量平均值之间距离的远近。根据式（3.24），较大的杠杆值的残差偏小，这是因为杠杆值大的观测点远离样本中心，能够把回归方程拉向自身，因而把杠杆值大的样本点称为强影响点。

强影响点并不一定是 y 的异常值点，因此强影响点并不总会对回归方程造成不良影响。但是强影响点对回归效果通常有较强的影响，我们对强影响点应该有足够的重视，这是由于以下两个原因：（1）在实际问题中，因变量与自变量的线性关系只是在一定的范围内成立，强影响点远离样本中心，因变量与自变量之间可能不再是线性函数关系，因而在选择回归函数的形式时，要侧重于强影响点；（2）即使线性回归形式成立，但是强影响点远离样本中心，能够把回归方程拉向自身，使回归方程产生偏移。

由于强影响点并不总是 y 的异常值点，因此不能单纯根据杠杆值 h_{ii} 的大小判断强影响点是否异常。为此，我们引入库克距离，用来判断强影响点是否为 y 的异常值点。库克距离的计算公式为：

$$D_i=\frac{e_i^2}{(p+1)\hat\sigma^2}\cdot\frac{h_{ii}}{(1-h_{ii})^2} \tag{4.34}$$

由式（4.34）可以看出，库克距离反映了杠杆值 h_{ii} 与残差 e_i 的综合效应。

根据式（3.22），$\text{tr}(\boldsymbol{H})=\sum_{i=1}^n h_{ii}=p+1$，则杠杆值 h_{ii} 的平均值为：

$$\bar h=\frac{1}{n}\sum_{i=1}^n h_{ii}=\frac{p+1}{n} \tag{4.35}$$

这样，如果一个杠杆值 h_{ii} 大于 2 倍或 3 倍的 $\bar h$，就认为是大的。

关于库克距离大小的判定标准比较复杂，较精确的方法请参见参考文献 [2]。一个粗略的标准是：当 $D_i<0.5$ 时，认为不是异常值点；当 $D_i>1$ 时，认为是异常值点。

在用 SPSS 软件计算杠杆值时，计算的是中心化杠杆值 ch_{ii}，也就是自变量中心化后生成的帽子矩阵的主对角线元素，由参考文献 [2] 可知

$$ch_{ii}=h_{ii}-1/n$$

因此，$\sum_{i=1}^n ch_{ii}=p$，中心化杠杆值 ch_{ii} 的平均值是

$$\overline{ch}=\frac{1}{n}\sum_{i=1}^n ch_{ii}=\frac{p}{n}$$

三、异常值实例分析

下面我们以例 3.2 的北京各经济开发区的数据为例，做异常值的诊断分析。分别计算普通残差 e_i，学生化残差 SRE_i，删除残差 $e_{(i)}$，删除学生化残差 $\mathrm{SRE}_{(i)}$，中心化杠杆值 ch_{ii}，库克距离 D_i，结果如表 4-8 所示。

表 4-8

序号	x_1	x_2	y	e_i	SRE_i	$e_{(i)}$	$\mathrm{SRE}_{(i)}$	ch_{ii}	D_i
1	25	3 547.79	553.96	−832	−2.340	−1 490	−3.038	0.375	1.445
2	20	896.34	208.55	75	0.167	84	0.160	0.043	0.001
3	6	750.32	3.10	−34	−0.075	−38	−0.072	0.054	0.000
4	1 001	2 087.05	2 815.40	127	0.376	253	0.363	0.432	0.047
5	525	1 639.31	1 052.12	−458	−1.034	−529	−1.037	0.068	0.055
6	825	3 357.70	3 427.00	502	1.305	768	1.348	0.280	0.302
7	120	808.47	442.82	147	0.326	164	0.313	0.036	0.004
8	28	520.27	70.12	96	0.218	112	0.209	0.070	0.003
9	7	671.13	122.24	121	0.271	138	0.261	0.060	0.004
10	532	2 863.32	1 400.00	−697	−1.606	−837	−1.735	0.100	0.172
11	75	1 160.00	464.00	95	0.209	104	0.201	0.021	0.001
12	40	862.75	7.50	−151	−0.336	−169	−0.323	0.040	0.005
13	187	672.99	224.18	−145	−0.324	−164	−0.312	0.052	0.005
14	122	901.76	538.94	195	0.431	216	0.416	0.029	0.007
15	74	3 546.18	2 442.79	958	2.613	1 613	3.810	0.339	1.555

从表 4-8 中看到，绝对值最大的学生化残差为 $\mathrm{SRE}_{15}=2.613$，小于 3，因而根据学生化残差诊断认为数据不存在异常值。绝对值最大的删除学生化残差为 $\mathrm{SRE}_{(15)}=3.810$，因而根据删除学生化残差诊断认为第 15 个数据为异常值。其中心化杠杆值 $ch_{ii}=0.339$ 位居第三，库克距离 $D_i=1.555$ 位居第一。由于

$$\overline{ch}=\frac{p}{n}=\frac{2}{15}=0.133\,33$$

第 15 个数据 $ch_{ii}=0.339>2\overline{ch}$，因而从杠杆值看，第 15 个数据是自变量的异常值，同时库克距离 $D_{15}=1.555>1$，这样第 15 个数据为异常值是由自变量异常与因变量异常两个原因共同引起的。

诊断出异常值后，进一步要判断产生异常值的原因。产生异常值的原因通常有几个，具体如表 4-9 所示。

表 4-9

产生异常值的原因	异常值消除方法
1. 数据登记误差，存在抄写或录入的错误	重新核实数据
2. 数据测量误差	重新测量数据
3. 数据随机误差	删除或重新观测异常值数据
4. 缺少重要自变量	增加必要的自变量

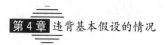

续前表

产生异常值的原因	异常值消除方法
5. 缺少观测数据	增加观测数据，适当扩大自变量取值范围
6. 存在异方差性	采用加权线性回归
7. 模型选用错误，线性模型不适用	改用非线性回归模型

对产生异常值的不同原因，需要采取不同的处理方法。对本例的数据，通过核实认为不存在登记误差和测量误差。删除第 15 组数据，用其余 14 组数据拟合回归方程，发现第 6 组数据的删除学生化残差增加为 $SRE_{(6)} = 4.418$，仍然存在异常值现象，因而认为异常值不是由于数据的随机误差引起的。实际上，在 4.3 节中已经诊断出本例数据存在异方差性，应该采用加权最小二乘回归。权数为 $W_i = x_2^{-2.5}$，用 SPSS 软件计算出加权最小二乘回归的有关变量值，如表 4-10 所示。

表 4-10

序号	x_1	x_2	y	e_i	SRE_i	$e_{(i)}$	$SRE_{(i)}$	ch_{ii}	D_i
1	25	3 547.79	553.96	−890	−1.149	−1 165	−1.165 8	0.234 1	0.136 0
2	20	896.34	208.55	20	0.135	23	0.129 3	0.060 4	0.000 9
3	6	750.32	3.10	−93	−0.795	−110	−0.782 4	0.050 1	0.038 5
4	1 001	2 087.05	2 815.40	403	1.175	716	1.196 3	0.429 4	0.358 1
5	525	1 639.31	1 052.12	−343	−1.135	−429	−1.149 8	0.186 4	0.108 1
6	825	3 357.70	3 427.00	715	0.937	841	0.932 0	0.147 1	0.051 5
7	120	808.47	442.82	126	0.949	139	0.944 8	0.009 3	0.031 8
8	28	520.27	70.12	45	0.717	74	0.701 5	0.133 9	0.111 5
9	7	671.13	122.24	62	0.617	76	0.600 8	0.046 3	0.028 7
10	532	2 863.32	1 400.00	−582	−0.926	−677	−0.919 9	0.136 6	0.046 6
11	75	1 160.00	464.00	58	0.281	65	0.270 2	0.074 8	0.003 3
12	40	862.75	7.50	−199	−1.391	−223	−1.454 4	0.032 4	0.076 5
13	187	672.99	224.18	−143	−1.611	−224	−1.742 4	0.227 2	0.495 1
14	122	901.76	538.94	175	1.137	189	1.152 8	0.011 2	0.036 0
15	74	3 546.18	2 442.79	916	1.173	1 179	1.193 9	0.220 9	0.131 7

从表 4-10 中看到，采用加权最小二乘回归后，删除学生化残差 $SRE_{(i)}$ 的绝对值最大者为 $|SRE_{(13)}| = 1.742\ 4$，库克距离小于 0.5，说明数据没有异常值。这个例子也说明了用加权最小二乘法处理异方差性问题的有效性。

4.7 本章小结与评注

一、异方差问题

本章介绍了诊断模型随机误差项是否存在异方差性以及克服异方差性的方法。关于异方差性诊断的方法很多，至于哪种检验方法最好，目前还没有一致的看法。残差图分析法直观但较粗糙，等级相关系数法要比残差图检验方法更为可取。如果残差散点图呈现无任何规律的分布，我们可认为无异方差性；如果残差点分布有明显的规律，可认为存在异方差性。对于既无明显分布规律，分布似乎又不随机的情况，我们就要慎重了，这时，需要借助等级相关系数检验或其他方法来判断异方差性。

当根据某种检验方法认为存在异方差性时，可以用自变量的幂函数作为权函数，做加权最小二乘回归，以解决异方差性带来的问题。多元线性回归有多个自变量，应该取哪一个自变量构造权函数呢？只需计算每个自变量 x_j 与残差绝对值的等级相关系数，选取等级相关系数最大的自变量构造权函数。

在实际应用中，实际工作者可能更多地从实际背景方面去分析和判断是否可能存在异方差性以及权函数的形式。有人认为，对异方差的检验及权函数的选择依赖于人们对可能的异方差形式的先验认识。

尽管检验方法不同，但它们有一个共同的思路。各种检验都是设法检验 ε_i 的方差与解释变量 x_j 的相关性，一般是通过 ε_i 的估计值 e_i 来进行这些检验。如果 ε_i 与某一 x_j 之间存在相关性，则模型存在异方差性。

需要注意的是，加权最小二乘估计并不能消除异方差性，只能够消除或减弱异方差性的不良影响。当存在异方差性时，普通最小二乘估计不再具有最小方差线性无偏估计等优良性质，而加权最小二乘估计可以改进估计的性质。加权最小二乘估计给误差项方差小的项加一个大的权数，给误差项方差大的项加一个小的权数，因此提高了小方差项的地位，使离差平方和中各项的作用相同。如果把误差项加权，那么加权的误差项 $\sqrt{w_i}\varepsilon_i$ 是等方差的。从残差图来看，普通最小二乘估计只能照顾到残差大的项，而小残差项往往有整体的正偏或负偏。加权最小二乘估计的残差图对大残差和小残差拟合得都好，大残差和小残差都没有整体的正偏或负偏。

出现异方差时，消除异方差性影响的方法也较多，用得最多的是加权最小二乘法。如果你使用的软件没有加权最小二乘功能，可以先对数据做变换，把第 i 组观测数据同乘以 $\sqrt{w_i}$，再对变换后的数据做普通最小二乘，这样可以得到与加权最小二乘等价的回归方程。只是使用这种方法时，变换后数据的回归方程中可能不含回归常数项，给回归的拟合优度检验带来麻烦。具体方法参见参考文献［16］。当模型存在异方差性时，人们往往还考虑对因变量做变换，使得变换后的数据，误差方差能够近似相等，即方差比较稳定，所以通常称这种变换为方差稳定变换（参见参考文献［2］）。常见的变量变换有如下几种：

(1) 如果 σ_i^2 与 $E(y_i)$ 存在一定的比例关系，使用 $y'=\sqrt{y}$。

(2) 如果 σ_i 与 $E(y_i)$ 存在一定的比例关系，使用 $y'=\ln(y)$。

(3) 如果 $\sqrt{\sigma_i}$ 与 $E(y_i)$ 存在一定的比例关系，使用 $y'=\dfrac{1}{y}$。

方差稳定变换在改变误差项方差的同时，也会改变误差项的分布和回归函数的形式。因而当误差项服从正态分布时，因变量与自变量之间遵从线性回归函数关系，只是误差项存在异方差性时，应该采用加权最小二乘估计，以消除异方差性的影响。当误差项不仅存在异方差性，而且不服从正态分布，因变量与自变量之间也不遵从线性回归函数关系时，应该采用方差稳定变换。

二、自相关问题

在 4.4 节中我们讨论了模型随机误差项存在序列相关时带来的严重后果，并给出了两种诊断方法，介绍了几种克服序列相关的方法。就诊断方法而言，残差图方法直观，但不够严谨；DW 检验是最常用的一种方法，许多统计软件中都有 DW 值，用起来很方便，但 DW 检验也有局限性。尤其是 DW 检验有两个不能确定结果的区域，对于这种状况，一般需要增大样本量。但在实际问题的研究中，样本量的获取往往受到一定限制。为了克服 DW 检验的这一局限，杜宾和沃特森在参考文献 [26] 中给出了一个近似的检验，在使用下界 d_L 和上界 d_U 的 DW 检验得不到确定结果时可以使用。

另外，在 DW 表中，变量个数较多，样本量 n 较小时会出现 $d_U > 2$ 的情形，这正是这种方法的一个不太合理的地方。在多元线性回归中，一定要注意 n 与 p 的匹配问题。

回归检验法也很受人们的推崇。回归检验法需要首先应用普通最小二乘法估计模型并求出 ε 的估计值 e，然后以 e_t 为被解释变量，以各种可能的相关量，诸如 e_{t-1}，e_{t-2} 等作为解释变量分别进行线性拟合

$$e_t = \beta e_{t-1} + u_t$$
$$e_t = \beta_1 e_{t-1} + \beta_2 e_{t-2} + u_t$$
$$\vdots$$

对各种拟合形式进行统计检验，选择显著的最优拟合形式作为序列相关的具体形式。这种方法的优点是确定了序列相关性存在时，也就确定了相关的形式，而且它适用于任何形式的序列相关检验。参考文献 [9] 中详细介绍了这种方法的应用。

用迭代法处理序列相关并不总是有效。主要原因是当误差项正自相关时，式（4.16）往往低估自相关参数 ρ。如果这种偏差严重，就会显著地降低迭代法的效率。

对于误差项一阶自相关回归模型式（4.18），用迭代法得到的式（4.28）回归方程适用于做短期预测。如果要做长期预测，可直接使用回归方程 $\hat{y}_t = \hat{\beta}_0 + \hat{\beta}_1 x_t$，这里 $\hat{\beta}_0$ 和 $\hat{\beta}_1$ 不是普通最小二乘估计值，而是根据式（4.23），用公式 $\hat{\beta}_0 = \hat{\beta}_0' / (1 - \hat{\rho})$ 和 $\hat{\beta}_1 = \hat{\beta}_1'$ 转换得到的。

一阶差分法是自相关参数 $\rho = 1$ 时的迭代法，一阶差分模型的一个重要特征是它没有截距项，得到的差分回归线通过原点。

一阶差分法是对原始数据的一种修正，有时一阶差分法可能会过度修正，使得差分数据中出现负自相关的误差项。因此，从一定意义上说，使用差分法要慎重。只有当 $\rho = 1$ 或者接近 1 时，差分法的效果才会好。

三、异常值问题

对异常值的分析是得到优良回归方程的一个必要组成部分，这项工作可以借助计算机软件实现，但是并不能由计算机软件自动完成，它需要统计分析人员进行有效的判断。

本书介绍了用删除学生化残差、杠杆值、库克距离等识别异常值的方法，在识别出异常值后，必须决定对这些异常观测值采取什么措施。对异常观测值，不能总是简单地剔除了事，有时异常观测值是正确的，它说明了回归模型为什么失败。失败的原因可能是遗漏了一个重要的自变量，或者是选择了不正确的回归函数形式。

如果一个异常值数据是准确的，但是找不到对它的合理解释，那么与剔除这个观测值相比，一种更稳健的方法是抑制它的影响。最小绝对离差和法是一种稳健估计方法，它具有对异常值和不合适模型不敏感的性质。最小绝对离差和法是寻找参数 β_0，β_1，β_2，$\cdots$，β_p 的估计值 $\hat{\beta}_0$，$\hat{\beta}_1$，$\hat{\beta}_2$，$\cdots$，$\hat{\beta}_p$，使绝对离差和达到极小，即寻找 $\hat{\beta}_0$，$\hat{\beta}_1$，$\hat{\beta}_2$，$\cdots$，$\hat{\beta}_p$，满足

$$Q(\hat{\beta}_0, \hat{\beta}_1, \hat{\beta}_2, \cdots, \hat{\beta}_p) = \sum_{i=1}^{n} | y_i - \hat{\beta}_0 - \hat{\beta}_1 x_{i1} - \hat{\beta}_2 x_{i2} - \cdots - \hat{\beta}_p x_{ip} |$$

$$= \min_{\beta_0, \beta_1, \beta_2, \cdots, \beta_p} \sum_{i=1}^{n} | y_i - \beta_0 - \beta_1 x_{i1} - \beta_2 x_{i2} - \cdots - \beta_p x_{ip} | \quad (4.36)$$

依照式（4.36）求出的 $\hat{\beta}_0$，$\hat{\beta}_1$，$\hat{\beta}_2$，$\cdots$，$\hat{\beta}_p$ 就称为回归参数 β_0，β_1，β_2，$\cdots$，β_p 的最小绝对离差和估计，在 SPSS 软件中可以使用非线性回归功能计算。

思考与练习

4.1 试举例说明产生异方差性的原因。

4.2 异方差性带来的后果有哪些？

4.3 简述用加权最小二乘法消除一元线性回归中异方差性的思想与方法。

4.4 简述用加权最小二乘法消除多元线性回归中异方差性的思想与方法。

4.5 验证一元加权最小二乘回归系数估计公式式（4.5）。

4.6 验证多元加权最小二乘回归系数估计公式式（4.8）。

4.7 有同学认为当数据存在异方差性时，加权最小二乘回归方程与普通最小二乘回归方程之间必然有很大的差异，异方差性越严重，两者之间的差异就越大。你是否同意这位同学的观点？说明原因。

4.8 对表 4-3 数据：

(1) 建立地区生产总值 y 对固定资产投资 x 的普通最小二乘回归，诊断是否存在异方差性。

(2) 如果存在异方差性，则建立加权最小二乘回归，分析加权最小二乘回归的效果。

4.9 参见参考文献 [2]，表 4-11 是用电高峰每小时用电量 y 与每月总用电量 x 的数据。

(1) 用普通最小二乘法建立 y 与 x 的回归方程，并画出残差散点图。

(2) 诊断该问题是否存在异方差性。

(3) 如果存在异方差性，用幂指数型的权函数建立加权最小二乘回归方程。

（4）用方差稳定变换 $y'=\sqrt{y}$ 消除异方差性。

表 4 - 11

用户序号	x	y	用户序号	x	y
1	679	0.79	28	1 748	4.88
2	292	0.44	29	1 381	3.48
3	1 012	0.56	30	1 428	7.58
4	493	0.79	31	1 255	2.63
5	582	2.70	32	1 777	4.99
6	1 156	3.64	33	370	0.59
7	997	4.73	34	2 316	8.19
8	2 189	9.50	35	1 130	4.79
9	1 097	5.34	36	463	0.51
10	2 078	6.85	37	770	1.74
11	1 818	5.84	38	724	4.10
12	1 700	5.21	39	808	3.94
13	747	3.25	40	790	0.96
14	2 030	4.43	41	783	3.29
15	1 643	3.16	42	406	0.44
16	414	0.50	43	1 242	3.24
17	354	0.17	44	658	2.14
18	1 276	1.88	45	1 746	5.71
19	745	0.77	46	468	0.64
20	435	1.39	47	1 114	1.90
21	540	0.56	48	413	0.51
22	874	1.56	49	1 787	8.33
23	1 543	5.28	50	3 560	14.94
24	1 029	0.64	51	1 495	5.11
25	710	4.00	52	2 221	3.85
26	1 434	0.31	53	1 526	3.93
27	837	4.20			

4.10 试举一个可能产生随机误差项序列相关的经济例子。

4.11 序列相关性带来的严重后果是什么？

4.12 总结 DW 检验的优缺点。

4.13 某软件公司的月销售额数据如表 4 - 12 所示，其中，x 为总公司的月销售额（万元），y 为某分公司的月销售额（万元）。

（1）用普通最小二乘法建立 y 与 x 的回归方程。

（2）用残差图及 DW 检验诊断序列的自相关性。

（3）用迭代法处理序列相关，并建立回归方程。

（4）用一阶差分法处理数据，并建立回归方程。

（5）比较以上各方法所建回归方程的优良性。

表 4-12

序号	x	y	序号	x	y
1	127.3	20.96	11	148.3	24.54
2	130.0	21.40	12	146.4	24.28
3	132.7	21.96	13	150.2	25.00
4	129.4	21.52	14	153.1	25.64
5	135.0	22.39	15	157.3	26.46
6	137.1	22.76	16	160.7	26.98
7	141.1	23.48	17	164.2	27.52
8	142.8	23.66	18	165.6	27.78
9	145.5	24.10	19	168.7	28.24
10	145.3	24.01	20	172.0	28.78

4.14　某乐队经理研究其乐队 CD 光盘的销售额（y），两个有关的影响变量是每周演出场次 x_1 和乐队网站的周点击率 x_2，数据如表 4-13 所示。

（1）用普通最小二乘法建立 y 与 x_1 和 x_2 的回归方程，用残差图及 DW 检验诊断序列的自相关性。

（2）用迭代法处理序列相关，并建立回归方程。

（3）用一阶差分法处理数据，并建立回归方程。

（4）比较以上各方法所建回归方程的优良性。

表 4-13

周次	销售额 y	每周演出场次 x_1	周点击率 x_2	周次	销售额 y	每周演出场次 x_1	周点击率 x_2
1	893.93	5	292	20	597.85	4	324
2	1 091.27	5	252	21	490.34	4	327
3	1 229.97	5	267	22	709.59	5	206
4	1 045.85	5	379	23	987.3	5	310
5	997.24	5	318	24	954.6	6	306
6	1 495.14	6	393	25	1 216.89	6	350
7	1 200.56	5	331	26	1 491.52	5	275
8	747.24	4	204	27	668.3	4	173
9	866.43	5	266	28	915.03	5	360
10	603	5	253	29	565.92	4	340
11	343.52	5	315	30	1 267.98	5	380
12	472.1	6	271	31	930.24	6	285
13	171.79	4	166	32	379.38	4	232
14	135.79	4	204	33	500.74	5	294
15	925.95	5	335	34	83.65	5	220
16	1 574.01	5	352	35	982.94	6	391
17	1 405.33	5	274	36	722.28	4	279
18	971.27	4	333	37	1 337.44	5	322
19	1 165.2	5	302	38	1 150.51	4	231

续前表

周次	销售额 y	每周演出场次 x_1	周点击率 x_2	周次	销售额 y	每周演出场次 x_1	周点击率 x_2
39	1 514.84	6	368	46	1 344.91	5	261
40	1 442.08	5	357	47	1 361.78	5	303
41	767.64	5	260	48	1 424.69	6	263
42	1 020.03	5	298	49	1 158.21	4	215
43	1 067.49	5	350	50	827.56	4	294
44	1 484.12	6	320	51	803.16	4	288
45	957.68	4	227	52	1 447.46	6	257

4.15 说明产生异常值的原因和消除异常值的方法。

4.16 对第3章思考与练习中第11题做异常值检验。

4.17 对例4.3的数据分析以下问题：

(1) 分析普通最小二乘是否存在异常值。

(2) 删除北京和上海两个直辖市的数据，重新做普通最小二乘回归。是否还有异常值？

(3) 删除北京和上海两个直辖市的数据，做加权最小二乘回归，分析加权最小二乘回归的效果。此时是否还有异常值？

第 5 章
自变量选择
与逐步回归

回归自变量的选择无疑是建立回归模型的一个极为重要的问题。在建立一个实际问题的回归模型时，首先碰到的问题便是如何确定回归自变量，一般情况下，我们大多是根据所研究问题的目的，结合经济理论罗列出对因变量可能有影响的一些因素作为自变量。如果遗漏了某些重要的变量，回归方程的效果肯定不好；如果担心遗漏了重要的变量而考虑过多的自变量，在这些变量中，某些自变量对问题的研究可能并不重要，有些自变量数据的质量可能很差，有些自变量可能和其他自变量有很大程度的重叠，结果，不仅计算量增大许多，而且得到的回归方程稳定性很差，直接影响到回归方程的应用。

从 20 世纪 60 年代开始，关于回归自变量的选择便成为统计学中研究的热点问题。统计学家提出了许多回归选元的准则，以及许多行之有效的选元方法。本章从回归选元对回归参数估计和预测的影响开始，介绍自变量选择常用的几个准则，扼要介绍所有子集回归选元的几种方法，详细讨论逐步回归方法及其应用。

5.1 自变量选择对估计和预测的影响

一、全模型和选模型

设我们研究的某一实际问题涉及的对因变量有影响的因素共有 m 个，由因变量 y 和 m 个自变量 x_1，x_2，$\cdots$，x_m 构成的回归模型为：

$$y = \beta_0 + \beta_1 x_1 + \beta_2 x_2 + \cdots + \beta_m x_m + \varepsilon \tag{5.1}$$

因为模型式（5.1）是因变量 y 与所有自变量 x_1，x_2，$\cdots$，x_m 的回归模型，故称式

（5.1）为全回归模型。

如果从所有可供选择的 m 个变量中挑选出 p 个，记为 x_1，x_2，$\cdots$，x_p，由所选的 p 个自变量组成的回归模型为：

$$y = \beta_{0p} + \beta_{1p}x_1 + \beta_{2p}x_2 + \cdots + \beta_{pp}x_p + \varepsilon_p \tag{5.2}$$

相对全模型而言，我们称模型式（5.2）为选模型。选模型式（5.2）的 p 个自变量 x_1，x_2，$\cdots$，x_p 并不一定是全体 m 个自变量 x_1，x_2，$\cdots$，x_m 中的前 p 个，x_1，x_2，$\cdots$，x_p 是在 m 个自变量 x_1，x_2，$\cdots$，x_m 中按某种规则挑选出的 p 个，不过为了方便，我们不妨认为 x_1，x_2，$\cdots$，x_p 就是 x_1，x_2，$\cdots$，x_m 中的前 p 个。

自变量的选择问题可以看成对一个实际问题是用式（5.1）全模型还是用式（5.2）选模型去描述。如果应该选用式（5.1）全模型去描述实际问题，而误选了式（5.2）选模型，则说明在建模时丢掉了一些有用的变量；如果应该选用式（5.2）选模型，而误选了式（5.1）全模型，则说明我们把一些不必要的自变量引进了模型。

模型选择不当会给参数估计和预测带来什么影响？下面将分别讨论。

为了方便，把模型式（5.1）的参数向量 $\boldsymbol{\beta}$ 和 σ^2 的估计记为：

$$\hat{\boldsymbol{\beta}}_m = (\boldsymbol{X}'_m\boldsymbol{X}_m)^{-1}\boldsymbol{X}'_m\boldsymbol{y} \tag{5.3}$$

$$\hat{\sigma}^2_m = \frac{1}{n-m-1}\text{SSE}_m \tag{5.4}$$

把模型式（5.2）的参数向量 $\boldsymbol{\beta}$ 和 σ^2 的估计记为：

$$\hat{\boldsymbol{\beta}}_p = (\boldsymbol{X}'_p\boldsymbol{X}_p)^{-1}\boldsymbol{X}'_p\boldsymbol{y} \tag{5.5}$$

$$\hat{\sigma}^2_p = \frac{1}{n-p-1}\text{SSE}_p \tag{5.6}$$

二、自变量选择对预测的影响

假设全模型式（5.1）与选模型式（5.2）不同，即要求 $p < m$，$\beta_{p+1}x_{p+1} + \cdots + \beta_m x_m$ 不恒为 0。在此条件下，当全模型式（5.1）正确而误用了选模型式（5.2）时，本书不加证明地引用以下性质。

性质 1 在 x_j 与 x_{p+1}，$\cdots$，x_m 的相关系数不全为 0 时，选模型回归系数的最小二乘估计是全模型相应参数的有偏估计，即 $E(\hat{\beta}_{jp}) = \beta_{jp} \neq \beta_j$（$j=1$，2，$\cdots$，$p$）。

性质 2 选模型的预测是有偏的。给定新自变量值，$\boldsymbol{x}_{0m} = (x_{01}$，$x_{02}$，$\cdots$，$x_{0m})'$，因变量新值为 $y_0 = \beta_0 + \beta_1 x_{01} + \beta_2 x_{02} + \cdots + \beta_m x_{0m} + \varepsilon_0$，用选模型的预测值 $\hat{y}_{0p} = \hat{\beta}_{0p} + \hat{\beta}_{1p}x_{01} + \hat{\beta}_{2p}x_{02} + \cdots + \hat{\beta}_{pp}x_{0p}$ 作为 y_0 的预测值是有偏的，即 $E(\hat{y}_{0p} - y_0) \neq 0$。

性质 3 选模型的参数估计有较小的方差。选模型的最小二乘参数估计为 $\hat{\boldsymbol{\beta}}_p = (\hat{\beta}_{0p}$，$\hat{\beta}_{1p}$，$\cdots$，$\hat{\beta}_{pp})'$，全模型的最小二乘参数估计为 $\hat{\boldsymbol{\beta}}_m = (\hat{\beta}_{0m}$，$\hat{\beta}_{1m}$，$\cdots$，$\hat{\beta}_{mm})'$，这一性质说明 $D(\hat{\beta}_{jp}) \leqslant D(\hat{\beta}_{jm})$（$j=0$，1，$\cdots$，$p$）。

性质 4 选模型的预测残差有较小的方差。选模型的预测残差为 $e_{0p} = \hat{y}_{0p} - y_0$，全模

型的预测残差为 $e_{0m} = \hat{y}_{0m} - y_0$，其中 $y_0 = \beta_0 + \beta_1 x_{01} + \beta_2 x_{02} + \cdots + \beta_m x_{0m} + \varepsilon$，则有 $D(e_{0p}) \leqslant D(e_{0m})$。

性质 5 记 $\boldsymbol{\beta}_{m-p} = (\beta_{p+1}, \cdots, \beta_m)'$，用全模型对 $\boldsymbol{\beta}_{m-p}$ 的最小二乘估计为 $\hat{\boldsymbol{\beta}}_{m-p} = (\hat{\beta}_{p+1}, \cdots, \hat{\beta}_m)'$，则在 $D(\hat{\boldsymbol{\beta}}_{m-p}) \geqslant \boldsymbol{\beta}_{m-p}\boldsymbol{\beta}'_{m-p}$ 的条件下，$E(e_{0p})^2 = D(e_{0p}) + (E(e_{0p}))^2 \leqslant D(e_{0m})$，即选模型预测的均方误差比全模型预测的方差更小。

以上性质的证明参见参考文献 [2]。

性质 1 和性质 2 表明，当全模型式（5.1）正确，而我们舍去了 $m-p$ 个自变量，用剩下的 p 个自变量去建立选模型式（5.2）时，参数估计值是全模型相应参数的有偏估计，用其做预测，预测值也是有偏的。这是误用选模型产生的弊端。

性质 3 和性质 4 表明，用选模型去做预测，残差的方差比用全模型去做预测的方差小，尽管用选模型所做的预测是有偏的，但得到的预测残差的方差下降了。这说明尽管全模型正确，但误用选模型是有弊也有利的。

性质 5 说明即使全模型正确，但如果其中有一些自变量对因变量影响很小或回归系数方差过大，则我们丢掉这些变量之后，用选模型去预测可以提高预测的精度。由此可见，如果模型中包含一些不必要的自变量，模型的预测精度就会下降。

上述结论告诉我们，一个回归模型并不是考虑的自变量越多越好。在建立回归模型时，选择自变量的基本指导思想是少而精。即使我们丢掉了一些对因变量 y 有些影响的自变量，由选模型估计的保留变量的回归系数的方差也比由全模型所估计的相应变量的回归系数的方差小。对于所预测的因变量的方差来说也是如此。丢掉了一些对因变量 y 有影响的自变量后，所付出的代价是估计量产生了有偏性。然而，尽管估计量是有偏的，但预测偏差的方差会下降。因此，自变量的选择有重要的实际意义。在建立实际问题的回归模型时，应尽可能剔除那些可有可无的自变量。

5.2 所有子集回归

一、所有子集的数目

设在一个实际问题的回归建模中，有 m 个可供选择的变量 x_1，x_2，$\cdots$，x_m，由于每个自变量都有入选和不入选两种情况，因此 y 关于这些自变量的所有可能的回归方程就有 $2^m - 1$ 个，这里减 1 是要求回归模型中至少包含一个自变量，即减去模型中只包含常数项的这种情况。如果把回归模型中只包含常数项的情况也算在内，那么所有可能的回归方程就有 2^m 个。

从另一个角度看，选模型包含的自变量数目 p 有从 0 到 m 共 $m+1$ 种不同情况，而对选模型中恰包含 p 个自变量的情况，从全部 m 个自变量中选出 p 个的方法共有组合数 C_m^p 个（或记为 $\binom{m}{p}$），因而所有选模型的数目为：

$$C_m^0 + C_m^1 + \cdots + C_m^m = 2^m$$

二、关于自变量选择的几个准则

对于有 m 个自变量的回归建模问题，一切可能的回归子集有 2^m 个，在这些回归子集中如何选择一个最优的回归子集，衡量最优子集的标准是什么，这是我们这一节要讨论的问题。

第 3 章我们从数据与模型拟合优劣的角度出发，认为残差平方和 SSE 最小的回归方程就是最好的，还用复相关系数 R 来衡量回归拟合的好坏。然而，通过下面的讨论我们将会看到上述两种方法都有明显的不足。

我们把选模型式（5.2）的残差平方和记为 SSE_p，当再增加一个新的自变量 x_{p+1} 时，相应的残差平方和记为 SSE_{p+1}。根据最小二乘估计的原理，增加自变量时残差平方和将减少，减少自变量时残差平方和将增加。因此有

$$\text{SSE}_{p+1} \leqslant \text{SSE}_p$$

又记它们的复决定系数分别为：$R_{p+1}^2 = 1 - \text{SSE}_{p+1}/\text{SST}$，$R_p^2 = 1 - \text{SSE}_p/\text{SST}$。由于 SST 是因变量的离差平方和，与自变量无关，因而

$$R_{p+1}^2 \geqslant R_p^2$$

即当自变量子集扩大时，残差平方和随之减小，而复决定系数 R^2 随之增大。因此，如果按残差平方和越小越好的原则来选择自变量子集，或者按复决定系数越大越好的原则，则毫无疑问选的变量越多越好。这样由于变量的多重共线性，给变量的回归系数估计值带来不稳定性，加上变量的测量误差积累和参数数目增加，将使估计值的误差增大。如此构造的回归模型稳定性差，为增大复相关系数 R 而付出了模型参数估计稳定性差的代价。因此残差平方和、复相关系数或样本决定系数都不能作为选择变量的准则。

下面从不同的角度给出几个常用的准则。

准则 1 自由度调整复决定系数达到最大。

前面我们已看到，当给模型增加自变量时，复决定系数也随之逐步增大，然而复决定系数增大的代价是残差自由度的减少，因为残差自由度等于样本个数与自变量个数之差。自由度小意味着估计和预测的可靠性低。这表明当一个回归方程涉及的自变量很多时，回归模型的拟合从表面上看是良好的，而区间预测和区间估计的幅度却变大，以致失去实际意义。这里回归模型的拟合良好掺杂了一些虚假成分。为了克服样本决定系数的这一缺点，我们设法对 R^2 进行适当的修正，使得只有加入有意义的变量时，经过修正的样本决定系数才会增加，这就是所谓的自由度调整复决定系数。

设 R_a^2 为调整的复决定系数，n 为样本量，p 为自变量的个数，则

$$R_a^2 = 1 - \frac{n-1}{n-p-1}(1-R^2) \tag{5.7}$$

显然有 $R_a^2 \leqslant R^2$，R_a^2 随着自变量的增加并不一定增大。由式（5.7）可以看到，尽管 $1-$

R^2 随着变量的增加而减少，但由于其前面的系数 $(n-1)/(n-p-1)$ 起折扣作用，才使 R_a^2 随着自变量的增加并不一定增大。当所增加的自变量对回归的贡献很小时，R_a^2 反而可能减少。

在一个实际问题的回归建模中，自由度调整复决定系数 R_a^2 越大，所对应的回归方程越好。从拟合优度的角度追求最优，则所有回归子集中 R_a^2 最大者对应的回归方程就是最优方程。

从另外一个角度考虑回归的拟合效果，回归误差项方差 σ^2 的无偏估计为：

$$\hat{\sigma}^2 = \frac{1}{n-p-1}\text{SSE}$$

此无偏估计式中也加入了惩罚因子 $n-p-1$，$\hat{\sigma}^2$ 实际上就是用自由度 $n-p-1$ 做平均的平均残差平方和。当自变量个数从 0 开始增加时，SSE 逐渐减小，作为除数的惩罚因子 $n-p-1$ 也随之减小。一般来说，当自变量个数从 0 开始增加时，$\hat{\sigma}^2$ 先下降，而后稳定下来，当自变量个数增加到一定数量后，$\hat{\sigma}^2$ 又开始增加。这是因为刚开始时，随着自变量个数的增加，SSE 能够快速减小，虽然作为除数的惩罚因子 $n-p-1$ 也随之减小，但由于 SSE 减小的速度更快，因而 $\hat{\sigma}^2$ 是趋于减小的。当自变量数目增加到一定程度时，重要的自变量基本都选上了，这时再增加自变量，SSE 减小的幅度不大，以至于抵消不了除数 $n-p-1$ 的减小，最终又导致了 $\hat{\sigma}^2$ 的增加。

由以上分析可知，用平均残差平方和 $\hat{\sigma}^2$ 作为自变量选元准则是合理的，那么它和调整的复决定系数 R_a^2 准则有什么关系呢？实际上，这两个准则是等价的，容易证明以下关系式成立

$$R_a^2 = 1 - \frac{n-1}{\text{SST}}\hat{\sigma}^2 \tag{5.8}$$

由于 SST 是与回归无关的固定值，因此 R_a^2 与 $\hat{\sigma}^2$ 是等价的。

准则 2 AIC 与 BIC 准则。

AIC 准则是日本统计学家赤池（Akaike）于 1974 年根据最大似然估计原理提出的一种模型选择准则，人们称之为赤池信息量准则（Akaike information criterion，AIC）。AIC 准则既可用来做回归方程自变量的选择，又可用于时间序列分析中自回归模型的定阶。该方法的广泛应用使得赤池乃至日本统计学家在该领域中声名鹊起。

对一般情况，设模型的似然函数为 $L(\boldsymbol{\theta}, \boldsymbol{x})$，$\boldsymbol{\theta}$ 的维数为 p，$\boldsymbol{x}$ 为随机样本（在回归分析中随机样本为 $\boldsymbol{y}=(y_1, y_2, \cdots, y_n)'$），则 AIC 定义为：

$$\text{AIC} = -2\ln L(\hat{\boldsymbol{\theta}}_L, \boldsymbol{x}) + 2p \tag{5.9}$$

式中，$\hat{\boldsymbol{\theta}}_L$ 为 $\boldsymbol{\theta}$ 的最大似然估计；p 为未知参数的个数。式中右边第一项是似然函数的对数乘以 -2，第二项惩罚因子是未知参数个数的 2 倍。我们知道，似然函数越大的估计量越好，而 AIC 是似然函数的对数乘以 -2 再加上惩罚因子 $2p$，因而使 AIC 达到最小的模型是最优模型。

下面我们讨论把 AIC 用于回归模型的选择。假定回归模型的随机误差项 ε 服从正态分

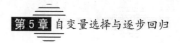

布，即

$$\varepsilon \sim N(0,\sigma^2)$$

在这个正态假定下，回归参数的最大似然估计已在 3.2 节中给出，根据式（3.28）

$$\ln L_{\max} = -\frac{n}{2}\ln(2\pi) - \frac{n}{2}\ln(\hat{\sigma}_L^2) - \frac{1}{2\hat{\sigma}_L^2}\text{SSE}$$

将 $\hat{\sigma}_L^2 = \frac{1}{n}\text{SSE}$ 代入得

$$\ln L_{\max} = -\frac{n}{2}\ln(2\pi) - \frac{n}{2}\ln(\frac{\text{SSE}}{n}) - \frac{n}{2}$$

将上式代入式（5.9）中，这里似然函数中的未知参数个数为 $p+2$，略去与 p 无关的常数，得回归模型的 AIC 公式为：

$$\text{AIC} = n\ln(\text{SSE}) + 2p \tag{5.10}$$

在回归分析的建模过程中，对每一个回归子集计算 AIC，其中 AIC 最小者所对应的模型是最优回归模型。

赤池于 1976 年对 AIC 准则进行了改进，而施瓦茨（Schwartz）在 1978 年根据 Bayes 理论也得出同样的判别准则，称为 BIC 准则（Bayesian information criterion），也称为 SBC 准则（Schwartz's Bayesian criterion），加大了对自变量数目的惩罚力度，是令以下 BIC 达到极小。

$$\text{BIC} = n\ln(\text{SSE}) + \ln(n)p \tag{5.11}$$

SPSS 没有计算 AIC 和 BIC 的功能，R 软件可以计算 BIC，但是和用式（5.11）计算的结果相差很大。文献上介绍的 BIC 基本都是式（5.11）的形式，没有找到 R 软件使用的计算公式。

经过用数据尝试，认为 R 软件使用的计算公式大致是下面式（5.12）所示的形式。

$$\text{BIC} = n\ln\left(\frac{\text{SSE}}{\text{SST}}\right) + 1 + \ln(2\pi) + \ln(n)p \tag{5.12}$$

式（5.11）和式（5.12）其实是等价的，两者的差值只与 n 和 SST 有关，与 p 无关，所以用两式选择最优子集的结果是相同的。

准则 3 C_p 统计量达到最小。

1964 年马洛斯（Mallows）从预测的角度提出了一个可以用来选择自变量的统计量，这就是我们常说的 C_p 统计量。根据性质 5，即使全模型正确，也有可能选模型有更小的预测误差。C_p 正是根据这一原理提出的。

考虑在 n 个样本点上用选模型式（5.2）做回归预测，预测值与期望值的相对偏差平方和为：

$$J_p = \frac{1}{\sigma^2}\sum_{i=1}^{n}(\hat{y}_{ip} - E(y_i))^2$$

133

$$= \frac{1}{\sigma^2} \sum_{i=1}^{n} (\hat{\beta}_{0p} + \hat{\beta}_{1p} x_{i1} + \cdots + \hat{\beta}_{pp} x_{ip} - (\beta_0 + \beta_1 x_{i1} + \cdots + \beta_m x_{im}))^2$$

可以证明，J_p 的期望值是

$$E(J_p) = \frac{E(\text{SSE}_p)}{\sigma^2} - n + 2(p+1)$$

对以上证明有兴趣的读者请参见参考文献［5］。略去无关的常数 2，据此构造出 C_p 统计量为：

$$C_p = \frac{\text{SSE}_p}{\hat{\sigma}^2} - n + 2p$$

$$= (n - m - 1) \frac{\text{SSE}_p}{\text{SSE}_m} - n + 2p \qquad (5.13)$$

式中，$\hat{\sigma}^2 = \dfrac{1}{n-m-1} \text{SSE}_m$，为全模型中 σ^2 的无偏估计。这样我们得到一个选择变量的 C_p 准则：选择使 C_p 最小的自变量子集，这个自变量子集对应的回归方程就是最优回归方程。

上面从不同角度介绍了三个准则，自变量选择的准则还有一些，我们就不一一列举了。下面用一个例子对所有回归子集计算上述三个准则，综合比较一下最优回归子集的选择。

 例 5.1 ....●

y 表示某种消费品的销售额，x_1 表示居民可支配收入，x_2 表示该类消费品的价格指数，x_3 表示其他消费品平均价格指数。表 5-1 给出了某地区 18 年某种消费品销售情况资料，试建立该地区该消费品销售额的预测方程。

表 5-1

序号	x_1（元）	x_2（%）	x_3（%）	y（百万元）
1	81.2	85.0	87.0	7.8
2	82.9	92.0	94.0	8.4
3	83.2	91.5	95.0	8.7
4	85.9	92.9	95.5	9.0
5	88.0	93.0	96.0	9.6
6	99.9	96.0	97.0	10.3
7	102.0	95.0	97.5	10.6
8	105.3	95.6	97.0	10.9
9	117.7	98.9	98.0	11.3
10	126.4	101.5	101.2	12.3
11	131.2	102.0	102.5	13.5
12	148.0	105.0	104.0	14.2

续前表

序号	x_1（元）	x_2（%）	x_3（%）	y（百万元）
13	153.0	106.0	105.9	14.9
14	161.0	109.0	109.5	15.9
15	170.0	112.0	111.0	18.5
16	174.0	112.5	112.0	19.5
17	185.0	113.0	112.3	19.9
18	189.0	114.0	113.0	20.5

在例 5.1 中，$n=18$，$m=3$，所有的自变量子集有 $2^m-1=7$ 个，即有 7 个回归子集。用 SPSS 软件分别计算这 7 个回归子集，再用式（5.10）、式（5.12）、式（5.13）计算相应准则数值，结果如表 5-2 所示。

表 5-2

自变量子集	R^2	R_a^2	AIC	BIC	C_p
x_1	0.972 8	0.971 1	40.06	−59.12	4.134
x_2	0.956 6	0.953 9	48.48	−50.70	16.151
x_3	0.950 8	0.947 7	50.74	−48.44	20.452
x_1，x_2	0.974 7	0.971 4	40.76	−57.53	4.734
x_1，x_3	0.978 4	0.975 5	37.93	−60.36	2.005
x_2，x_3	0.957 6	0.951 9	50.09	−48.20	17.461
x_1，x_2，x_3	0.981 1	0.977 1	37.52	−59.88	2.000

说明：其中 BIC 是用 R 软件计算的，参考式（5.12）。

在表 5-2 中，由于 R^2 的数值随着自变量数目的增大而增大，最大值在全模型达到，所以其数值仅作为参考，不能作为选择最优子集的准则。R_a^2 准则、AIC 准则、C_p 准则的数值都是在全模型达到最优，全模型 x_1，x_2，x_3 是最优子集，x_1，x_3 是次优子集。而 BIC 准则的数值是在子集 x_1，x_3 达到最小，全模型 x_1，x_2，x_3 是次优子集。可见，BIC 准则加大了对自变量数目的惩罚力度。两个回归方程分别为：

$$\hat{y}=-10.148\ 9+0.100\ 8x_1-0.310\ 4x_2+0.411\ 0x_3$$
$$\hat{y}=-14.049+0.076\ 41x_1+0.117\ 8x_3$$

因为这个实际问题所涉及的自变量本来就较少，只有 3 个，所以有几个准则得出全模型是"最优"的。这种情况在自变量只有少数几个时是常见的，但当涉及的自变量数目较多时，很少见到全模型是最优的。再说我们讲的最优是相对而言的，在实际问题的选模中，应综合考虑，或根据实际问题的研究目的从不同最优角度来考虑。如有时希望模型各项衡量准则较优，得到的模型又能给出合理的经济解释；有时只从拟合角度考虑；有时只从预测角度考虑，并不计较回归方程能否有合理解释；有时要求模型的各个衡量准则较优，而模型最好简单些，涉及变量少些；有时还看回归模型参数估计的标准误差大小等。因此，上述这些准则只是给了我们选择模型的一些参考，最终的选择既应参考上述几个准

则，又要考虑实际问题的性质和需要。

三、用 R 软件寻找最优子集

以下结合例 3.1 的数据，介绍用 R 软件寻找最优子集的方法，有关 R 软件的简单说明参考例 4.6。

 例 5.2

对例 3.1 的数据，用调整的复判定系数 R_a^2 准则选择最优子集回归模型。

R 计算代码如下：

install. packages("leaps") ♯下载 leaps 包

data3. 1<-read. csv("D：/li3. 1. csv", head = TRUE)♯数据文件第 1 行是变量名称 y，x1 − x9

library (leaps)   ♯加载 leaps 包

exps<-regsubsets(y～x1 + x2 + x3 + x4 + x5 + x6 + x7 + x8 + x9, data = data3. 1, nbest = 1, really. big = T)

♯用 regsubsets 函数做子集回归并赋值给 exps，参数 nbest = 1 表示对每个自变量数目 p 只输出 1 个最优子集

expres<-summary (exps) ♯将回归结果赋值给 expres

res<-data. frame(expres $ outmat, adjr2 = expres $ adjr2)

♯把 expres 中的 adjusted R Square 准则计算结果赋值给 res

res ♯输出 res

可以用 write. csv(res, file="D：/li3. 1adjr2. csv")语句把这个输出结果保存为 csv 格式的数据文件，下面的输出结果 5.1 的格式经过了适当的调整，其中，adjr2 表示 adjusted. R. Square。

输出结果 5.1

		x1	x2	x3	x4	x5	x6	x7	x8	x9	adjr2
1	(1)					*					0.882361
2	(1)	*				*					0.951323
3	(1)	*	*			*					0.975234
4	(1)	*	*	*		*					0.990331
5	(1)	*	*	*		*	*				0.990346
6	(1)	*	*	*		*			*		0.990159
7	(1)	*	*	*		*		*	*		0.989841
8	(1)	*	*	*		*	*	*	*	*	0.989437

从输出结果 5.1 可以看到，如果只选 1 个自变量，则 x_5 是最优子集，如果选 2 个自变量，则 x_1，x_5 是最优子集，其余以此类推。子集含有 $p = 5$ 个自变量时 adjus-

ted. R. Square 达到最大值 $0.990\,346$，5 个自变量分别是 x_1，x_2，x_3，x_5，x_6。

 例 5.3

对例 3.1 的数据，用 C_p 准则和 BIC 准则寻找最优子集回归模型。

在 R 中继续前面的计算过程，用 C_p 准则寻找最优子集。输入命令：

data. frame(expres $ outmat,Cp = expres $ cp)

得到输出结果 5.2（a），其中 C_p 的数值比用式（5.13）计算的结果大常数 2。用 C_p 准则寻找的最优子集回归模型为 x_1，x_2，x_3，x_5，$C_p = 1.717\,535$，比用 R_a^2 准则选出的最优子集少一个自变元 x_6。

输出结果 5.2（a）

		x1	x2	x3	x4	x5	x6	x7	x8	x9	Cp
1	(1)					*					281.2825
2	(1)	*				*					98.16238
3	(1)	*	*			*					37.42609
4	(1)	*	*	*		*					1.717535
5	(1)	*	*	*		*	*				2.810481
6	(1)	*	*	*		*	*		*		4.343477
7	(1)	*	*	*		*	*	*	*		6.115074
8	(1)	*	*	*		*	*	*	*	*	8.000139

再用 BIC 准则寻找最优子集。输入命令：

data. frame(expres $ outmat,BIC = expres $ bic)

得到输出结果 5.2（b），从中可以看到 BIC$= -131.069$ 是最小值，最优子集和用 C_p 准则得到的结果相同，也是 x_1，x_2，x_3，x_5。

输出结果 5.2（b）

		x1	x2	x3	x4	x5	x6	x7	x8	x9	BIC
1	(1)					*					-60.527
2	(1)	*				*					-85.536
3	(1)	*	*			*					-104.177
4	(1)	*	*	*		*					-131.069
5	(1)	*	*	*		*	*				-128.898
6	(1)	*	*	*		*	*		*		-126.135
7	(1)	*	*	*		*	*	*	*		-123.035
8	(1)	*	*	*		*	*	*	*	*	-119.770

5.3　逐步回归

在第 3 章"多元线性回归"中我们看到，并不是所有自变量都对因变量 y 有显著的影响，这就存在如何挑选出对因变量有显著影响的自变量的问题。自变量的所有可能子集构成 2^m-1 个回归方程，当可供选择的自变量不太多时，用前面的方法可以求出一切可能的回归方程，然后用几个选元准则去挑出最优的方程，但是当自变量的个数较多时，求出所有可能的回归方程是非常困难的。为此，人们提出了一些较为简便、实用、快速的选择最优方程的方法。人们所给出的方法各有优缺点，至今还没有绝对最优的方法，目前常用的方法有前进法、后退法、逐步回归法，而逐步回归法最受推崇。

在后面的讨论中，无论是从回归方程中剔除某个自变量，还是给回归方程增加某个自变量，都要利用式（3.42）的偏 F 检验，这个偏 F 检验与式（3.40）的 t 检验是等价的，F 检验定义式的统计意义更为明了，并且容易推广到对多个自变量的显著性检验，因而采用 F 检验。

一、前进法

前进法的思想是变量由少到多，每次增加一个，直至没有可引入的变量为止。具体做法是首先将全部 m 个自变量分别对因变量 y 建立一元线性回归方程，并分别计算这 m 个一元线性回归方程的 m 个回归系数的 F 检验值，记为 $\{F_1^1, F_2^1, \cdots, F_m^1\}$，选其最大者记为：

$$F_j^1 = \max\{F_1^1, F_2^1, \cdots, F_m^1\}$$

给定显著性水平 α，若 $F_j^1 \geqslant F_\alpha(1, n-2)$，则首先将 x_j 引入回归方程，为了方便，设 x_j 就是 x_1。

接下来因变量 y 分别与 (x_1, x_2)，(x_1, x_3)，$\cdots$，(x_1, x_m) 建立二元线性回归方程，对这 $m-1$ 个回归方程中 x_2，x_3，$\cdots$，x_m 的回归系数进行 F 检验，计算 F 值，记为 $\{F_2^2, F_3^2, \cdots, F_m^2\}$，选其最大者记为：

$$F_j^2 = \max\{F_2^2, F_3^2, \cdots, F_m^2\}$$

若 $F_j^2 \geqslant F_\alpha(1, n-3)$，则接着将 x_j 引入回归方程。

依上述方法接着做下去，直至所有未被引入方程的自变量的 F 值均小于 $F_\alpha(1, n-p-1)$ 为止。这时，得到的回归方程就是最终确定的方程。

每步检验中的临界值 $F_\alpha(1, n-p-1)$ 与自变量数目 p 有关，在用软件计算时，我们实际是使用显著性 P 值（或记为 Sig.）做检验。

 **例5.4** •••

对例 3.1 城镇居民消费性支出 y 关于 9 个自变量做回归的数据，用前进法做变量选择，取显著性水平 $\alpha_{entry} = 0.05$。

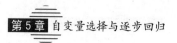

首先进入线性回归对话框，将 y 与 x_1，x_2，x_3，x_4，x_5，x_6，x_7，x_8，x_9 分别选入各自的变量框，然后在 Method 下拉框中选前进法 Forward，点击 Options 选项看到默认的显著性水平 $\alpha_{entry}=0.05$。部分运行结果见输出结果 5.3。

输出结果 5.3

Coefficients[a]

Model		Unstandardized Coefficients		Standardized Coefficients	t	Sig.
		B	Std. Error	Beta		
1	(Constant)	7187.831	619.363		11.605	.000
	x5	4.714	.314	.941	15.034	.000
2	(Constant)	3216.512	730.394		4.404	.000
	x5	3.044	.327	.608	9.304	.000
	x1	1.207	.186	.424	6.487	.000
3	(Constant)	326.249	754.605		.432	.669
	x5	2.357	.267	.471	8.831	.000
	x1	1.399	.138	.491	10.168	.000
	x2	1.701	.321	.179	5.295	.000
4	(Constant)	−1694.627	562.977		3.010−	.006
	x5	1.742	.191	.348	9.111	.000
	x1	1.364	.086	.479	15.844	.000
	x2	1.768	.201	.186	8.796	.000
	x3	2.289	.349	.175	6.569	.000

a.Dependent Variable:y

Model Summary

Model	R	R Square	Adjusted R Square	Std. Error of the Estimate
1	.941	.886	.882	1269.61805
2	.977	.955	.951	816.69085
3	.989	.978	.975	582.54308
4	.996	.992	.990	363.99180

ANOVA

	Model	Sum of Squares	df	Mean Square	F	Sig.
1	Regression	364322891.194	1	364322891.194	226.017	.000
	Residual	46745969.644	29	1611929.988		
	Total	411068860.839	30			
2	Regression	392393310.431	2	196196655.215	294.155	.000
	Residual	18675550.408	28	666983.943		
	Total	411068860.839	30			
3	Regression	401906236.989	3	133968745.663	394.773	.000
	Residual	9162623.850	27	339356.439		
	Total	411068860.839	30			
4	Regression	407624120.113	4	101906030.028	769.160	.000
	Residual	3444740.726	26	132490.028		
	Total	411068860.839	30			

从输出结果 5.3 中看到，前进法依次引入了 x_5，x_1，x_2，x_3，最优回归模型为：

$$\hat{y} = -1\,694.627 + 1.364x_1 + 1.768x_2 + 2.289x_3 + 1.742x_5$$

复决定系数 $R^2 = 0.992$，调整的复决定系数 $R_a^2 = 0.990$，全模型的复决定系数 $R^2 = 0.992$，调整的复决定系数 $R_a^2 = 0.989$。

二、后退法

后退法与前进法相反，首先用全部 m 个变量建立一个回归方程，然后在这 m 个变量中选择一个最不重要的变量，将它从方程中剔除。在第 3 章的回归系数的显著性检验中，采用的就是这种思想，将回归系数检验的 F 值最小者对应的自变量剔除。

设对 m 个回归系数进行 F 检验，记求得的 F 值为 $\{F_1^m,\ F_2^m,\ \cdots,\ F_m^m\}$，选其最小者记为：

$$F_j^m = \min\{F_1^m, F_2^m, \cdots, F_m^m\}$$

给定显著性水平 α，若 $F_j^m \leqslant F_\alpha(1,\ n-m-1)$，则首先将 x_j 从回归方程中剔除，为了方便，设 x_j 就是 x_m。

接着对剩下的 $m-1$ 个自变量重新建立回归方程，进行回归系数的显著性检验，像上面那样计算出 F_j^{m-1}，如果又有 $F_j^{m-1} \leqslant F_\alpha(1,\ n-(m-1)-1)$，则剔除 x_j，重新建立 y 关于 $m-2$ 个自变量的回归方程，依此类推，直至回归方程中所剩余的 p 个自变量的 F 检验值均大于临界值 $F_\alpha(1,\ n-p-1)$，没有可剔除的自变量为止。这时，得到的回归方程就是最终确定的方程。

续例 5.4

对例 3.1 城镇居民消费性支出 y 关于 9 个自变量做回归的数据，用后退法做变量选择，取显著性水平 $\alpha_{removal} = 0.10$。

首先进入线性回归对话框，将 y 与 x_1，x_2，x_3，x_4，x_5，x_6，x_7，x_8，x_9 分别选入各自的变量框，然后在 Method 下拉框中选后退法 Backward，点击 Options 选项看到默认的显著性水平 $\alpha_{removal} = 0.10$。

部分运行结果见输出结果 5.4。

输出结果 5.4

Coefficients[a]

Model		Unstandardized Coefficients		Standardized Coefficients	t	Sig.
		B	Std. Error	Beta		
1	(Constant)	320.641	3951.557		.081	.936
	x1	1.317	.106	.462	12.400	.000
	x2	1.650	.301	.173	5.484	.000
	x3	2.179	.520	.167	4.190	.000
	x4	.006	.477	.000	−.012	.991
	x5	1.684	.214	.336	7.864	.000
	x6	.010	.013	.031	.769	.451
	x7	.004	.011	.019	.342	.736
	x8	−19.131	31.970	−.013	−.598	.556
	x9	50.516	150.212	.009	.336	.740
⋮	⋮	⋮	⋮	⋮	⋮	⋮
6	(Constant)	−1694.627	562.977		−3.010	.006
	x1	1.364	.086	.479	15.844	.000
	x2	1.768	.201	.186	8.796	.000
	x3	2.289	.349	.175	6.569	.000
	x5	1.742	.191	.348	9.111	.000

a.Dependent Variable:y

Model Summary

Model	R	R Square	Adjusted R Square	Std. Error of the Estimate
1	.996	.992	.989	389.40154
2	.996	.992	.989	380.44984
3	.996	.992	.990	373.10413
4	.996	.992	.990	367.21857
5	.996	.992	.990	363.71422
6	.996	.992	.990	363.99180

ANOVA

	Model	Sum of Squares	df	Mean Square	F	Sig.
1	Regression	407884556.027	9	45320506.225	298.882	.000
	Residual	3184304.812	21	151633.562		
	Total	411068860.839	30			
2	Regression	407884535.021	8	50985566.878	352.251	.000
	Residual	3184325.818	22	144742.083		
	Total	411068860.839	30			
3	Regression	407867106.929	7	58266729.561	418.563	.000
	Residual	3201753.910	23	139206.692		
	Total	411068860.839	30			
4	Regression	407832473.345	6	67972078.891	504.059	.000
	Residual	3236387.494	24	134849.479		
	Total	411068860.839	30			
5	Regression	407761659.938	5	81552331.988	616.475	.000
	Residual	3307200.900	25	132288.036		
	Total	411068860.839	30			
6	Regression	407624120.113	4	101906030.028	769.160	.000
	Residual	3444740.726	26	132490.028		
	Total	411068860.839	30			

其中，模型 1 是全模型，从模型 2 到模型 6 依次剔除变量 x_4，x_9，x_7，x_8，x_6，最优回归子集模型 6 的回归方程为：

$$\hat{y} = -1\,694.627 + 1.364x_1 + 1.768x_2 + 2.289x_3 + 1.742x_5$$

复决定系数 $R^2 = 0.992$，调整的复决定系数 $R_a^2 = 0.990$，全模型的复决定系数 $R^2 = 0.992$，调整的复决定系数 $R_a^2 = 0.989$。

前进法和后退法显然都有明显的不足。前进法可能存在这样的问题，即不能反映引进新自变量后的变化情况。因为某个自变量开始可能是显著的，当引入其他自变量后它就变得不显著了，但是也没有机会将其剔除，即一旦引入，就是"终身制"的。这种只考虑引入而没有考虑剔除的做法显然是不全面的。我们在许多例子中会发现可能最先引入的某个自变量——当其他自变量相继引入后——会变得对因变量 y 很不显著。

后退法的明显不足是，一开始把全部自变量引入回归方程，这样计算量很大。如果有些不太重要的自变量，一开始就不引入，就可减少一些计算量。再就是一旦某个自变量被剔除，它就再也没有机会进入回归方程。

如果说我们的问题涉及的自变量 x_1，x_2，$\cdots$，x_m 是完全独立的（或不相关），那么

在取 $\alpha_{entry} = \alpha_{removal}$ 时，前进法与后退法所建的回归方程是相同的。然而在实际中很难碰到自变量间真正无关的情况，尤其是在经济问题中，我们所研究的绝大部分问题，自变量间都有一定的相关性。这就使得随着回归方程中变量的增加和减少，某些自变量对回归方程的影响也会发生变化。这是因为自变量间的不同组合，由于它们相关的原因，对因变量 y 的影响可能大不一样。如果几个自变量的联合效应对 y 有重要作用，但是单个自变量对 y 的作用都不显著，那么前进法就不能引入这几个自变量，而后退法却可以保留这几个自变量，这是后退法的一个优点。

根据前进法和后退法的思想及方法以及它们的不足，人们比较自然地想构造一种方法，即吸收前进法和后退法的优点，克服它们的不足，把两者结合起来，这就产生了逐步回归法。

三、逐步回归法

逐步回归的基本思想是有进有出。具体做法是将变量一个一个地引入，每引入一个自变量后，对已选入的变量要进行逐个检验，当原引入的变量由于后面变量的引入而变得不再显著时，要将其剔除。引入一个变量或从回归方程中剔除一个变量，为逐步回归的一步，每一步都要进行 F 检验，以确保每次引入新的变量之前回归方程中只包含显著的变量。这个过程反复进行，直到既无显著的自变量选入回归方程，也无不显著的自变量从回归方程中剔除为止。这样就弥补了前进法和后退法各自的缺陷，保证了最后所得的回归子集是最优回归子集。

在逐步回归法中需要注意的一个问题是引入自变量和剔除自变量的显著性水平 α 值是不同的，要求引入自变量的显著性水平 α_{entry} 小于剔除自变量的显著性水平 $\alpha_{removal}$，否则可能产生"死循环"。也就是当 $\alpha_{entry} \geqslant \alpha_{removal}$ 时，如果某个自变量的显著性 P 值在 α_{entry} 与 $\alpha_{removal}$ 之间，那么这个自变量将被引入、剔除，再引入、再剔除，循环往复，以至无穷。

逐步回归的计算过程可以利用 SPSS 软件在计算机上自动完成，我们要求关心应用的读者一定要通过前面的叙述掌握逐步回归方法的思想，这样才能用对用好逐步回归法。

例 5.5

本例为回归分析中经典的 Hald 水泥问题。某种水泥在凝固时放出的热量 y（卡/克，cal/g）与水泥中的四种化学成分的含量（%）有关，这四种化学成分分别是 x_1 铝酸三钙（$3CaO \cdot Al_2O_3$），x_2 硅酸三钙（$3CaO \cdot SiO_2$），x_3 铁铝酸四钙（$4CaO \cdot Al_2O_3 \cdot Fe_2O_3$），$x_4$ 硅酸二钙（$2CaO \cdot SiO_2$）。现观测到 13 组数据，如表 5-3 所示。本例用逐步回归法做变量选择，希望从中选出主要的变量，建立 y 关于四种成分的线性回归方程。

表 5 - 3

x_1	x_2	x_3	x_4	y
7	26	6	60	78.5
1	29	15	52	74.3
11	56	8	20	104.3
11	31	8	47	87.6
7	52	6	33	95.9
11	55	9	22	109.2
3	71	17	6	102.7
1	31	22	44	72.5
2	54	18	22	93.1
21	47	4	26	115.9
1	40	23	34	83.8
11	66	9	12	113.3
10	68	8	12	109.4

取显著性水平 $\alpha_{entry}=0.1$，$\alpha_{removal}=0.15$。首先进入线性回归对话框，将 y 与 x_1，x_2，x_3，x_4 分别选入各自的变量框，然后在 Method 下拉框中选逐步回归法 Stepwise，点击 Options 选项看到默认的显著性水平 $\alpha_{entry}=0.1$，$\alpha_{removal}=0.15$。部分运行结果见输出结果 5.5。

输出结果 5.5

Model Summary

Model	R	R Square	Adjusted R Square	Std. Error of the Estimate
1	.821[a]	.675	.645	8.96390
2	.986[b]	.972	.967	2.73427
3	.991[c]	.982	.976	2.30874
4	.989[d]	.979	.974	2.40634

a. Predictors: (Constant), x4.

b. Predictors: (Constant), x4, x1.

c. Predictors: (Constant), x4, x1, x2.

d. Predictors: (Constant), x1, x2.

ANOVA

	Model	Sum of Squares	df	Mean Square	F	Sig.
1	Regression	1831.896	1	1831.896	22.799	.001
	Residual	883.867	11	80.352		
	Total	2715.763	12			
2	Regression	2641.001	2	1320.500	176.627	.000
	Residual	74.762	10	7.476		
	Total	2715.763	12			
3	Regression	2667.790	3	889.263	166.832	.000
	Residual	47.973	9	5.330		
	Total	2715.763	12			
4	Regression	2657.859	2	1328.929	229.504	.000
	Residual	57. 904	10	5.790		
	Total	2715.763	12			

Coefficients

	Model	Unstandardized Coefficients		Standardized Coefficients	t	Sig.
		B	Std. Error	Beta		
1	(Constant)	117.568	5.262		22.342	.000
	x4	-.738	.155	-.821	-4.775	.001
2	(Constant)	103.097	2.124		48.540	.000
	x4	-.614	.049	-.683	-12.621	.000
	x1	1.440	.138	.563	10.403	.000
3	(Constant)	71.648	14.142		5.066	.001
	x4	-.237	.173	-.263	-1.365	.205
	x1	1.452	.117	.568	12.410	.000
	x2	.416	.186	.430	2.242	.052
4	(Constant)	52.577	2.286		22.998	.000
	x1	1.468	.121	.574	12.105	.000
	x2	.662	.046	.685	14.442	.000

a. Dependent Variable: y

从输出结果 5.5 看到，逐步回归的最优子集为模型 4，回归方程为：

$$\hat{y} = 52.577 + 1.468x_1 + 0.662x_2$$

由回归方程可以看出，对水泥凝固时放出热量有显著影响的是水泥中铝酸三钙和硅酸三钙的含量，回归方程中两个自变量的系数都为正，即水泥中铝酸三钙和硅酸三钙的含量越高，每克水泥凝固时放出的热量越多。具体地说，在 x_2 含量保持不变时，x_1 含量每增加一个百分点，每克水泥凝固时放出的热量平均增多 1.468cal；在 x_1 含量保持不变时，x_2 含量每增加一个百分点，每克水泥凝固时放出的热量平均增多 0.662cal。

同时，在输出结果 5.5 中可以看到逐步回归的选元过程。本例逐步回归的选元过程为第一步引入 x_4，第二步引入 x_1，第三步引入 x_2，第四步剔除 x_4。从本例逐步回归的选元过程可以看出逐步回归方法有进有出的思想，在第一步引入的自变量 x_4，在第四步又被剔除了。这种有进有出的结果说明变量之间有相关性，如果自变量之间是完全不相关的，那么引入的自变量就不会被剔除，而剔除的自变量也就不会再次被引入，这时逐步回归方法与前进法是相同的。在实际问题中，自变量之间通常存在相关性，当相关性程度严重时称为多重共线性。自变量之间的多重共线性会对回归产生极大的影响，第 6 章将详细讨论多重共线性问题。

5.4　本章小结与评注

一、逐步回归实例分析

为了使读者系统掌握逐步回归的思想及其应用，再举一个对现实社会生活中的问题用逐步回归方法建模的例子。

 例5.6

近些年，空气污染问题成为我们生活中的一个重要话题，空气质量指数（air quality index，AQI）和 PM2.5 也成为大家熟知的指标。那么 AQI 和 PM2.5 是什么关系，两者是否完全一致？表 5-4 列出了北京市 2017 年 1 月至 2018 年 5 月的空气质量指数 AQI 和空气中 6 种污染物浓度（$\mu g/m^3$）的月平均数据。从数据可以看出，AQI 并不直接等同于 PM2.5 浓度，实际上，AQI 的数值是根据这 6 种污染物浓度按照一定的方法计算的。本例不探讨专业的计算方法，而用统计学的回归分析方法，建立 AQI 对 6 种污染物浓度的逐步回归方程，探讨 AQI 与这 6 种污染物浓度的关系，结果见输出结果 5.6。

表 5-4　　　　　　　　　　　　　AQI 和 6 种污染物浓度的月平均数据

时间	AQI（%）	PM2.5（$\mu g/m^3$）	PM10（$\mu g/m^3$）	SO$_2$（$\mu g/m^3$）	CO（mg/m^3）	NO$_2$（$\mu g/m^3$）	O$_3$（$\mu g/m^3$）
2017 年 1 月	147	114	146	18	2.158	64	41
2017 年 2 月	101	70	85	18	1.282	53	65

续前表

时间	AQI (%)	PM2.5 ($\mu g/m^3$)	PM10 ($\mu g/m^3$)	SO$_2$ ($\mu g/m^3$)	CO (mg/m^3)	NO$_2$ ($\mu g/m^3$)	O$_3$ ($\mu g/m^3$)
2017 年 3 月	95	63	89	11	0.861	49	85
2017 年 4 月	89	53	108	7	0.667	48	100
2017 年 5 月	135	59	137	7	0.642	36	159
2017 年 6 月	123	42	78	6	0.730	38	181
2017 年 7 月	116	52	77	3	0.839	34	170
2017 年 8 月	84	38	58	3	0.758	35	128
2017 年 9 月	97	57	98	4	0.880	49	120
2017 年 10 月	84	57	67	3	0.874	45	46
2017 年 11 月	75	45	73	5	0.860	49	45
2017 年 12 月	76	44	66	8	0.984	49	42
2018 年 1 月	66	34	64	8	0.832	42	52
2018 年 2 月	81	50	74	10	0.857	34	76
2018 年 3 月	135	90	130	10	1.087	58	88
2018 年 4 月	106	64	119	7	0.747	41	126
2018 年 5 月	116	56	118	5	0.703	39	146

输出结果 5.6

相关系数阵

	AQI	PM2.5	PM10	SO2	CO	NO2	O3
AQI	1.000	0.717	0.806	0.313	0.407	0.241	0.444
PM2.5	0.717	1.000	0.764	0.673	0.800	0.735	−0.231
PM10	0.806	0.764	1.000	0.378	0.362	0.404	0.184
SO2	0.313	0.673	0.378	1.000	0.758	0.641	−0.457
CO	0.407	0.800	0.362	0.758	1.000	0.750	−0.506
NO2	0.241	0.735	0.404	0.641	0.750	1.000	−0.625
O3	0.444	−0.231	0.184	−0.457	−0.506	−0.625	1.000

Model Summary

Model	R	R Square	Adjusted R Square	Std. Error of the Estimate
1	.806[a]	.650	.627	14.558
2	.860[b]	.740	.703	12.976
3	.954[c]	.909	.888	7.961
4	.952[d]	.907	.893	7.777

a. Predictors: (Constant), PM10

b. Predictors: (Constant), PM10, O3

c. Predictors: (Constant), PM10, O3, PM2.5

d. Predictors: (Constant), O3, PM2.5

Coefficients

Model		Unstandardized Coefficients		Standardized Coefficients	t	Sig.
		B	Std. Error	Beta		
1	(Constant)	37.264	12.679		2.939	.010
	PM10	.688	.130	.806	5.277	.000
2	(Constant)	26.679	12.274		2.174	.047
	PM10	.640	.118	.750	5.413	.000
	O3	.153	.069	.306	2.209	.044
3	(Constant)	8.326	8.404		.991	.340
	PM10	.081	.135	.095	.599	.559
	O3	.305	.053	.608	5.799	.000
	PM2.5	.958	.195	.785	4.919	.000
4	(Constant)	8.377	8.210		1.020	.325
	O3	.323	.042	.644	7.679	.000
	PM2.5	1.057	.102	.866	10.322	.000

　　和例 5.5 相似，本例的逐步回归过程再一次体现了逐步回归有进有出的思想。下面根据回归方程和相关系数阵，将定性分析与定量分析相结合，分析 AQI 对 6 种污染物的逐步回归过程。

　　从相关系数阵可以看到，AQI 和 PM10，PM2.5 这两种污染物的相关性最强，相关系数分别是 0.806，0.717，这与我们的经验认知是一致的。AQI 和臭氧 O_3，CO 的相关系数分别是 0.444，0.407，相关程度在 6 种污染物中居中。AQI 和 SO_2，NO_2 的相关性最弱，相关系数分别是 0.313，0.241。

　　逐步回归第一步首先引入和 AQI 相关性最强的自变量 PM10，并且其浓度也略高于 PM2.5，是北京地区的首要污染物。

　　第二步引入的是和 AQI 相关性居于第 3 位的臭氧，而不是居于第二位的 PM2.5，这是由于 PM2.5 和 PM10 的相关系数高达 0.764，对因变量 AQI 的贡献是有重叠的，所以没有选入。而臭氧 O_3 和 AQI 相关系数的 0.444 居于第 3 位，并且和 PM10 的相关系数只有 0.184，对 AQI 的贡献基本没有重叠，所以在第二步引入。

　　第三步引入的是和 AQI 相关性居于第 2 位的 PM2.5，这也是我们所预期的。

　　第四步把最初引入的自变量 PM10 剔除了，得到最终只含有 PM2.5 和 O_3 两个自变量的回归方程 $AQI = 8.377 + 1.057 \times PM2.5 + 0.323 \times O_3$。如前所述，PM2.5 和 PM10 的相关系数高达 0.764，对因变量 AQI 的贡献是有重叠的。所以引入 PM2.5 后，PM10 被剔除是可以理解的。再仔细观察变量间的相关系数，发现 PM2.5 和另外三个自变量 SO_2，CO，NO_2 的相关系数分别是 0.673，0.800，0.735，都是中高度相关，于是 PM2.5 可以在一定程度上反映这三个变量的变动。而 PM10 和另外三个自变量 SO_2，CO，NO_2 的相关系数分别是 0.378，0.362，0.404，都是低度相关，不能有效地反映这三个变量的变动。所以最终 PM2.5 取代了 PM10，也就可以理解了。从相关的专业知识可以知道，相同质量浓度的 PM2.5 比 PM10 对人体健康的危害更大。由于 PM2.5 粒径小，更容易被吸入呼吸道深部。相同质量浓度的 PM2.5 比 PM10 表面积更大，吸附能力更强。从这方面说，回归方程最终保留 PM2.5 剔除 PM10，也是我们乐于见到的。

最终回归方程中的另一个自变量臭氧 O_3，也是我们日常生活中耳熟能详的。提起臭氧，人们首先想到的可能是臭氧消毒机能给厨具消毒，还会想到雨后含有臭氧的湿润空气的清新气味，于是认为臭氧是有益的物质。其实臭氧也是把双刃剑，低浓度的臭氧可消毒，并且味道清新。但浓度超标的臭氧则会产生臭味，并且危害人体健康，包括：强烈刺激呼吸道，造成咽喉肿痛、胸闷咳嗽，引发支气管炎和肺气肿；麻痹神经系统，造成神经中毒，头晕头痛，视力下降，记忆力衰退；对皮肤中的维生素 E 起到破坏作用，致使人的皮肤起皱、出现黑斑等。因此臭氧的危害也要引起我们的高度重视。

本例是运用逐步回归方法分析实际问题的一个典型例子。从这个例子可以看到，逐步回归不仅仅是得到一个最终的回归方程，其逐步回归的过程也展示了变量间相互关联的丰富信息。不只是引入回归方程中的变量，也包括从方程中剔除的变量，甚至是一直在回归方程外的变量，都在逐步回归的过程中体现自己的存在感。由此看出，逐步回归法是一种简便实用的选元方法。

二、评注

从本章 5.1 节讨论的自变量选择对参数估计和预测的影响来看，自变量的选择是回归分析建模中的一个非常重要的基本问题。在对一个实际经济问题建立回归模型时，我们首先根据经济理论和采集样本数据的条件限制，来定性地确定一些对所研究的经济现象有重要影响的因素，这些因素就是所谓的自变量。由于人们认识事物的水平的局限，从事物的表面很难分清哪些自变量对因变量有重要影响，哪些自变量间存在密切的相关性。人们通常认为研究某个经济现象的回归问题，考虑得越细致越周到肯定越好，自然就会罗列出很多自变量。通过分析自变量选择对参数估计和预测的影响，我们得到的重要结论是，回归方程并非自变量越多越好，一些对因变量影响不大的自变量进入回归方程后，反而会使参数估计的稳定性变差，预测误差的方差增大。因此，回归模型中应该保留对因变量影响最显著的变量，即对自变量的要求是少而精。

由于变量之间的相关性，自变量间不同的组合对因变量 y 的影响是不一样的，到底哪些自变量子集对应的回归方程是最优的方程，这要根据我们介绍的几个衡量准则在所有自变量子集中挑选。当所研究的问题有 m 个自变量时，就有 $2^m - 1$ 个自变量子集，每个自变量子集对应一个回归方程，这个回归方程称为回归子集。挑选最优的回归方程就是选择最优自变量子集。这里的最优实际上是指一个相对好的回归方程，没有绝对的最优。我们所选的最优回归方程也是根据研究问题的性质和目的，用不同的准则来衡量的结果。同一个回归子集在不同的准则衡量下结果可能是不一样的。

选择哪一个回归子集，用哪一个衡量准则，要根据我们研究问题的目的来决定。回归模型常用的三个方面是：结构分析、预测、控制。如果我们想通过回归模型去研究经济变量之间的相互联系，即做结构分析，则在选元时可考虑适当放宽选元标准，让回归方程保留较多的自变量，但这时需注意回归系数的正负号，看它们是否符合经济意义。如果我们希望回归方程简单明了，易于理解，则应采用较严的选元标准。比如在逐步回归选元中，

给显著性水平 α_{entry} 赋一个较小的值，就可使得回归方程中保留较少最重要、最能说明问题的自变量。如果我们建立回归方程的目的是用于控制，就应采用能使回归参数的估计标准误差值尽可能小的准则。如果建立回归方程的目的是用于预测，就应考虑使得预测值的均方误差尽量小的准则，如 C_p 准则。

一般来说，一个好的回归方程往往在几个准则衡量下都较优，如例 5.1 中 y 关于 x_1，x_3 的回归方程，y 关于 x_1，x_2，x_3 的回归方程，它们分别用 R_a^2，AIC，C_p 准则衡量，从表 5-2 中看到这些指标相对较好，说明 y 关于 x_1，x_2，x_3 的方程是最优的，y 关于 x_1，x_3 的回归方程是次优的。

当所研究的问题涉及的自变量较多时，即使针对某一给定的用途，根据某种准则也往往会发现自变量子集有几组几乎同样好，这时就要附加其他信息。整个选择过程应该注重实效，并要进行大量的主观判断。有学者认为统计学是研究、分析数据的艺术。实际上是说，我们不应过于依赖什么准则，不应单纯地机械搬用，而要注意运用的技巧，综合各方面信息，选择最优回归模型。

还需说明的是，由所选择的自变量子集并不能完全决定要使用的模型，还必须做其他的判定，如自变量是不是线性的，是否要用变换的形式或者是否要用二次项，以及模型是否应该包含交互作用项等。比如有三个基本变量 x_1，x_2，x_3，还可考虑 $x_4 = x_1 x_3$，$x_5 = x_2^2$，$x_6 = \ln x_2$ 等，这些问题将在第 9 章"非线性回归"中进一步讨论。本章所介绍的选元方法假定研究人员已考虑好了回归关系的函数形式，自变量或者因变量是否要首先进行变换，以及是否要包括交互作用项。这些工作都可看作数据的预处理，如上面的 $x_4 = x_1 x_3$，$x_5 = x_2^2$，$x_6 = \ln x_2$ 等。在上述前提下，使用选元方法，以达到寻求最优回归方程的目的。

对 p 个自变量的线性回归问题，所有可能的回归方程有 $2^p - 1$ 个，从 $2^p - 1$ 个回归方程中如何选择某种准则意义上的最优回归方程，计算方法是十分重要的。20 世纪 60 年代，一些统计学家提出的一些算法基本上只能处理含 $10 \sim 12$ 个自变量的回归问题。而弗尼尔（Furnial）和威尔逊（Wilson）提出的算法较完美地达到了节省计算量、存储量以及减少计算误差的目的，它可以计算含 30 多个自变量的所有可能的子集回归，而所需的计算时间与逐步回归大体相当（参见参考文献 [2]）。弗尼尔和威尔逊的方法尽管设计得很巧妙，但对于自变量多于 30 个的大型回归问题，其计算量仍然很大。逐步回归目前被认为是研究多个自变量建模较为理想的方法，其应用已非常普遍。

在第 3 章中我们曾强调在建立一个实际问题的回归方程时，样本量的个数 n 一定要大于自变量的个数 p，即 $n > p$，如果不满足这一条件，则无法运用普通最小二乘估计，F 检验、t 检验也无法进行。然而，逐步回归是每次只引入或剔除一个自变量，所以对 $n < p$ 的情形也可进行回归子集的选择。参考文献 [1] 的第 12 章有一个研究我国国债的例子，涉及 18 个自变量，而我国国债的发行时间不长，只收集了 10 年的样本数据，即 $n = 10$，$p = 18$，$n < p$。在这种情形下无法使用普通最小二乘估计，但用逐步回归选择了一个含 4 个自变量的回归模型，用各种准则衡量都不错，它的平均残差平方和比主成分回归还要好，预测效果也较为理想，这是逐步回归优良的又一个例证。

思考与练习

5.1 自变量选择对回归参数的估计有何影响？

5.2 自变量选择对回归预测有何影响？

5.3 如果所建模型主要用于预测，应该用哪个准则来衡量回归方程的优劣？

5.4 试述前进法的思想、方法。

5.5 试述后退法的思想、方法。

5.6 前进法、后退法各有哪些优缺点？

5.7 试述逐步回归法的思想、方法。

5.8 在运用逐步回归法时，α_{entry} 与 $\alpha_{removal}$ 的赋值原则是什么？如果希望回归方程中多保留一些自变量，α_{entry} 应如何赋值？

5.9 在研究国家财政收入时，我们把财政收入按收入形式分为：各项税收收入、企业收入、债务收入、国家能源交通重点建设基金收入、基本建设贷款归还收入、国家预算调节基金收入、其他收入等。为了建立国家财政收入回归模型，我们以财政收入 y（亿元）为因变量，自变量如下：x_1 为农业增加值（亿元）；x_2 为工业增加值（亿元）；x_3 为建筑业增加值（亿元）；x_4 为人口数（万人）；x_5 为社会消费总额（亿元）；x_6 为受灾面积（万公顷）。从《中国统计年鉴》获得 1978—1998 年共 21 个年份的统计数据，如表 5-5 所示。由定性分析知，所选自变量都与因变量 y 有较强的相关性，分别用后退法和逐步回归法做自变量选元。

表 5-5

年份	农业增加值 x_1	工业增加值 x_2	建筑业增加值 x_3	人口数 x_4	社会消费总额 x_5	受灾面积 x_6	财政收入 y
1978	1 018.4	1 607.0	138.2	96 259	2 239.1	50 760	1 132.3
1979	1 258.9	1 769.7	143.8	97 542	2 619.4	39 370	1 146.4
1980	1 359.4	1 996.5	195.5	98 705	2 976.1	44 530	1 159.9
1981	1 545.6	2 048.4	207.1	100 072	3 309.1	39 790	1 175.8
1982	1 761.6	2 162.3	220.7	101 654	3 637.9	33 130	1 212.3
1983	1 960.8	2 375.6	270.6	103 008	4 020.5	34 710	1 367.0
1984	2 295.5	2 789.0	316.7	104 357	4 694.5	31 890	1 642.9
1985	2 541.6	3 448.7	417.9	105 851	5 773.0	44 370	2 004.8
1986	2 763.9	3 967.0	525.7	107 507	6 542.0	47 140	2 122.0
1987	3 204.3	4 585.8	665.8	109 300	7 451.2	42 090	2 199.4
1988	3 831.0	5 777.2	810.0	111 026	9 360.1	50 870	2 357.2
1989	4 228.0	6 484.0	794.0	112 704	10 556.5	46 990	2 664.9
1990	5 017.0	6 858.0	859.4	114 333	11 365.2	38 470	2 937.1
1991	5 288.6	8 087.1	1 015.1	115 823	13 145.9	55 470	3 149.5
1992	5 800.0	10 284.5	1 415.0	117 171	15 952.1	51 330	3 483.4
1993	6 882.1	14 143.8	2 284.7	118 517	20 182.1	48 830	4 349.0

续前表

年份	农业增加值 x_1	工业增加值 x_2	建筑业增加值 x_3	人口数 x_4	社会消费总额 x_5	受灾面积 x_6	财政收入 y
1994	9 457.2	19 359.6	3 012.6	119 850	26 796.0	55 040	5 218.1
1995	11 993.0	24 718.3	3 819.6	121 121	33 635.0	45 821	6 242.2
1996	13 844.2	29 082.6	4 530.5	122 389	40 003.9	46 989	7 408.0
1997	14 211.2	32 412.1	4 810.6	123 626	43 579.4	53 429	8 651.1
1998	14 599.6	33 429.8	5 262.0	124 810	46 405.9	50 145	9 876.0

5.10　表 5-6 的数据是 1968—1983 年间美国与电话线制造有关的数据，各变量的含义如下：

x_1——年份；

x_2——国民生产总值（单位：10 亿美元）；

x_3——新房动工数（单位：1 000 栋）；

x_4——失业率（%）；

x_5——滞后 6 个月的最惠利率（%）；

x_6——用户用线增量（%）；

y——年电话线销售量（百万尺双线）。

（1）建立 y 对 $x_2 \sim x_6$ 的线性回归方程。

（2）用后退法选择自变量。

（3）用逐步回归法选择自变量。

（4）根据以上计算结果分析后退法与逐步回归法的差异。

表 5-6

x_1	x_2	x_3	x_4	x_5	x_6	y
1968	1 051.8	1 503.6	3.6	5.8	5.9	5 873
1969	1 078.8	1 486.7	3.5	6.7	4.5	7 852
1970	1 075.3	1 434.8	5.0	8.4	4.2	8 189
1971	1 107.5	2 035.6	6.0	6.2	4.2	7 494
1972	1 171.1	2 360.8	5.6	5.4	4.9	8 534
1973	1 235.0	2 043.9	4.9	5.9	5.0	8 688
1974	1 217.8	1 331.9	5.6	9.4	4.1	7 270
1975	1 202.3	1 160.0	8.5	9.4	3.4	5 020
1976	1 271.0	1 535.0	7.7	7.2	4.2	6 035
1977	1 332.7	1 961.8	7.0	6.6	4.5	7 425
1978	1 399.2	2 009.3	6.0	7.6	3.9	9 400
1979	1 431.6	1 721.9	6.0	10.6	4.4	9 350
1980	1 480.7	1 290.8	7.2	14.9	3.9	6 540
1981	1 510.3	1 100.0	7.6	16.6	3.1	7 675
1982	1 492.2	1 039.0	9.2	17.5	0.6	7 419
1983	1 535.4	1 200.0	8.8	16.0	1.5	7 923

第**6**章
多重共线性的情形及其处理

多元线性回归模型有一个基本假设，就是要求设计矩阵 X 的秩 $\mathrm{rank}(X)=p+1$，即要求 X 中的列向量之间线性无关。如果存在不全为零的 $p+1$ 个数 c_0，c_1，c_2，$\cdots$，c_p，使得

$$c_0+c_1x_{i1}+c_2x_{i2}+\cdots+c_px_{ip}=0, \quad i=1,2,\cdots,n \tag{6.1}$$

则自变量 x_1，x_2，$\cdots$，x_p 之间存在完全多重共线性。在实际问题中，完全的多重共线性并不多见，常见的是式（6.1）近似成立的情况，即存在不全为零的 $p+1$ 个数 c_0，c_1，c_2，$\cdots$，c_p，使得

$$c_0+c_1x_{i1}+c_2x_{i2}+\cdots+c_px_{ip}\approx0, \quad i=1,2,\cdots,n \tag{6.2}$$

当自变量 x_1，x_2，$\cdots$，x_p 存在式（6.2）所示的关系时，称自变量 x_1，x_2，$\cdots$，x_p 之间存在多重共线性（multi-collinearity），也称为复共线性。在实际经济问题的多元回归分析中，多重共线性的情形很多。如何诊断变量间的多重共线性，多重共线性会给多元线性回归分析带来什么影响，如何克服多重共线性的影响，这些问题就是我们在本章要讨论的主要内容。

6.1 多重共线性产生的背景和原因

解释变量之间完全不相关的情形是非常少见的，尤其是研究某个经济问题时，涉及的自变量较多，我们很难找到一组自变量，它们之间互不相关，而且它们又都对因变量有显著影响。客观地说，当某一经济现象涉及多个影响因素时，这些影响因素之间大多有一定

的相关性。当它们之间的相关性较弱时,我们一般就认为符合多元线性回归模型设计矩阵的要求;当这一组变量间有较强的相关性时,就认为是一种违背多元线性回归模型基本假设的情形。

当所研究的经济问题涉及时间序列资料时,由于经济变量往往随时间存在共同的变化趋势,它们之间容易出现共线性。例如,我国近年来的经济增长态势很好,经济增长对各种经济现象都产生影响,使得多种经济指标相互密切关联。比如要研究我国居民消费状况,影响居民消费的因素很多,一般有职工平均工资、农民平均收入、银行利率、全国零售物价指数、国债利率、货币发行量、储蓄额、前期消费额等,这些因素显然既对居民消费产生重要影响,彼此之间又有很强的相关性。

对于许多利用横截面数据建立回归方程的问题,常常也存在自变量高度相关的情形。例如,以企业的横截面数据为样本估计生产函数,由于投入要素资本 K、劳动力投入 L、科技投入 S、能源供应 E 等都与企业的生产规模有关,所以它们之间存在较强的相关性。

又如,有人在建立某地区粮食产量的回归模型时,以粮食产量为因变量 y,以化肥用量 x_1,水浇地面积 x_2,农业资金投入 x_3 等作为自变量。从表面上我们看到 x_1,x_2,x_3 都是影响粮食产量 y 的重要因素,可是建立的 y 关于 x_1,x_2,x_3 的回归方程效果很差,原因是什么?后来发现尽管所选自变量 x_1,x_2,x_3 都是影响因变量 y 的重要因素,但是农业资金投入 x_3 与化肥用量 x_1、水浇地面积 x_2 有很强的相关性,农业资金投入主要用于购买化肥和开发水利,也就是说,资金投入的效应已被化肥用量和水浇地面积体现出来。进一步计算 x_3 分别与 x_1,x_2 的简单相关系数,得 $r_{13}=0.98$,$r_{23}=0.99$,呈现高度相关。剔除 x_3 后重新建立回归模型,结果无论从预测还是结构分析来看都十分理想。

在研究社会经济问题时,鉴于问题本身的复杂性,涉及的因素往往很多。在建立回归模型时,由于研究者认识水平的局限性,很难在众多因素中找到一组互不相关又对因变量 y 有显著影响的变量,不可避免地会出现所选自变量相关的情形。当自变量之间有较强的相关性时,会给回归模型的参数估计带来什么样的后果,这就是下面我们要讨论的问题。

6.2   多重共线性对回归模型的影响

设回归模型

$$y = \beta_0 + \beta_1 x_1 + \beta_2 x_2 + \cdots + \beta_p x_p + \varepsilon$$

存在完全的多重共线性,即对设计矩阵 $\boldsymbol{X}$ 的列向量存在不全为零的一组数 c_0,c_1,c_2,$\cdots$,c_p,使得

$$c_0 + c_1 x_{i1} + c_2 x_{i2} + \cdots + c_p x_{ip} = 0, \quad i = 1, 2, \cdots, n$$

设计矩阵 $\boldsymbol{X}$ 的秩 $\mathrm{rank}(\boldsymbol{X}) < p+1$,此时 $|\boldsymbol{X}'\boldsymbol{X}| = 0$,正规方程组 $\boldsymbol{X}'\boldsymbol{X}\hat{\boldsymbol{\beta}} = \boldsymbol{X}'\boldsymbol{y}$ 的解不唯一,$(\boldsymbol{X}'\boldsymbol{X})^{-1}$ 不存在,回归参数的最小二乘估计表达式 $\hat{\boldsymbol{\beta}} = (\boldsymbol{X}'\boldsymbol{X})^{-1}\boldsymbol{X}'\boldsymbol{y}$ 不成立。

在实际问题的研究中，经常见到的是近似共线性的情形，即存在不全为零的一组数 c_0，c_1，c_2，$\cdots$，c_p，使得

$$c_0 + c_1 x_{i1} + c_2 x_{i2} + \cdots + c_p x_{ip} \approx 0, \quad i = 1, 2, \cdots, n$$

此时设计矩阵 $\boldsymbol{X}$ 的秩 $\mathrm{rank}(\boldsymbol{X}) = p+1$ 虽然成立，但是 $|\boldsymbol{X}'\boldsymbol{X}| \approx 0$，$(\boldsymbol{X}'\boldsymbol{X})^{-1}$ 的对角线元素很大，$\hat{\boldsymbol{\beta}}$ 的方差阵 $D(\hat{\boldsymbol{\beta}}) = \sigma^2 (\boldsymbol{X}'\boldsymbol{X})^{-1}$ 的对角线元素很大，而 $D(\hat{\boldsymbol{\beta}})$ 的对角线元素即 $\mathrm{var}(\hat{\beta}_0)$，$\mathrm{var}(\hat{\beta}_1)$，$\cdots$，$\mathrm{var}(\hat{\beta}_p)$，因而 β_0，β_1，$\cdots$，β_p 的估计精度很低。这样，虽然用普通最小二乘估计能得到 $\boldsymbol{\beta}$ 的无偏估计，但估计量 $\hat{\boldsymbol{\beta}}$ 的方差很大，不能正确判断解释变量对被解释变量的影响程度，甚至导致估计量的经济意义无法解释。这样的情况在进行实际问题的回归分析时会经常碰到。

从下面对二元回归的简单例子的讨论中，能够看到当自变量间的相关性从小到大增加时，估计量的方差增大得很快。

做 y 对两个自变量 x_1，x_2 的线性回归，假定 y 与 x_1，x_2 都已经中心化，此时回归常数项为零，回归方程为：

$$\hat{y} = \hat{\beta}_1 x_1 + \hat{\beta}_2 x_2$$

记 $L_{11} = \sum_{i=1}^{n} x_{i1}^2$，$L_{12} = \sum_{i=1}^{n} x_{i1} x_{i2}$，$L_{22} = \sum_{i=1}^{n} x_{i2}^2$，则 x_1 与 x_2 之间的相关系数为：

$$r_{12} = \frac{L_{12}}{\sqrt{L_{11} L_{22}}}$$

$\hat{\boldsymbol{\beta}} = (\hat{\beta}_1, \hat{\beta}_2)'$ 的协方差阵为：

$$\mathrm{cov}(\hat{\boldsymbol{\beta}}) = \sigma^2 (\boldsymbol{X}'\boldsymbol{X})^{-1}$$

$$\boldsymbol{X}'\boldsymbol{X} = \begin{bmatrix} L_{11} & L_{12} \\ L_{12} & L_{22} \end{bmatrix}$$

$$\begin{aligned}
(\boldsymbol{X}'\boldsymbol{X})^{-1} &= \frac{1}{|\boldsymbol{X}'\boldsymbol{X}|} \begin{bmatrix} L_{22} & -L_{12} \\ -L_{12} & L_{11} \end{bmatrix} \\
&= \frac{1}{L_{11} L_{22} - L_{12}^2} \begin{bmatrix} L_{22} & -L_{12} \\ -L_{12} & L_{11} \end{bmatrix} \\
&= \frac{1}{L_{11} L_{22} (1 - r_{12}^2)} \begin{bmatrix} L_{22} & -L_{12} \\ -L_{12} & L_{11} \end{bmatrix}
\end{aligned}$$

由此可得

$$\mathrm{var}(\hat{\beta}_1) = \frac{\sigma^2}{(1 - r_{12}^2) L_{11}} \tag{6.3}$$

$$\mathrm{var}(\hat{\beta}_2) = \frac{\sigma^2}{(1 - r_{12}^2) L_{22}} \tag{6.4}$$

可知，随着自变量 x_1 与 x_2 的相关性增强，$\hat{\beta}_1$ 和 $\hat{\beta}_2$ 的方差将逐渐增大。当 x_1 与

x_2 完全相关时，$r=1$，方差将变为无穷大。

当给定不同的 r_{12} 值时，我们由表 6-1 可看出方差增大的速度。为了方便，我们假设 $\sigma^2/L_{11}=1$，相关系数从 0.50 变为 0.90 时，回归系数的方差增加了 295%；相关系数从 0.50 变为 0.95 时，回归系数的方差增加了 671%。回归自变量 x_1 与 x_2 的相关程度越高，多重共线性越严重，回归系数的估计值方差就越大，回归系数的置信区间就变得很宽，估计的精确性大幅降低，使估计值稳定性变得很差，进一步致使在回归方程整体高度显著时，一些回归系数通不过显著性检验，回归系数的正负号也可能出现倒置，使回归方程无法得到合理的经济解释，直接影响到最小二乘法的应用效果，降低回归方程的应用价值。

表 6-1

r_{12}	0.20	0.50	0.70	0.80	0.90	0.95	0.99	1.00
$\mathrm{var}(\hat{\beta}_1)$	1.04	1.33	1.96	2.78	5.26	10.26	50.25	∞

在第 3 章例 3.3 中，我们建立的中国民航客运量回归方程为：

$$\hat{y}=-5\,322.037+0.025x_1-0.210x_2-0.004x_3+0.103x_4+5.156x_5$$

式中，y 为民航客运量（万人）；x_1 为国民收入（亿元）；x_2 为民用汽车拥有量（万辆）；x_3 为铁路客运量（万人）；x_4 为民航航线里程（万公里）；x_5 为来华旅游入境人数（万人）。5 个自变量与 y 都是高度正相关，但是 t 检验的效果并不好，并且 x_2，x_3 的回归系数是负值，从专业背景和简单相关系数看，这两个回归系数更应该是正值。问题出在哪里？这正是自变量之间的共线性造成的。

由上述实际例子我们看到，当自变量之间存在多重共线性时，利用 OLSE 得到的回归参数估计值很不稳定，回归系数的方差随着复共线性强度的增加而加速增长，会造成回归方程高度显著的情况下，有些与因变量高度相关的自变量回归系数通不过显著性检验，甚至出现回归系数的正负号得不到合理解释的情况，变量间的经济结构关系产生了扭曲。但是需要说明的是，多重共线性并不影响数据的拟合效果，民航客运量数据虽然有多重共线性，但是回归整体的拟合效果仍然很好，其决定系数 $R^2=0.996$，很大。

以上分析表明，如果利用模型去做经济结构分析，要尽可能避免多重共线性。如果利用模型去做经济预测，只要保证自变量的相关关系在预测期保持不变，即做预测的自变量取值仍具有当初建模时数据的多重共线性关系，这时尽管回归模型存在严重的多重共线性，也可以得到好的预测结果。如果不能保证自变量的相关关系在预测期保持不变，那么多重共线性就会对回归预测产生严重的影响，造成预测结果失真。

6.3 多重共线性的诊断

从前面的例子我们已能大致体会到诊断变量间多重共线性的思想。一般情况下，当回归方程的解释变量之间存在很强的线性关系，回归方程的检验高度显著时，有些与因变量 y 的简单相关系数绝对值很大的自变量，其回归系数不能通过显著性检验，甚至有的回归系数所带符号与实际经济意义不符，这时我们就认为变量间存在多重共线性。近年来，关于多重共线性的诊断及多重共线性严重程度的度量是统计学家讨论的热点，他们已经提出了许多可行的判断方法，下面我们只介绍几种主要方法。

一、方差扩大因子法

对自变量做中心标准化，则 $\boldsymbol{X}^{*\prime}\boldsymbol{X}^{*}=(r_{ij})$ 为自变量的相关阵。记

$$\boldsymbol{C}=(c_{ij})=(\boldsymbol{X}^{*\prime}\boldsymbol{X}^{*})^{-1} \tag{6.5}$$

称其主对角线元素 $\mathrm{VIF}_j=c_{jj}$ 为自变量 x_j 的方差扩大因子（variance inflation factor，VIF）。根据式（3.31）可知

$$\mathrm{var}(\hat{\beta}_j)=c_{jj}\sigma^2/L_{jj}, \quad j=1,2,\cdots,p \tag{6.6}$$

式中，L_{jj} 为 x_j 的离差平方和。由式（6.6）可知，用 c_{jj} 作为衡量自变量 x_j 的方差扩大程度的因子是恰如其分的。记 R_j^2 为自变量 x_j 对其余 $p-1$ 个自变量的复决定系数，可以证明

$$c_{jj}=\frac{1}{1-R_j^2} \tag{6.7}$$

式（6.7）也可以作为方差扩大因子 VIF_j 的定义，由此式可知 $\mathrm{VIF}_j \geqslant 1$。式（6.7）的证明参见参考文献 [7]。

R_j^2 度量了自变量 x_j 与其余 $p-1$ 个自变量的线性相关程度，这种相关程度越强，说明自变量之间的多重共线性越严重，R_j^2 越接近 1，VIF_j 就越大。反之，x_j 与其余 $p-1$ 个自变量的线性相关程度越弱，自变量间的多重共线性就越弱，R_j^2 就越接近零，VIF_j 就越接近 1。由此可见，VIF_j 的大小反映了自变量之间是否存在多重共线性，因此可由它来度量多重共线性的严重程度。经验表明，当 $\mathrm{VIF}_j \geqslant 10$ 时，就说明自变量 x_j 与其余自变量之间有严重的多重共线性，且这种多重共线性可能会过度地影响最小二乘估计值。

也可以用 p 个自变量所对应的方差扩大因子的平均数来度量多重共线性。当

$$\overline{\mathrm{VIF}}=\frac{1}{p}\sum_{j=1}^{p}\mathrm{VIF}_j \tag{6.8}$$

远远大于 1 时，就表示存在严重的多重共线性问题。

对于只含两个解释变量 x_1 和 x_2 的回归方程，判断它们是否存在多重共线性，实际上就是计算 x_1 和 x_2 的样本决定系数 R_{12}^2，如果 R_{12}^2 很大，则认为 x_1 与 x_2 可能存在严重的多重共线性。为什么我们只说可能存在严重的多重共线性而没有下定论呢？这是因为 R^2 和样本量 n 有关，当样本量较小时，R^2 容易接近 1，就像我们曾说的，$n=2$ 时，两点总能连成一条直线，$R^2=1$。所以我们认为当样本量还不算小，而 R^2 接近 1 时，可以肯定存在严重的多重共线性。

当某自变量 x_j 对其余 $p-1$ 个自变量的复决定系数 R_j^2 超过一定界限时，SPSS 软件将拒绝这个自变量 x_j 进入回归模型。称 $\mathrm{Tol}_j = 1 - R_j^2$ 为自变量 x_j 的容忍度（tolerance），SPSS 软件的默认容忍度为 0.0001。也就是说，当 $R_j^2 > 0.9999$ 时，自变量 x_j 将被自动拒绝在回归方程之外，除非我们修改容忍度的默认值。

以下用 SPSS 软件诊断例 3.3 中国民航客运量一例中的多重共线性问题。在线性回归对话框的 Statistics 选项框中点选 Collinearity diagnostics 共线性诊断选项，然后做回归，得输出结果 6.1。其中 5 个变量的方差扩大因子都大于 100，远远超过 10，其中 x_2，x_5 的方差扩大因子分别为 $\mathrm{VIF}_2 = 462.804$，$\mathrm{VIF}_5 = 484.019$，说明民航客运量回归方程存在严重的多重共线性。

输出结果 6.1

Coefficients

	Unstandardized Coefficients		Standardized Coefficients			Collinearity Statistics	
	B	Std. Error	Beta	t	Sig.	Tolerance	VIF
(Constant)	-5 322.037	4 299.928		-1.238	.236		
X1	.025	.013	.405	1.917	.076	.007	153.535
x2	-.210	.913	-.084	-.230	.821	.002	462.804
X3	-.004	.003	-.208	-1.188	.254	.010	105.117
X4	.103	.052	.428	1.992	.066	.006	158.884
X5	5.156	4.246	.455	1.214	.245	.002	484.019

当一个回归方程存在严重的多重共线性时，会有若干个自变量所对应的方差扩大因子较大，这个回归方程多重共线性的存在就是由这几个方差扩大因子较大的变量引起的，说明这几个自变量间存在一定的多重共线性。一般情况下，有方差扩大因子大于 10 就说明存在严重的多重共线性。

二、特征根判定法

1. 特征根分析

根据矩阵行列式的性质，矩阵的行列式等于其特征根的连乘积。因而，当行列式 $|X'X| \approx 0$ 时，矩阵 $X'X$ 至少有一个特征根近似为零。反之可以证明，当矩阵 $X'X$ 至少有一个特征根近似为零时，X 的列向量间必然存在多重共线性，证明如下：

记 $X = (X_0, X_1, \cdots, X_p)$，其中 $X_i (i = 0, 1, \cdots, p)$ 为 X 的列向量，$X_0 = (1, 1, \cdots, 1)'$ 是元素全为 1 的 n 维列向量。λ 是矩阵 $X'X$ 的一个近似为零的特征根，$\lambda \approx 0$，$c = (c_0, c_1, \cdots, c_p)'$ 是对应于特征根 λ 的单位特征向量，则

$$X'Xc = \lambda c \approx 0$$

上式两边左乘 c'，得

$$c'X'Xc \approx 0$$

从而有

$$Xc \approx 0$$

即

$$c_0 X_0 + c_1 X_1 + \cdots + c_p X_p \approx 0$$

写成分量形式即

$$c_0 + c_1 x_{i1} + c_2 x_{i2} + \cdots + c_p x_{ip} \approx 0, \quad i = 1, 2, \cdots, n \tag{6.9}$$

这正是式（6.2）定义的多重共线性关系。

如果矩阵 $X'X$ 有多个特征根近似为零，在上面的证明中，取每个特征根的特征向量为标准化正交向量，即可证明：$X'X$ 有多少个特征根接近零，设计矩阵 X 就有多少个多重共线性关系，并且这些多重共线性关系的系数向量就等于那些接近零的特征根对应的特征向量。

2. 条件数

特征根分析表明，当矩阵 $X'X$ 有一个特征根近似为零时，设计矩阵 X 的列向量间必然存在多重共线性，并且 $X'X$ 有多少个特征根接近零，X 就有多少个多重共线性关系。那么特征根近似为零的标准如何确定呢？可以用下面介绍的条件数确定。记 $X'X$ 的最大特征根为 λ_m，我们称

$$k_i = \sqrt{\frac{\lambda_m}{\lambda_i}}, \quad i = 0, 1, 2, \cdots, p \tag{6.10}$$

为特征根 λ_i 的条件数（condition index）。在其他一些书籍中，条件数定义为 $k_i = \lambda_m / \lambda_i$，没有开平方根，SPSS 软件是采用的式（6.10）开平方根的，这一点请读者注意。

条件数度量了矩阵 $X'X$ 的特征根的散布程度，可以用来判断多重共线性是否存在以及多重共线性的严重程度。通常认为 $0 < k < 10$ 时，设计矩阵 X 没有多重共线性；$10 \leqslant k < 100$ 时，存在较强的多重共线性；$k \geqslant 100$ 时，存在严重的多重共线性。

对例 3.3 中国民航客运量的例子，用 SPSS 软件计算出的特征根与条件数如输出结果 6.2 所示。

输出结果 6.2

Collinearity Diagnostics

Dimension	Eigenvalue	Condition Index	Variance Proportions					
			(Constant)	x1	x2	x3	x4	x5
1	5.69290	1.000	0.0001	0.0001	0.0000	0.0001	0.0000	0.0000
2	0.29655	4.381	0.0061	0.0006	0.0006	0.0000	0.0001	0.0001
3	0.00873	25.543	0.0071	0.1068	0.0069	0.0907	0.0000	0.0014
4	0.00085	81.809	0.0239	0.6220	0.0400	0.5591	0.2827	0.0822
5	0.00055	101.639	0.9605	0.1132	0.5666	0.2440	0.4870	0.0061
6	0.00042	116.995	0.0023	0.1574	0.3859	0.1060	0.2302	0.9102

从条件数看到，最大的两个条件数 $k_6=116.995$，$k_5=101.639$，说明自变量间存在严重的多重共线性，这与方差扩大因子法的结果一致。由高等代数的知识可知，不同特征根对应的特征向量是不相关的，所以两个条件数 $k_6=116.995$，$k_5=101.639$ 其实是代表自变量间两个不同的共线性关系。另外第 3，4 两个条件数 $k_3=25.543$，$k_4=81.809$ 也较大，也对应着自变量间两个较强的共线性关系。需要注意的是，表中的特征根是按从大到小的顺序排列的，每个特征根并不对应一个自变量，这一点与方差扩大因子方法不同。细心的读者可能已经发现，本例自变量的数目只有 5 个，而特征根与条件数却有 6 个。原因很简单，这是由于设计矩阵 X 的第一列有一列 1，代表常数项，X 共有 $p+1$ 列，$X'X$ 是 $p+1$ 阶方阵。

那么如何判定究竟是哪几个自变量间存在共线性呢？这可以由条件数表中右边的方差比例（Variance Proportions）粗略判定。如果有某几个自变量的方差比例值在某一行同时较大（接近 1），则这几个自变量间就存在多重共线性。从第 6 行看，x_5 对应的方差比例 0.910 2 最大，常数项的方差比例 0.002 3 最小，其他变量的方差比例在 0.106 0～0.385 9 之间，说明 x_5 与 x_1，x_2，x_3，x_4 之间存在强的复共线性。第 5 行常数项的方差比例 0.960 5 最大，x_5 对应的方差比例 0.006 1 最小，其他变量的方差比例在 0.113 2～0.566 6 之间，说明 x_1，x_2，x_3，x_4 之间的一个线性组合约等于常数。

但是方差比例并不直接是共线性关系的系数，方差比例是根据特征向量计算的，计算方法是：在求特征根和特征向量时数据先要标准化，以消除自变量量纲的影响。由于设计矩阵 X 的第一列有一列 1，所以在标准化时变量不能减去均值，而是直接除以每列数据平方和的平方根，包括第一列 1 也做同样的变换，得标准化的设计矩阵 X^*，其中每列都是单位列向量，列平方和等于 1，然后再对 $X^{*'}X^*$ 求特征根和特征向量。SPSS 软件给出的方差比例是这些特征向量又经过一些变换得到的，其计算方法是把特征向量按照特征根由大到小排成行向量，每个数值平方后再除以这一行的特征根，再把每列数据除以列数据之和，使得每列数据之和为 1。

下面把这个计算过程简要演示一下。表 6-2 左半部分是民航客运量数据的原始设计矩阵，右半部分是经过如上所述标准化的设计矩阵，表 6-3 是标准化后的 $X^{*'}X^*$。下面的工作就是求对称方阵 $X^{*'}X^*$ 的特征根和特征向量，这需要借助 MATLAB 或者 R 等其他软件完成。求出 6 个特征根和特征向量如表 6-4 所示，最后把每行数值平方后再除以特征根，再把每列数据除以列数据之和，就得到 SPSS 计算的输出结果 6.2 的方差比例。方差比例的数值大小由特征根和特征向量的数值共同决定，特征根小，方差比例就大，就更能反映共线性的程度。

表 6-2　　　　　　　　　　民航客运量数据设计矩阵标准化值

年份	x_0	x_1	x_2	x_3	x_4	x_5	x_0^*	x_1^*	x_2^*	x_3^*	x_4^*	x_5^*
1997	1	78 803	1 219	910 927	93 308	644	0.223 6	0.045 8	0.032 7	0.114 5	0.130 1	0.065 2
1998	1	83 818	1 319	994 130	95 085	695	0.223 6	0.048 7	0.035 4	0.124 9	0.132 5	0.070 4
1999	1	89 367	1 453	998 921	100 164	719	0.223 6	0.051 9	0.039 0	0.125 5	0.139 6	0.072 8
2000	1	99 066	1 609	994 000	105 073	744	0.223 6	0.057 6	0.043 2	0.124 9	0.146 5	0.075 4
2001	1	109 276	1 802	1 036 737	105 155	784	0.223 6	0.063 5	0.048 4	0.130 3	0.146 6	0.079 4

续前表

年份	x_0	x_1	x_2	x_3	x_4	x_5	x_0^*	x_1^*	x_2^*	x_3^*	x_4^*	x_5^*
2002	1	120 480	2 053	1 063 238	105 606	878	0.223 6	0.070 0	0.055 1	0.133 6	0.147 2	0.089 0
2003	1	136 576	2 383	1 034 276	97 260	870	0.223 6	0.079 4	0.064 0	0.130 0	0.135 6	0.088 1
2004	1	161 415	2 694	1 155 219	111 764	1 102	0.223 6	0.093 8	0.072 3	0.145 2	0.155 8	0.111 7
2005	1	185 999	3 160	1 142 569	115 583	1 212	0.223 6	0.108 1	0.084 8	0.143 6	0.161 1	0.122 8
2006	1	219 029	3 697	1 147 337	125 656	1 394	0.223 6	0.127 3	0.099 2	0.144 2	0.175 2	0.141 2
2007	1	270 844	4 358	1 295 543	135 670	1 610	0.223 6	0.157 4	0.117 0	0.162 8	0.189 1	0.163 1
2008	1	321 501	5 100	1 341 674	146 193	1 712	0.223 6	0.186 8	0.136 9	0.168 6	0.203 8	0.173 5
2009	1	348 499	6 281	1 425 186	152 451	1 902	0.223 6	0.202 5	0.168 6	0.179 1	0.212 5	0.192 7
2010	1	411 265	7 802	1 695 000	167 609	2 103	0.223 6	0.239 0	0.209 4	0.213 0	0.233 6	0.213 1
2011	1	484 753	9 356	1 996 184	186 226	2 641	0.223 6	0.281 7	0.251 1	0.250 8	0.259 6	0.267 6
2012	1	539 117	10 933	1 995 402	189 337	2 957	0.223 6	0.313 3	0.293 4	0.250 7	0.263 9	0.299 6
2013	1	590 422	12 670	2 602 850	210 597	3 262	0.223 6	0.343 1	0.340 1	0.327 1	0.293 6	0.330 5
2014	1	644 791	14 598	2 870 004	230 460	3 611	0.223 6	0.374 7	0.391 8	0.360 6	0.321 2	0.365 9
2015	1	686 450	16 285	2 922 796	253 484	4 000	0.223 6	0.398 9	0.437 1	0.367 3	0.353 3	0.405 3
2016	1	740 599	18 575	3 520 129	281 405	4 440	0.223 6	0.430 3	0.498 5	0.442 3	0.392 3	0.449 9

表 6 - 3　　　　　　　　　　　　标准化后的 $X^{*'}X^*$

1.000 0	0.821 4	0.764 3	0.903 1	0.937 6	0.844 6
0.821 4	1.000 0	0.991 5	0.978 1	0.966 1	0.997 5
0.764 3	0.991 5	1.000 0	0.964 5	0.939 9	0.989 8
0.903 1	0.978 1	0.964 5	1.000 0	0.994 0	0.988 5
0.937 6	0.966 1	0.939 9	0.994 0	1.000 0	0.977 3
0.844 6	0.997 5	0.989 8	0.988 5	0.977 3	1.000 0

表 6 - 4　　　　　　　　　　　　$X^{*'}X^*$ 的特征根和特征向量

特征根	特征向量					
	x_0^*	x_1^*	x_2^*	x_3^*	x_4^*	x_5^*
5.692 905	−0.377 177	−0.413 286	−0.406 008	−0.418 188	−0.417 024	−0.416 292
0.296 552	0.800 036	−0.281 761	−0.452 377	0.025 659	0.178 376	−0.208 401
0.008 725	0.148 089	0.663 098	−0.258 078	−0.671 876	−0.008 245	0.142 415
0.000 851	0.085 082	0.499 754	−0.194 577	0.520 782	−0.562 020	−0.343 609
0.000 551	−0.433 778	0.171 637	−0.589 440	0.276 912	0.593 767	−0.075 483
0.000 416	−0.018 618	−0.175 764	−0.422 620	0.158 586	−0.354 654	0.799 514

三、直观判定法

方差扩大因子和条件数方法给出了识别多重共线性的数量标准。需要注意的是，这种数量标准并不是识别多重共线性的绝对标准，还应该结合一些直观方法综合识别多重共线性。如前面提到的，当出现与因变量 y 的简单相关系数绝对值很大的自变量，但是其偏回归系数不能通过显著性检验，甚至出现回归系数符号与实际经济意义相反的情况时，就认为变量间存在多重共线性。这里把这些直观判断综述如下：

（1）当增加或剔除一个自变量，其他自变量的回归系数的估计值或显著性发生较大变化时，我们就认为回归方程存在严重的多重共线性。

（2）当定性分析认为一些重要的自变量在回归方程中没有通过显著性检验时，可初步判断存在严重的多重共线性。

（3）当与因变量之间的简单相关系数绝对值很大的自变量在回归方程中没有通过显著性检验时，可初步判断存在严重的多重共线性。

（4）当有些自变量的回归系数的数值大小与预期相差很大，甚至正负号与定性分析结果相反时，存在严重的多重共线性问题。

（5）在自变量的相关矩阵中，当自变量间的相关系数较大时会出现多重共线性问题。

（6）当一些重要的自变量的回归系数的标准误差较大时，我们认为可能存在多重共线性。

6.4 消除多重共线性的方法

当通过某种检验发现解释变量中存在严重的多重共线性时，我们就要设法消除这种共线性的影响。消除多重共线性的方法很多，常用的有下面几种。

一、剔除一些不重要的解释变量

通常在经济问题的建模中，由于我们认识水平的局限，容易考虑过多的自变量。当涉及的自变量较多时，大多数回归方程都受到多重共线性的影响。这时，最常用的办法是首先用第5章介绍的方法做自变量的选元，舍去一些自变量。当回归方程中的全部自变量都通过显著性检验后，若回归方程中仍然存在严重的多重共线性，有几个变量的方差扩大因子大于10，我们可把方差扩大因子最大者所对应的自变量首先剔除，再重新建立回归方程，如果仍然存在严重的多重共线性，则再继续剔除方差扩大因子最大者所对应的自变量，直到回归方程中不再存在严重的多重共线性为止。

有时根据所研究的问题的需要，也可以首先剔除方差扩大因子最大者所对应的自变量，依次剔除，直到消除了多重共线性为止，然后再做自变量的选元。或者根据所研究问题的经济意义，决定保留或剔除某自变量。

总之，在选择回归模型时，可以将回归系数的显著性检验、方差扩大因子 VIF 的数值以及自变量的经济含义结合起来考虑，以引进或剔除变量。

在民航客运量一例中存在着严重的多重共线性，5个自变量的显著性检验也不好。如果用后退法等选元方法做自变量选元，得到的最终回归方程是 $\hat{y} = -4\,432.762 + 0.041x_1 + 0.078x_4$，这个回归方程两个自变量的检验都是显著的，并且两个偏回归系数也有合理的解释。但是一个主要的缺陷是包含的自变量太少，我们关心的民用汽车拥有量 x_2、铁路

客运量 x_3 这两个自变量都不在方程中。对这个只含有两个自变量的回归方程再做一次共线性检验,结果见输出结果 6.3。

输出结果 6.3

Coefficients

	Unstandardized Coefficients		Standardized Coefficients			Collinearity Statistics	
	B	Std. Error	Beta	t	Sig.	Tolerance	VIF
(Constant)	− 4432.762	1948.582		− 2.275	.036		
X1	.041	.007	.673	6.025	.000	.024	41.1
X4	.078	.027	.327	2.924	.009	.024	41.1

Collinearity Diagnostics

Dimension	Eigenvalue	Condition Index	Variance Proportions		
			(Constant)	X1	X4
1	2.8181	1.0000	0.0016	0.0009	0.0004
2	0.1800	3.9568	0.0442	0.0193	0.0001
3	0.0019	38.6470	0.9541	0.9797	0.9995

从输出结果 6.3 中看到,两个方差扩大因子都是 41.1,数值很大,最大的条件数等于 38.647,对应的方差比例 0.954 1. 0.979 7, 0.999 5 数值也很大,说明仍然存在严重的共线性。由此看来,这个二元回归方程虽然自变量都显著,偏回归系数也符合经济意义,但是仍然存在较大的缺陷,不能令人满意。对此问题笔者也尝试了其他剔除变元的方法,例如先剔除方差扩大因子最大的 x_5,效果也都不理想。

这个例子说明用剔除变量方法消除多重共线性有时不能达到预期的效果,存在较大的局限性。首先,回归方程中通常只能保留较少的自变量,一些我们关心的自变量不能留在方程中。其次,即使方程中只保留了少数自变量,像本例最终只有 2 个自变量,共线性问题也仍然很严重。

二、增大样本量

建立一个实际经济问题的回归模型,如果所收集的样本数据太少,也容易产生多重共线性。譬如,我们的问题涉及两个自变量 x_1 和 x_2,假设 x_1 和 x_2 都已经中心化。由式 (6.3) 和式 (6.4)

$$\text{var}(\hat{\beta}_1) = \frac{\sigma^2}{(1 - r_{12}^2)L_{11}}$$

$$\text{var}(\hat{\beta}_2) = \frac{\sigma^2}{(1 - r_{12}^2)L_{22}}$$

式中,r_{12} 为 x_1 和 x_2 的相关系数,$L_{11} = \sum_{i=1}^{n} x_{i1}^2$,$L_{22} = \sum_{i=1}^{n} x_{i2}^2$。可以看到,在 r_{12} 固定不变时,若样本量 n 增大,L_{11} 和 L_{22} 都会增大,两个回归系数估计值的方差均可减小,从

而减弱多重共线性对回归方程的影响。因此，增大样本量也是消除多重共线性的一个途径。

在实践中，当我们所选的变量个数接近样本量 n 时，自变量间就容易产生共线性。所以在运用回归分析研究经济问题时，要尽可能使样本量 n 远大于自变量个数 p。

增大样本量的方法在有些经济问题中是不现实的，因为在经济问题中，许多自变量是不受控制的，或由于种种原因不可能再得到一些新的样本数据。在有些情况下，虽然可以增加一些样本数据，但当自变量个数较多时，我们往往难以确定增加什么样的数据才能克服多重共线性。

有时，增加了样本数据，但可能新数据距离原来样本数据的平均值较大，会产生一些新的问题，使模型拟合变差，没有收到增加样本数据期望的效果。

三、回归系数的有偏估计

消除多重共线性对回归模型的影响是近几十年来统计学家关注的热点课题之一，除以上方法被人们应用外，统计学家还致力于改进古典的最小二乘法，提出以采用有偏估计为代价来提高估计量稳定性的方法，如岭回归法、主成分法、偏最小二乘法等，这些方法已有不少应用效果很好的经济例子，而且在计算机如此发达的今天，具体计算也不难实现。我们将在本书第 7 章中详细介绍岭回归法，在第 8 章中介绍主成分回归和偏最小二乘。

6.5 本章小结与评注

因为大多数经济变量在时间上有共同的变化趋势，所以在建立经济问题的回归模型时经常会遇到多重共线性的诊断和处理。

本章从共线性产生的经济背景谈起，介绍了多重共线性对回归系数估计值和回归方程预测值的影响，给出了几种诊断共线性的方法，并就如何消除共线性对回归方程的影响介绍了几种方法。

关于多重共线性对回归参数的影响，我们认为这不仅取决于自变量中多重共线性的强弱程度，还取决于存在多重共线性的自变量在整个回归方程中的重要性。如果对因变量有重要影响的自变量中出现严重的多重共线性，那么给模型参数估计带来的危害要比次要因素中存在严重的多重共线性大得多。我们应尽量避免主要自变量中存在多重共线性。如果各自变量的取值可人为控制，可使设计矩阵 X 达到回归模型基本假设的要求。如果无法克服自变量间的多重共线性，那么在回归方程中尽量少引进一些解释变量是一种有效的方法，但这样得到的回归方程可能不利于做结构分析。

我们在前面看到，有时一个回归模型存在严重的多重共线性问题，回归系数可能通不过显著性检验，回归系数的正负号不符合经济意义，但用这个方程去做预测，拟合效果还相当好，甚至比不存在共线性时还好。如果建模的目的就是预测，只要保证自变量的相关类型在预测期不变，即当初建模时自变量间共同的相关趋势在预测时仍基本保持，用具有较强的多重共线性的方程去做预测效果仍会不错。但这里我们要强调，如果自变量的相关类型在预测期发生了变化，那么用具有很强共线性的模型去做预测，效果肯定不好。

在建立经济问题的回归模型时，如果发现解释变量之间的简单相关系数很大，可以断定自变量间存在严重的多重共线性，但是，当一个回归方程存在严重的多重共线性时，并不能完全肯定解释变量之间的简单相关系数就一定很大。例如对含有三个自变量的回归模型

$$y = \beta_0 + \beta_1 x_1 + \beta_2 x_2 + \beta_3 x_3 + \varepsilon \tag{6.11}$$

假定三个自变量之间有完全确定的关系

$$x_1 = x_2 + x_3$$

因为 x_1 可由 x_2 和 x_3 线性表示，所以变量 x_1 与 x_2 和 x_3 的复决定系数 $R^2_{1;23} = 1$，回归方程存在完全的多重共线性。再假定 x_2 与 x_3 的简单相关系数 $r_{23} = -0.5$，x_2 与 x_3 的离差平方和 $L_{22} = L_{33} = 1$，此时

$$L_{23} = r_{23}\sqrt{L_{22}L_{33}} = -0.5$$

$$\begin{aligned}
L_{11} &= \sum (x_1 - \bar{x}_1)^2 \\
&= \sum (x_2 + x_3 - (\bar{x}_2 + \bar{x}_3))^2 \\
&= \sum ((x_2 - \bar{x}_2) + (x_3 - \bar{x}_3))^2 \\
&= \sum (x_2 - \bar{x}_2)^2 + \sum (x_3 - \bar{x}_3)^2 + 2\sum (x_2 - \bar{x}_2)(x_3 - \bar{x}_3) \\
&= 1 + 1 + 2 \times (-0.5) = 1
\end{aligned}$$

$$\begin{aligned}
L_{12} &= \sum (x_1 - \bar{x}_1)(x_2 - \bar{x}_2) \\
&= \sum (x_2 + x_3 - (\bar{x}_2 + \bar{x}_3))(x_2 - \bar{x}_2) \\
&= \sum ((x_2 - \bar{x}_2) + (x_3 - \bar{x}_3))(x_2 - \bar{x}_2) \\
&= L_{22} + L_{23} \\
&= 1 - 0.5 = 0.5
\end{aligned}$$

因而 $\quad r_{12} = L_{12}/\sqrt{L_{11}L_{22}} = 0.5$

同理 $\quad r_{13} = 0.5$

在这里我们看到三个自变量的简单相关系数的绝对值都是 0.5，都不高，但是三者之间却存在完全的多重共线性。

由此看到当回归方程中的自变量数目超过两个时，并不能由自变量间的简单相关系数不高就断定它们不存在多重共线性。如果回归方程中只有两个自变量，则由它们的简单相关系数可判断是否存在多重共线性。

关于多重共线性的诊断我们在 6.3 节中介绍了一些正规方法和非正规方法。一般来说，非正规方法比较直观，往往在建模过程中就会发现。介绍的几种正规方法都要进行一

定的运算，但通过它们可以发现多重共线性的严重程度。要想知道的多重共线性的严重程度，就需用条件数和方差扩大因子来度量，现在已有不少统计软件都可将其直接计算出来。

关于消除共线性的方法，除了6.4节中介绍的，还有逐步回归法、岭回归法、主成分法、特征根法、偏最小二乘法等。至今如何消除多重共线性仍是研究的热点，有许多这方面的问题需要研究，而且还没有哪一种方法占绝对优势，从运用的效果还很难说哪种方法最优。各人可以根据自己的知识水平和计算机软件的运用水平来选择合适的方法。

思考与练习

6.1　试举一个产生多重共线性的经济实例。

6.2　多重共线性对回归参数的估计有何影响？

6.3　具有严重多重共线性的回归方程能否用来做经济预测？

6.4　多重共线性的产生与样本量的个数 n、自变量的个数 p 有无关系？

6.5　自己找一个经济问题来建立多元线性回归模型。怎样选择变量和构造设计矩阵 X 才可能避免多重共线性的出现？

6.6　对第5章思考与练习中第9题财政收入的数据，分析数据的多重共线性，并根据多重共线性剔除变量，将所得结果与用逐步回归法所得的选元结果相比较。

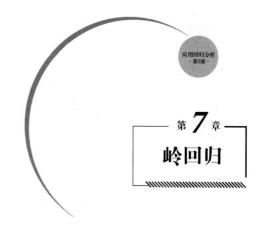

第 *7* 章
岭回归

在第 6 章中我们已经看到，当设计矩阵 X 呈病态时，X 的列向量之间有较强的线性相关性，即解释变量间出现严重的多重共线性。在这种情况下，用普通最小二乘法估计模型参数，往往参数估计方差太大，使普通最小二乘法的效果变得很不理想。为了解决这一问题，统计学家从模型和数据的角度考虑，采用回归诊断和自变量选择来克服多重共线性的影响。近 40 年来，人们还对普通最小二乘估计提出了一些改进方法。目前，岭回归就是最有影响的一种新的估计方法。本章将系统介绍岭回归估计的定义及性质，并结合实际例子给出岭回归的应用。

7.1 岭回归估计的定义

一、普通最小二乘估计带来的问题

多元线性回归模型的矩阵形式为 $y = X\beta + \varepsilon$，参数 β 的普通最小二乘估计为 $\hat{\beta} = (X'X)^{-1}X'y$。在第 6 章多重共线性部分讲到，当自变量 x_j 与其余自变量间存在多重共线性时，$\mathrm{var}(\hat{\beta}_j) = c_{jj}\sigma^2/L_{jj}$ 很大，$\hat{\beta}_j$ 就很不稳定，在具体取值上与真值有较大的偏差，有时甚至会出现与实际经济意义不符的正负号，在第 3 章的例 3.3 民航客运的例子中我们已经看到这种现象。下面进一步用参考文献 [5] 的一个例子来说明这一点。

 例 7.1

我们做回归拟合时，总是希望拟合的经验回归方程与真实的理论回归方程能够很接

近。基于这个想法，这里举一个模拟的例子。假设 x_1，x_2 与 y 的关系服从线性回归模型

$$y = 10 + 2x_1 + 3x_2 + \varepsilon \tag{7.1}$$

给定 x_1，x_2 的 10 个值，见表 7-1 的第 (1)、(2) 两行。

表 7-1

序号		1	2	3	4	5	6	7	8	9	10
(1)	x_1	1.1	1.4	1.7	1.7	1.8	1.8	1.9	2.0	2.3	2.4
(2)	x_2	1.1	1.5	1.8	1.7	1.9	1.8	1.8	2.1	2.4	2.5
(3)	ε_i	0.8	−0.5	0.4	−0.5	0.2	1.9	1.9	0.6	−1.5	−0.3
(4)	y_i	16.3	16.8	19.2	18.0	19.5	20.9	21.1	20.9	20.3	22.0

然后用模拟的方法产生 10 个正态随机数，作为误差项 ε_1，ε_2，…，ε_{10}，见表 7-1 的第 (3) 行。再由回归模型 $y_i = 10 + 2x_{i1} + 3x_{i2} + \varepsilon_i$ 计算出 10 个 y_i 值，列在表 7-1 的第 (4) 行。

现在假设回归系数与误差项是未知的，用普通最小二乘法求回归系数的估计值得

$$\hat{\beta}_0 = 11.292, \quad \hat{\beta}_1 = 11.307, \quad \hat{\beta}_2 = -6.591$$

而原模型的参数

$$\beta_0 = 10, \quad \beta_1 = 2, \quad \beta_2 = 3$$

看来相差太大。计算 x_1，x_2 的样本相关系数得 $r_{12} = 0.986$，表明 x_1 与 x_2 之间高度相关。这里我们看到解释变量之间高度相关时普通最小二乘估计效果明显变差的又一例证。

二、岭回归的定义

针对出现多重共线性时，普通最小二乘法效果明显变差的问题，霍尔（A. E. Hoerl）在 1962 年首先提出一种改进最小二乘估计的方法，叫岭估计（ridge estimate），后来霍尔和肯纳德（Kennard）于 1970 年（见参考文献 [18]）给予了详细讨论。

岭回归（ridge regression，RR）提出的想法是很自然的。当自变量间存在多重共线性，$|X'X| \approx 0$ 时，我们设想给 $X'X$ 加上一个正常数矩阵 $k\mathbf{I}$（$k > 0$），那么 $X'X + k\mathbf{I}$ 接近奇异的程度就会比 $X'X$ 接近奇异的程度小得多。考虑到变量的量纲问题，先将数据标准化，为了计算方便，标准化后的设计阵仍然用 X 表示，定义为：

$$\hat{\boldsymbol{\beta}}(k) = (X'X + k\mathbf{I})^{-1}X'y \tag{7.2}$$

我们称式 (7.2) 为 $\boldsymbol{\beta}$ 的岭回归估计，其中，k 称为岭参数。由于假设 X 已经标准化，所以 $X'X$ 就是自变量样本相关阵。式 (7.2) 中 y 可以标准化，也可以不标准化，如果 y 也经过标准化，那么式 (7.2) 计算的实际是标准化岭回归估计。$\hat{\boldsymbol{\beta}}(k)$ 作为 $\boldsymbol{\beta}$ 的估计应比最小二乘估计 $\hat{\boldsymbol{\beta}}$ 稳定，当 $k = 0$ 时的岭回归估计 $\hat{\boldsymbol{\beta}}(0)$ 就是普通最小二乘估计。

因为岭参数 k 不是唯一确定的，所以得到的岭回归估计 $\hat{\boldsymbol{\beta}}(k)$ 实际是回归参数 $\boldsymbol{\beta}$ 的

一个估计族。

例如对例 7.1 可以计算出不同 k 值时的 $\hat{\beta}_1(k)$，$\hat{\beta}_2(k)$，如表 7-2 所示。

表 7-2

k	0	0.1	0.15	0.2	0.3	0.4	0.5	1.0	1.5	2	3
$\hat{\beta}_1(k)$	11.31	3.17	2.78	2.55	2.27	2.1	1.97	1.56	1.31	1.13	0.898
$\hat{\beta}_2(k)$	−6.59	0.865	1.14	1.27	1.37	1.39	1.38	1.22	1.07	0.946	0.764

以 k 为横坐标，$\hat{\beta}_1(k)$，$\hat{\beta}_2(k)$ 为纵坐标画成图 7-1。从图上可看到，当 k 较小时，$\hat{\beta}_1(k)$，$\hat{\beta}_2(k)$ 很不稳定；当 k 逐渐增大时，$\hat{\beta}_1(k)$，$\hat{\beta}_2(k)$ 趋于稳定值。另外，从岭回归的定义式（7.2）中可以看到，当 k 趋于无穷时岭回归系数会趋于零。那么当 k 取何值时，对应的岭回归估计才是优于普通最小二乘估计的估计呢？这是后面将要讨论的重点问题。

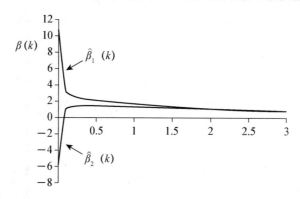

图 7-1

7.2 岭回归估计的性质

在本节关于岭回归估计的性质的讨论中，假定式（7.2）中因变量观测向量 y 未经标准化。

性质 1 $\hat{\boldsymbol{\beta}}(k)$ 是回归参数 $\boldsymbol{\beta}$ 的有偏估计。

证明：$E[\hat{\boldsymbol{\beta}}(k)] = E((\boldsymbol{X}'\boldsymbol{X}+k\boldsymbol{I})^{-1}\boldsymbol{X}'\boldsymbol{y})$
$$= (\boldsymbol{X}'\boldsymbol{X}+k\boldsymbol{I})^{-1}\boldsymbol{X}'E(\boldsymbol{y})$$
$$= (\boldsymbol{X}'\boldsymbol{X}+k\boldsymbol{I})^{-1}\boldsymbol{X}'\boldsymbol{X}\boldsymbol{\beta}$$

显然只有当 $k=0$ 时，$E[\hat{\boldsymbol{\beta}}(0)]=\boldsymbol{\beta}$；当 $k \neq 0$ 时，$\hat{\boldsymbol{\beta}}(k)$ 是 $\boldsymbol{\beta}$ 的有偏估计。要特别强调的是 $\hat{\boldsymbol{\beta}}(k)$ 不再是 $\boldsymbol{\beta}$ 的无偏估计，有偏性是岭回归估计的一个重要特性。

性质 2 在认为岭参数 k 是与 y 无关的常数时，$\hat{\boldsymbol{\beta}}(k)=(\boldsymbol{X}'\boldsymbol{X}+k\boldsymbol{I})^{-1}\boldsymbol{X}'\boldsymbol{y}$ 是最小二乘估计 $\hat{\boldsymbol{\beta}}$ 的一个线性变换，也是 y 的线性函数。

因为 $\hat{\boldsymbol{\beta}}(k)=(\boldsymbol{X}'\boldsymbol{X}+k\boldsymbol{I})^{-1}\boldsymbol{X}'\boldsymbol{y}$

$$=(X'X+kI)^{-1}X'X(X'X)^{-1}X'y$$
$$=(X'X+kI)^{-1}X'X\hat{\beta}$$

所以，岭估计 $\hat{\beta}(k)$ 是最小二乘估计 $\hat{\beta}$ 的一个线性变换，根据定义式 $\hat{\beta}(k)=(X'X+kI)^{-1}X'y$ 知 $\hat{\beta}(k)$ 也是 y 的线性函数。

这里需要注意的是，在实际应用中，由于岭参数 k 总是要通过数据来确定，因而 k 也依赖于 y，因此从本质上说，$\hat{\beta}(k)$ 并非 $\hat{\beta}$ 的线性变换，也不是 y 的线性函数。

性质 3 对任意 $k>0$，$\parallel\hat{\beta}\parallel\neq0$，总有

$$\parallel\hat{\beta}(k)\parallel<\parallel\hat{\beta}\parallel$$

这里 $\parallel\cdot\parallel$ 是向量的模，等于向量各分量的平方和。这个性质表明 $\hat{\beta}(k)$ 可看成由 $\hat{\beta}$ 进行某种向原点的压缩。从 $\hat{\beta}(k)$ 的表达式可以看到，当 $k\to\infty$ 时，$\hat{\beta}(k)\to0$，即 $\hat{\beta}(k)$ 化为零向量。

性质 4 以 MSE 表示估计向量的均方误差，则存在 $k>0$，使得

$$\mathrm{MSE}[\hat{\beta}(k)]<\mathrm{MSE}(\hat{\beta})$$

即

$$\sum_{j=1}^{p}E[\hat{\beta}_j(k)-\beta_j]^2<\sum_{j=1}^{p}D(\hat{\beta}_j)$$

7.3 岭迹分析

当岭参数 k 在 $(0,\infty)$ 内变化时，$\hat{\beta}_j(k)$ 是 k 的函数，在平面坐标系上把函数 $\hat{\beta}_j(k)$ 描绘出来，画出的曲线称为岭迹。在实际应用中，可以根据岭迹曲线的形状变化来确定适当的 k 值和进行自变量的选择。下面根据参考文献 [2] 来介绍岭迹分析。

在岭回归中，岭迹分析可用来了解各自变量的作用及自变量间的相互关系。下面根据图 7-2 所示的几种有代表性的情况来说明岭迹分析的作用。

(1) 在图 7-2 (a) 中，$\hat{\beta}_j(0)=\hat{\beta}_j>0$，且比较大。从古典回归分析的观点看，应将 x_j 看作对 y 有重要影响的因素。但 $\hat{\beta}_j(k)$ 的图形显示出相当的不稳定性，当 k 从零开始略增加时，$\hat{\beta}_j(k)$ 显著地下降，而且迅速趋于零，因而失去预测能力。从岭回归的观点看，x_j 对 y 不起重要作用，甚至可以剔除这个变量。

(2) 图 7-2 (b) 的情况与图 7-2 (a) 相反，$\hat{\beta}_j=\hat{\beta}_j(0)>0$，但很接近 0。从古典回归分析的观点看，$x_j$ 对 y 的作用不大。但随着 k 略增加，$\hat{\beta}_j(k)$ 骤然变为负值，从岭回归的观点看，x_j 对 y 有显著影响。

(3) 在图 7-2 (c) 中，$\hat{\beta}_j=\hat{\beta}_j(0)>0$，说明 x_j 比较显著，但当 k 增加时，$\hat{\beta}_j(k)$ 迅速下降，且稳定为负值。从古典回归分析的观点看，x_j 是对 y 有正影响的显著因素。从岭回归的观点看，x_j 是对 y 有负影响的因素。

（4）在图7-2（d）中，$\hat{\beta}_1(k)$和$\hat{\beta}_2(k)$都很不稳定，但其和却大体上稳定。这种情况往往发生在自变量x_1和x_2的相关性很强的场合，即在x_1和x_2之间存在多重共线性。因此，从变量选择的观点看，两者只要保留一个就够了。这可用来解释某些回归系数估计的符号不合理的情形，从实际观点看，β_1和β_2不应有相反的符号。岭回归分析的结果对这一点提供了一种解释。

（5）从全局看，岭迹分析可用来估计在某一具体实例中最小二乘估计是否适用。把所有回归系数的岭迹都描在一张图上，如果这些岭迹线的不稳定性很强，整个系统呈现比较"乱"的局面，往往就使人怀疑最小二乘估计是否很好地反映了真实情况，如图7-2（e）所示。如果情况如图7-2（f）那样，则我们对最小二乘估计可以有更大的信心。当情况介于（e）和（f）之间时，我们必须适当地选择k值。

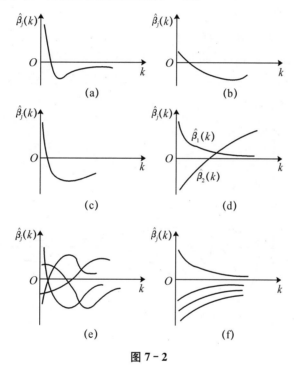

图 7-2

7.4 岭参数 k 的选择

我们的目的是要选择使$MSE(\hat{\boldsymbol{\beta}}(k))$达到最小的$k$，最优$k$值依赖于未知参数$\boldsymbol{\beta}$和$\sigma^2$，因而在实际应用中必须通过样本来确定。究竟如何确定k值，在理论上尚未得到令人满意的答案。问题的关键是最优k值对未知参数$\boldsymbol{\beta}$和σ^2的依赖关系与函数形式不清楚，但这个问题在应用上又特别重要，因此有不少统计学者进行相应的研究。近几十年来，他们相继提出了许多确定k值的原则和方法，这些方法一般都基于直观考虑，有些通过计算机

模拟实验，具有一定的应用价值，但目前尚未找到一种公认的最优方法。

下面介绍几种常用的选择方法。

一、岭迹法

岭迹法的直观考虑是，如果最小二乘估计看起来有不合理之处，如估计值以及正负号不符合经济意义，则希望能通过采用适当的岭估计 $\hat{\boldsymbol{\beta}}(k)$ 来获得一定程度的改善，岭参数 k 值的选择就显得尤为重要。选择 k 值的一般原则是：

（1）各回归系数的岭估计基本稳定。

（2）用最小二乘估计的符号不合理的回归系数，其岭估计的符号变得合理。

（3）回归系数没有不合乎经济意义的绝对值。

（4）残差平方和增加不太多。

例如在图 7-3 中，当 k 取 k_0 时，各回归系数的估计值基本上都能相对稳定。当然，上述种种要求并不是总能达到的。如在例 7.1 中由图 7-1 看到，取 $k=0.5$，岭迹已算平稳，从而 $\hat{\beta}_1(0.5)=2.06$，$\hat{\beta}_2(0.5)=1.49$。$\hat{\beta}_1(0.5)$ 已相当接近真值 $\beta_1=2$，但 $\hat{\beta}_2(0.5)$ 与 $\beta_2=3$ 还相差很大。

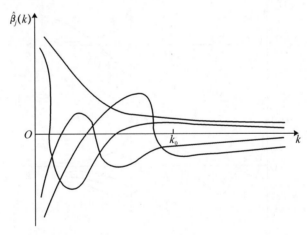

图 7-3

岭迹法与传统的基于残差的方法相比，从概念上说是完全不同的。因此，它为我们分析问题提供了一种新的思想方法，对于分析各变量之间的作用和关系是有帮助的。

采用岭迹法确定 k 值缺少严格的令人信服的理论依据，存在一定的主观性，这似乎是岭迹法的一个明显的缺点。但从另一方面说，岭迹法确定 k 值的这种主观性正好有助于实现定性分析与定量分析的有机结合。

二、方差扩大因子法

在 6.3 节中，我们给出了方差扩大因子的概念，方差扩大因子 c_{jj} 可以度量多重共线性的严重程度，一般当 $c_{jj}>10$ 时，模型就有严重的多重共线性。计算岭估计 $\hat{\boldsymbol{\beta}}(k)$ 的协方差阵，得

$$
\begin{aligned}
D(\hat{\boldsymbol{\beta}}(k)) &= \operatorname{cov}(\hat{\boldsymbol{\beta}}(k), \hat{\boldsymbol{\beta}}(k)) \\
&= \operatorname{cov}((\boldsymbol{X}'\boldsymbol{X}+k\mathbf{I})^{-1}\boldsymbol{X}'\boldsymbol{y}, (\boldsymbol{X}'\boldsymbol{X}+k\mathbf{I})^{-1}\boldsymbol{X}'\boldsymbol{y}) \\
&= (\boldsymbol{X}'\boldsymbol{X}+k\mathbf{I})^{-1}\boldsymbol{X}'\operatorname{cov}(\boldsymbol{y}, \boldsymbol{y})\boldsymbol{X}(\boldsymbol{X}'\boldsymbol{X}+k\mathbf{I})^{-1} \\
&= \sigma^2(\boldsymbol{X}'\boldsymbol{X}+k\mathbf{I})^{-1}\boldsymbol{X}'\boldsymbol{X}(\boldsymbol{X}'\boldsymbol{X}+k\mathbf{I})^{-1} \\
&= \sigma^2\boldsymbol{c}(k)
\end{aligned}
$$

式中，矩阵 $\boldsymbol{c}(k)=(\boldsymbol{X}'\boldsymbol{X}+k\mathbf{I})^{-1}\boldsymbol{X}'\boldsymbol{X}(\boldsymbol{X}'\boldsymbol{X}+k\mathbf{I})^{-1}$，其对角元素 $c_{jj}(k)$ 为岭估计的方差扩大因子。不难看出，$c_{jj}(k)$ 随着 k 的增大而减少。应用方差扩大因子法选择 k 的经验做法是：选择 k 使所有方差扩大因子 $c_{jj}(k) \leqslant 10$。当 $c_{jj}(k) \leqslant 10$ 时，所对应的 k 值的岭估计 $\hat{\boldsymbol{\beta}}(k)$ 就会相对稳定。

三、由残差平方和确定 k 值

我们知道岭估计 $\hat{\boldsymbol{\beta}}(k)$ 在减小均方误差的同时增大了残差平方和，我们希望将岭回归的残差平方和 $\text{SSE}(k)$ 的增加幅度控制在一定的限度以内，从而可以给定一个大于 1 的 c 值，要求

$$
\text{SSE}(k) < c\,\text{SSE} \tag{7.3}
$$

寻找使式（7.3）成立的最大的 k 值。

7.5 用岭回归选择变量

岭回归的一个重要应用是选择变量，选择变量通常的原则是：

（1）在岭回归的计算中，假定设计矩阵 $\boldsymbol{X}$ 已经中心化和标准化，这样可以直接比较标准化岭回归系数的大小。我们可以剔除掉标准化岭回归系数比较稳定且绝对值很小的自变量。

（2）当 k 值较小时，标准化岭回归系数的绝对值并不很小，但是不稳定，随着 k 的增大迅速趋于零。像这样岭回归系数不稳定、振动趋于零的自变量，我们也可以予以剔除。

（3）剔除标准化岭回归系数很不稳定的自变量。如果有若干个岭回归系数不稳定，究竟剔除几个变量，剔除哪几个变量，并无一般原则可循，需根据剔除某个变量后重新进行岭回归分析的效果来确定。

下面通过引用参考文献［2］和参考文献［19］中的例子来说明如何用岭回归选择变量。

例 7.2 ....

空气污染问题。在参考文献［19］中麦克唐纳（McDonald）和施温（Schwing）曾研究死亡率与空气污染、气候以及社会经济状况等因素的关系。考虑了 15 个解释变量：

x_1——年平均降雨量；

x_2——1月份平均气温；

x_3——3月份平均气温；

x_4——年龄在65岁以上的人口占总人口的百分比；

x_5——每家的人口数；

x_6——中学毕业年龄；

x_7——住房符合标准的家庭比例数；

x_8——每平方公里居民数；

x_9——非白种人占总人口的比例；

x_{10}——白领阶层中受雇百分比；

x_{11}——收入在300美元以上家庭的百分比；

x_{12}——碳氢化合物的相对污染势；

x_{13}——氮氧化物的相对污染势；

x_{14}——二氧化硫的相对污染势；

x_{15}——相对湿度；

y——每10万人中的死亡人数。

这个问题收集了60组样本数据。根据样本数据，计算 $\boldsymbol{X}'\boldsymbol{X}$ 的15个特征根为：

4.527 2   2.754 7   2.054 5   1.348 7   1.222 7   0.960 5   0.612 4

0.472 9   0.370 8   0.216 3   0.166 5   0.127 5   0.114 2   0.046 0   0.004 9

后面两个特征根很接近零，由第6章中介绍的条件数可知

$$k=\sqrt{\lambda_1/\lambda_{15}}=\sqrt{4.527\ 2/0.004\ 9}=\sqrt{923.918}=30.396$$

说明设计矩阵 $\boldsymbol{X}$ 具有较严重的多重共线性。

进行岭迹分析，把15个回归系数的岭迹绘成图7-4，从图中看到，当 $k=0.20$ 时，

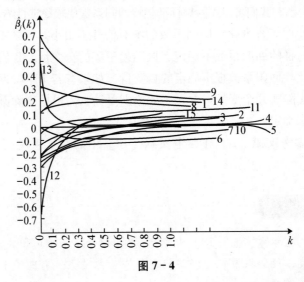

图 7-4

岭迹大体上达到稳定。按照岭迹法，应取 $k=0.2$。若用方差扩大因子法，当 k 为 $0.02\sim$ 0.08 时，方差扩大因子小于 10，故建议在此范围内选取 k。由此也看到采用不同的方法选取的 k 值是不同的。

在用岭回归法进行变量选择时，因为从岭迹看到自变量 x_4，x_7，x_{10}，x_{11} 和 x_{15} 有较稳定且绝对值比较小的岭回归系数，根据变量选择的第一条原则，这些自变量可以剔除。又因为自变量 x_{12} 和 x_{13} 的岭回归系数很不稳定，且随着 k 的增加很快趋于零，根据上面的第二条原则这些自变量也应该剔除。还可根据第三条原则剔除变量 x_3 和 x_5。这个问题最后剩下的变量是 x_1，x_2，x_6，x_8，x_9，x_{14}，即可用这些自变量建立一个回归方程。

 例 7.3

Gorman-Torman 例子（见参考文献 [2]）。本例共有 10 个自变量，X 已经中心化和标准化，$X'X$ 的特征根为：

3.692　1.542　1.293　1.046　0.972

0.659　0.357　0.220　0.152　0.068

最后一个特征根 $\lambda_{10}=0.068$，较接近零。

$$k=\sqrt{\lambda_1/\lambda_{10}}=\sqrt{3.692/0.068}=\sqrt{54.294}=7.368$$

条件数 $k=7.368<10$。从条件数的角度看，似乎设计矩阵 X 没有多重共线性。但下面的研究表明，做岭回归还是必要的。关于条件数，这里附带说明它的一个缺陷，就是当 $X'X$ 的所有特征根都较小时，虽然条件数不大，但多重共线性却存在。本例就是一个证明。

下面做岭回归分析。对 15 个 k 值算出 $\hat{\boldsymbol{\beta}}(k)$，画出岭迹，如图 7-5（a）所示。由图 7-5（a）可看到，最小二乘估计的稳定性很差。这反映在当 k 与 0 略有偏离时，$\hat{\boldsymbol{\beta}}(k)$ 与 $\hat{\boldsymbol{\beta}}=\hat{\boldsymbol{\beta}}(0)$ 就有较大的差距，特别是 $|\hat{\beta}_5|$ 与 $|\hat{\beta}_6|$ 变化最明显。当 k 从 0 上升到 0.1 时，$\|\hat{\boldsymbol{\beta}}(k)\|^2$ 下降到 $\|\hat{\boldsymbol{\beta}}(0)\|^2$ 的 59%，而在正交设计的情形下只下降 17%。这些现象在直观上就使人怀疑最小二乘估计 $\hat{\boldsymbol{\beta}}$ 是否反映了 $\boldsymbol{\beta}$ 的真实情况。

另外，因素 x_5 的回归系数的最小二乘估计 $\hat{\beta}_5$ 为负回归系数中绝对值最大的，但当 k 增加时，$\hat{\beta}_5(k)$ 迅速上升且变为正的。与此相反，对因素 x_6，$\hat{\beta}_6$ 为正的，且绝对值最大，但当 k 增加时，$\hat{\beta}_6(k)$ 迅速下降。再考虑到 x_5，x_6 的样本相关系数达到 0.84，因此这两个因素可近似地合并为一个因素。

再来看 x_7，它的回归系数估计 $\hat{\beta}_7$ 的绝对值偏高，当 k 增加时，$\hat{\beta}_7(k)$ 很快接近零，这意味着 x_7 实际上对 y 无多大影响。至于 x_1，其回归系数的最小二乘估计的绝对值看起来有点偏低，当 k 增加时，$|\hat{\beta}_1(k)|$ 首先迅速上升，成为对因变量有负影响的最重要的自变量。当 k 较大时，$|\hat{\beta}_1(k)|$ 稳定地缓慢趋于零。这意味着，通常的最小二乘估计对 x_1 的重要性估计过低。

从整体上看，当 k 达到 0.2～0.3 的范围时，各个 $\hat{\beta}_j(k)$ 大体上趋于稳定，因此，在这一区间取一个 k 值做岭回归可能得到较好的结果。本例中当 k 从零略微增加时，

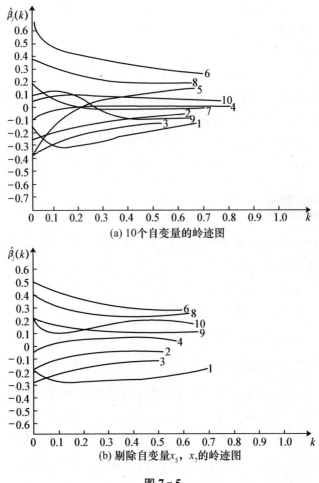

(a) 10个自变量的岭迹图

(b) 剔除自变量x_5，x_7的岭迹图

图 7-5

$\hat{\beta}_5(k)$ 和 $\hat{\beta}_7(k)$ 很快趋于零，于是它们很自然应该被剔除。剔除它们之后，重做岭回归分析，岭迹基本稳定，如图 7-5（b）所示。因此剔除 x_5 和 x_7 是合理的。

以上两个例子是引用的有关参考文献的实例，只引用了计算结果，没有给出计算过程，目的在于使读者对岭回归的运用方法有个全面的了解。下面结合例 3.3 民航客运的数据，介绍如何用 SPSS 软件做岭回归分析。

例 7.4

在第 6 章我们采用剔除变量的方法解决民航客运量数据的多重共线性问题，现在再用岭回归方法处理多重共线性问题。

SPSS 软件的岭回归功能要用语法命令实现，菜单对话框中没有此功能。运行岭回归程序的步骤如下：

（1）进入 SPSS 软件，录入变量数据或调入已有的数据文件。

（2）进入 Syntax 语法窗口。方法是依次点选 File→New→Syntax。

（3）录入如下的语法命令：

INCLUDE'c：\SPSS\Ridge regression. sps'.

RIDGEREG DEP = y /ENTER   x1 x2 x3 x4 x5.

（4）运行。方法是依次点选主菜单的 Window→All.

其中"c：\SPSS\Ridge regression. sps"是指明 Ridge regression. sps 程序所在的目录，SPSS 的不同版本这个目录会有所不同，在 7.6 节中有详细说明。计算结果如表 7 - 3 所示，岭迹图如图 7 - 6 所示。

表 7 - 3

k	RSQ	x_1	x_2	x_3	x_4	x_5
0.000 00	0.995 94	0.404 689	−0.084 303	−0.207 535	0.427 629	0.455 073
0.050 00	0.992 28	0.322 220	0.170 229	0.030 219	0.219 072	0.245 235
0.100 00	0.990 05	0.275 674	0.179 740	0.089 634	0.206 704	0.225 707
0.150 00	0.988 53	0.252 472	0.182 563	0.115 930	0.201 223	0.215 804
0.200 00	0.987 24	0.238 173	0.183 299	0.130 290	0.197 557	0.209 343
0.250 00	0.986 01	0.228 200	0.183 116	0.139 007	0.194 641	0.204 525
0.300 00	0.984 75	0.220 659	0.182 456	0.144 618	0.192 118	0.200 628
0.350 00	0.983 43	0.214 626	0.181 523	0.148 343	0.189 834	0.197 307
0.400 00	0.982 03	0.209 597	0.180 425	0.150 842	0.187 709	0.194 373
0.450 00	0.980 54	0.205 274	0.179 223	0.152 503	0.185 702	0.191 716
0.500 00	0.978 97	0.201 468	0.177 954	0.153 569	0.183 786	0.189 267
0.550 00	0.977 30	0.198 055	0.176 645	0.154 199	0.181 943	0.186 979
0.600 00	0.975 55	0.194 949	0.175 310	0.154 501	0.180 162	0.184 821
0.650 00	0.973 72	0.192 088	0.173 962	0.154 554	0.178 435	0.182 770
0.700 00	0.971 81	0.189 429	0.172 608	0.154 414	0.176 755	0.180 810
0.750 00	0.969 81	0.186 937	0.171 255	0.154 121	0.175 118	0.178 927
0.800 00	0.967 75	0.184 586	0.169 906	0.153 707	0.173 521	0.177 113
0.850 00	0.965 62	0.182 357	0.168 564	0.153 197	0.171 960	0.175 358
0.900 00	0.963 42	0.180 233	0.167 232	0.152 610	0.170 433	0.173 658
0.950 00	0.961 16	0.178 202	0.165 912	0.151 960	0.168 938	0.172 007
10.000 0	0.958 84	0.176 254	0.164 605	0.151 259	0.167 473	0.170 401

表 7 - 3 中的第 1 列为岭参数 k，软件默认 k 值从 0 到 1，步长为 0.05，共有 21 个 k 值，软件也允许操作者自己设定岭参数范围和步长。第 2 列是判定系数 R^2，第 3～7 列是标准化岭回归系数，其中第 1 行 $k=0$ 对应的数值就是普通最小二乘估计的标准化回归系数。

可以看到，原先普通最小二乘回归系数为负值的两个自变量 x_2 和 x_3，其标准化岭回归系数 $\hat{\beta}_2(k)$，$\hat{\beta}_3(k)$ 从负值迅速变为正值，而原先普通最小二乘回归系数为较大正值的 $\hat{\beta}_4(k)$ 和 $\hat{\beta}_5(k)$ 都迅速减少，岭迹图在 $k=0.1$ 到 $k=0.3$ 之间达到稳定。把岭参数取值范围改为 $[0.1，0.3]$，步长改为 0.02，重新做岭回归。这需要增加一句语法程序，点选主菜单的 Window→Syntax Editor 返回语法窗口，语法命令如下：

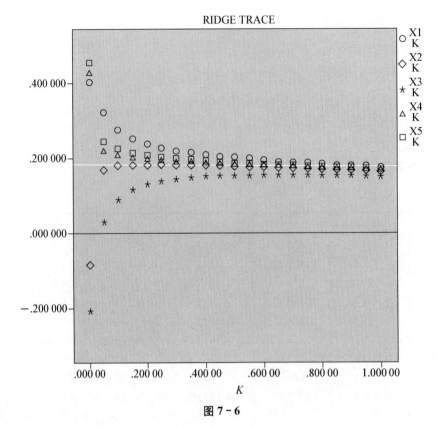

图 7 - 6

INCLUDE'c：\SPSS\Ridge regression. sps'.

RIDGEREG DEP = y /ENTER   x1 x2 x3 x4 x5

/START = 0. 1/STOP = 0. 3/INC = 0. 02.

然后在 Run 命令下选择 Current 运行，输出结果如表 7 - 4 所示。

表 7 - 4

k	RSQ	x_1	x_2	x_3	x_4	x_5
0. 100 00	0. 990 05	0. 275 674	0. 179 740	0. 089 634	0. 206 704	0. 225 707
0. 120 00	0. 989 39	0. 264 796	0. 181 264	0. 102 325	0. 204 154	0. 221 120
0. 140 00	0. 988 80	0. 256 164	0. 182 229	0. 111 954	0. 202 114	0. 217 415
0. 160 00	0. 988 26	0. 249 112	0. 182 821	0. 119 463	0. 200 398	0. 214 321
0. 180 00	0. 987 74	0. 243 210	0. 183 154	0. 125 445	0. 198 900	0. 211 667
0. 200 00	0. 987 24	0. 238 173	0. 183 299	0. 130 290	0. 197 557	0. 209 343
0. 220 00	0. 986 75	0. 233 803	0. 183 303	0. 134 268	0. 196 328	0. 207 272
0. 240 00	0. 986 25	0. 229 959	0. 183 200	0. 137 567	0. 195 186	0. 205 399
0. 260 00	0. 985 76	0. 226 536	0. 183 013	0. 140 327	0. 194 112	0. 203 686
0. 280 00	0. 985 26	0. 223 455	0. 182 761	0. 142 651	0. 193 093	0. 202 103

综合以上分析可以看到，在岭参数 $k=0.2$ 时岭迹图已经基本稳定，再参照复决定系数 R^2，当 $k=0.2$ 时 $R^2=0.987\ 24$ 仍然很大，因而可以选取岭参数 $k=0.2$。然后给定

$k = 0.2$，重新做岭回归，语法命令如下：

INCLUDE'c：\SPSS\Ridge regression. sps'.

RIDGEREG DEP = y /ENTER　x1 x2 x3 x4 x5

/k = 0. 2.

计算结果如输出结果 7.1 所示。

输出结果 7.1　　　$k = 0.2$ 的岭回归

Mult R	.993600
RSquare	.987240
Adj RSqu	.982683
SE	1807. 555445

ANOVA table					
	df	SS	MS	F value	Sig F
Regress	5	3. 54E + 009	707805011	216. 6358751	. 0000000
Residual	14	45741594			

	B	SE (B)	Beta	B/SE (B)
X1	. 014529	. 001066	. 238173	13. 634375
x2	. 456734	. 021181	. 183299	21. 562927
X3	. 002283	. 000343	. 130290	6. 652867
X4	. 047409	. 002706	. 197557	17. 517325
X5	2. 371965	. 106313	. 209343	22. 311069
Constant	− 2376. 666113	837. 997405	. 000000	− 2. 836126

得 y 对 x_1, x_2, x_3, x_4, x_5 的标准化岭回归方程为：

$$\hat{y} = 0.238\ 17x_1 + 0.183\ 30x_2 + 0.130\ 29x_3 + 0.197\ 56x_4 + 0.209\ 34x_5$$

未标准化的岭回归方程为：

$$\hat{y} = -2\ 376.67 + 0.014\ 5x_1 + 0.456\ 7x_2 + 0.002\ 3x_3 + 0.047\ 4x_4 + 2.372\ 0x_5$$

与第 6 章剔除变量法相比，岭回归方法保留了全部 5 个自变量，如果希望回归方程中多保留一些自变量，那么岭回归方法是很有用的方法。

SPSS 岭回归的早期版本有岭回归系数检验的 P 值，近期版本则取消了 P 值。这是因为对岭回归，原假设成立时统计量 B/SE(B) 也不再严格地服从 t 分布。虽然统计量 B/SE(B) 不再严格地服从 t 分布，但是仍然可以用 t 分布作一个参考，看看每个自变量的显著性。对 0.05 的显著性水平，正态分布的双侧检验的临界值是 1.96，t 分布的临界值略大于 1.96，在 2.0 附近。输出结果 7.1 中 5 个自变量统计量 B/SE(B) 的值，最小的是 x_3 的 6.653，远远大于 2，说明 5 个自变量都是高度显著的，而输出结果 3.7 中普通最小二乘回归自变量的显著性则很差。尤其是民用汽车拥有量 x_2 的 B/SE(B) 值为 21.563，和普通最小二乘的 $t = -0.230$ 相比有天壤之别，其回归系数从普通最小二乘的 −0.210 转变为岭回归的 0.456 73。铁路客运量 x_3 的情况也类似。这说明民航客运量 y 与民用汽

拥有量 x_2 以及铁路客运量 x_3 之间确实是相辅相成的关系，不是恶性竞争的关系。

7.6　本章小结与评注

本章较系统地介绍了岭回归的思想和方法，并结合实际例子说明了岭回归方法在自变量选择和克服多重共线性方面的应用。

岭回归方法与普通最小二乘法的本质区别是，普通最小二乘估计是线性无偏估计中最好的，而岭回归估计则是有偏估计中一个较好的估计。长期以来，人们普遍认为一个好的估计应该满足无偏性，普通最小二乘估计就具有无偏性的重要特点。但是当回归数据的一些基本假定条件不能满足，数据存在较大缺陷时，无偏的最小二乘估计变得很不理想。岭回归估计就是针对自变量存在多重共线性、设计矩阵 X 退化、最小二乘估计效果明显变差而提出的一种有偏估计方法。岭估计在岭参数 $k=0$ 时就是普通最小二乘估计，在 $k>0$ 时是有偏估计，所以岭回归估计实际上是对最小二乘方法的改进。

如果一个估计量只有很小的偏差，但它的精度大大高于无偏估计量，人们可能更愿意选择这个估计量，因为它接近真实参数值的可能性较大。下面的图 7-7 说明了这种情况。由图 7-7 可以看到，估计量 $\hat{\beta}$ 是无偏的，但不精确，而估计量 $\hat{\theta}$ 精度高却有小的偏差。$\hat{\theta}$ 落在真值 β 附近的概率远远大于无偏估计量 $\hat{\beta}$。

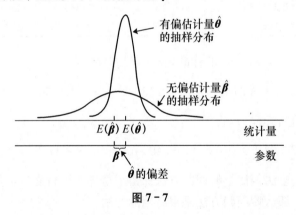

图 7-7

岭回归估计的回归系数 $\hat{\beta}_j(k)$ 是有偏的，但往往比普通最小二乘估计量更稳定。因此，当回归模型有严重的多重共线性时，普通最小二乘法很不理想，人们就更多地推崇岭回归方法。这里需要注意的是，虽然 $\hat{\beta}(k)=(X'X+kI)^{-1}X'y$ 是 y 的线性估计形式，但在实际应用时，总是要通过数据来确定 k，因而 k 也依赖于 y，也是随机的，因此从本质上说，$\hat{\beta}(k)$ 实为非线性估计。在实际应用中，只有对最小二乘估计的结果不满意时，才考虑使用岭回归。

岭回归计算程序 Ridge regression. sps 是 SPSS 软件的自带程序，岭回归计算程序第一行 INCLUDE'c：\SPSS\Ridge regression. sps'. 要指明此目录。SPSS 16.0 以前的版本，这个程序就位于安装的 SPSS \ 根目录下，但是之后的版本放在了 Samples \ English \ 目录下，不同的 SPSS 版本以及不同的电脑操作系统子目录可能会有所不同，可以通过搜索文件名 Ridge regression. sps 找到这个程序，确定程序所在目录。例如 SPSS 24.0 的可能目录是 C：\ Program Files \ SPSS24 \ Samples \ English \ 。读者也可以自己把 Ridge regression. sps 这个程序文件复制到别的方便调用的目录下。如果运行 INCLUDE 命令时出现不能写文件错误，这时可以把 SPSS 软件改装在 D 盘上试试，因为岭回归程序运行时要写一个临时文件，而有些电脑在 C 盘上需要有管理员权限才能写入。要仔细确定程序中每个字符的正确性，注意各种符号都要在英文输入法状态下输入，不能误用中文输入法的符号。有时运行只是出现警告错误，但是不影响计算结果。

用 R 语言计算岭回归有两个函数，一个是 MASS 程序包中的 lm. ridge 函数，另一个是 ridge 包中的 linearRidge 函数，都需要读者自己先用 scale 函数对变量进行标准化。lm. ridge 函数计算的岭参数是正常岭参数的 n 倍，并且只给出了标准化岭回归系数，需要读者自己再还原为原始变量未标准化的岭回归系数。linearRidge 函数包含一项 scaling＝c（"corrForm"，"scale"，"none"）选项，似乎可以直接使用原始数据，再用"corrForm"指定标准化。但是经过尝试发现，直接使用原始数据计算的结果和 SPSS 的结果不一致。

霍尔和肯纳德于 1970 年还提出了岭估计的一种推广形式，称为广义岭估计。普通的岭回归估计是给样本相关阵的主对角线加上相同的常数 k，广义岭回归是给样本相关阵的主对角线加上各不相同的常数 k_j，有兴趣的读者请参见参考文献 ［2］和 ［5］。

思考与练习

7.1 岭回归估计是在什么情况下提出的？

7.2 岭回归估计的定义及其统计思想是什么？

7.3 选择岭参数 k 有哪几种主要方法？

7.4 用岭回归方法选择自变量应遵从哪些基本原则？

7.5 对第 5 章思考与练习中第 9 题的数据，逐步回归的结果只保留了 3 个自变量 x_1，x_2，x_5，用 y 对这 3 个自变量做岭回归分析。

7.6 一家大型商业银行有多家分行，近年来，该银行的贷款额平稳增长，但不良贷款额也有较大比例的提高。为弄清楚不良贷款形成的原因，希望利用银行业务的有关数据做些定量分析，以便找出控制不良贷款的办法。表 7 - 5 是该银行所属 25 家分行 2002 年的有关业务数据。

表 7 - 5　　　　　　　　　　　　　　银行不良贷款数据

分行编号	不良贷款 y（亿元）	各项贷款余额 x_1（亿元）	本年累计 应收贷款 x_2（亿元）	贷款项目个数 x_3（个）	本年固定 资产投资额 x_4（亿元）
1	0.9	67.3	6.8	5	51.9
2	1.1	111.3	19.8	16	90.9
3	4.8	173.0	7.7	17	73.7

续前表

分行编号	不良贷款 y（亿元）	各项贷款余额 x_1（亿元）	本年累计 应收贷款 x_2（亿元）	贷款项目个数 x_3（个）	本年固定 资产投资额 x_4（亿元）
4	3.2	80.8	7.2	10	14.5
5	7.8	199.7	16.5	19	63.2
6	2.7	16.2	2.2	1	2.2
7	1.6	107.4	10.7	17	20.2
8	12.5	185.4	27.1	18	43.8
9	1.0	96.1	1.7	10	55.9
10	2.6	72.8	9.1	14	64.3
11	0.3	64.2	2.1	11	42.7
12	4.0	132.2	11.2	23	76.7
13	0.8	58.6	6.0	14	22.8
14	3.5	174.6	12.7	26	117.1
15	10.2	263.5	15.6	34	146.7
16	3.0	79.3	8.9	15	29.9
17	0.2	14.8	0.6	2	42.1
18	0.4	73.5	5.9	11	25.3
19	1.0	24.7	5.0	4	13.4
20	6.8	139.4	7.2	28	64.3
21	11.6	368.2	16.8	32	163.9
22	1.6	95.7	3.8	10	44.5
23	1.2	109.6	10.3	14	67.9
24	7.2	196.2	15.8	16	39.7
25	3.2	102.2	12.0	10	97.1

（1）计算 y 与其余4个变量的简单相关系数。

（2）建立不良贷款 y 对4个自变量的线性回归方程，所得的回归系数是否合理？

（3）分析回归模型的共线性。

（4）采用后退法和逐步回归法选择变量，所得回归方程的回归系数是否合理，是否还存在共线性？

（5）建立不良贷款 y 对4个自变量的岭回归。

（6）对第（4）步剔除变量后的回归方程再做岭回归。

（7）某研究人员希望做 y 对各项贷款余额、本年累计应收贷款、贷款项目个数这3个自变量的回归，你认为这样做是否可行？如果可行应该如何做？

第 *8* 章
主成分回归
与偏最小二乘

对不满足模型基本假设的回归建模，这一章主要介绍另外两种改进方法，即主成分回归和偏最小二乘。

8.1 主成分回归

主成分回归（principal components regression，PCR）是对普通最小二乘估计的一种改进，它的参数估计是一种有偏估计。马西（W. F. Massy）于 1965 年根据多元统计分析中的主成分分析提出了主成分回归。为了使读者更容易理解主成分回归，本节首先介绍主成分分析的基本思想和性质，然后用实例介绍主成分回归的应用。

一、主成分的基本思想

主成分分析（principal components analysis，PCA）也称主分量分析，首先由霍特林（Hotelling）于 1933 年提出。主成分分析是用一种降维的思想，在损失很少信息的前提下把多个指标利用正交旋转变换转化为几个综合指标的多元统计分析方法。通常把转化生成的综合指标称为主成分，其中每个主成分都是原始变量的线性组合，且各个主成分之间互不相关。这样在研究复杂问题时就可以只考虑少数几个主成分且不至于损失太多信息，从而更容易抓住主要矛盾，揭示事物内部变量之间的规律性，同时使问题得到简化，提高分析效率。

设对某一事物的研究涉及 p 个指标，分别用 X_1，X_2，$\cdots$，X_p 表示，这 p 个指标构成的 p 维随机向量为 $\boldsymbol{X} = (X_1, X_2, \cdots, X_p)'$。设随机向量 $\boldsymbol{X}$ 的均值为 μ，协方差矩阵为 $\boldsymbol{\Sigma}$。

对 $\boldsymbol{X}$ 进行线性变换，可以形成新的综合变量，用 $\boldsymbol{Y}$ 表示，也就是说，新的综合变量可以由原来的变量线性表示，即满足下式：

$$\begin{cases} Y_1 = \mu_{11}X_1 + \mu_{12}X_2 + \cdots + \mu_{1p}X_p \\ Y_2 = \mu_{21}X_1 + \mu_{22}X_2 + \cdots + \mu_{2p}X_p \\ \quad \vdots \\ Y_p = \mu_{p1}X_1 + \mu_{p2}X_2 + \cdots + \mu_{pp}X_p \end{cases}$$

由于可以任意地对原始变量进行上述线性变换，得到的综合变量 $\boldsymbol{Y}$ 的统计特性也不尽相同，因此为了取得较好的效果，我们总是希望 $Y_i = \boldsymbol{\mu}_i'\boldsymbol{X}$ 的方差尽可能大且各 Y_i 之间互相独立，由于

$$\mathrm{var}(Y_i) = \mathrm{var}(\boldsymbol{\mu}_i'\boldsymbol{X}) = \boldsymbol{\mu}_i'\boldsymbol{\Sigma}\boldsymbol{\mu}_i$$

而对于任意常数 c，有

$$\mathrm{var}(c\boldsymbol{\mu}_i'\boldsymbol{X}) = c\boldsymbol{\mu}_i'\boldsymbol{\Sigma}\boldsymbol{\mu}_i c = c^2\boldsymbol{\mu}_i'\boldsymbol{\Sigma}\boldsymbol{\mu}_i$$

因此，对 $\boldsymbol{\mu}_i$ 不加限制时，可使 $\mathrm{var}(Y_i)$ 任意增大，问题将变得没有意义。我们将线性变换约束在下面的原则之下：

(1) $\boldsymbol{\mu}_i'\boldsymbol{\mu}_i = 1$，即 $\mu_{i1}^2 + \mu_{i2}^2 + \cdots + \mu_{ip}^2 = 1$ $(i = 1, 2, \cdots, p)$。

(2) Y_i 与 Y_j 不相关 $(i \neq j; i, j = 1, 2, \cdots, p)$。

(3) Y_1 是 $X_1, X_2, \cdots, X_p$ 的所有满足原则（1）的线性组合中方差最大者；Y_2 是与 Y_1 不相关的 $X_1, X_2, \cdots, X_p$ 的所有线性组合中方差最大者……Y_p 是与 $Y_1, Y_2, \cdots,$ Y_{p-1} 都不相关的 $X_1, X_2, \cdots, X_p$ 的所有线性组合中方差最大者。

基于以上三条原则确定的综合变量 $Y_1, Y_2, \cdots, Y_p$ 分别称为原始变量的第一、第二……第 p 个主成分。其中，各综合变量在总方差中的占比依次递减。在实际研究工作中，通常只挑前几个方差最大的主成分，从而达到简化系统结构、抓住问题本质的目的。

二、主成分的基本性质

引论 设矩阵 $\boldsymbol{A}' = \boldsymbol{A}$，将 $\boldsymbol{A}$ 的特征根 $\lambda_1, \lambda_2, \cdots, \lambda_p$ 依大小顺序排列，不妨设 $\lambda_1 \geqslant \lambda_2 \geqslant \cdots \geqslant \lambda_p$，$\gamma_1, \gamma_2, \cdots, \gamma_p$ 为矩阵 $\boldsymbol{A}$ 各特征根对应的标准正交向量，则对任意向量 $\boldsymbol{x}$，有

$$\max_{\boldsymbol{x} \neq \boldsymbol{0}} \frac{\boldsymbol{x}'\boldsymbol{A}\boldsymbol{x}}{\boldsymbol{x}'\boldsymbol{x}} = \lambda_1, \cdots, \min_{\boldsymbol{x} \neq \boldsymbol{0}} \frac{\boldsymbol{x}'\boldsymbol{A}\boldsymbol{x}}{\boldsymbol{x}'\boldsymbol{x}} = \lambda_p$$

结论：设随机向量 $\boldsymbol{X} = (X_1, X_2, \cdots, X_p)'$ 的协方差矩阵为 $\boldsymbol{\Sigma}$，$\lambda_1, \lambda_2, \cdots, \lambda_p (\lambda_1 \geqslant \lambda_2 \geqslant \cdots \geqslant \lambda_p)$ 为 $\boldsymbol{\Sigma}$ 的特征根，$\gamma_1, \gamma_2, \cdots, \gamma_p$ 为矩阵 $\boldsymbol{\Sigma}$ 各特征根对应的标准正交向量，则第 i 个主成分为：

$$Y_i = \gamma_{1i}X_1 + \gamma_{2i}X_2 + \cdots + \gamma_{pi}X_p, \quad i = 1, 2, \cdots, p$$

此时

$$\mathrm{var}(Y_i) = \boldsymbol{\gamma}_i'\boldsymbol{\Sigma}\boldsymbol{\gamma}_i = \lambda_i$$
$$\mathrm{cov}(Y_i, Y_j) = \boldsymbol{\gamma}_i'\boldsymbol{\Sigma}\boldsymbol{\gamma}_j = 0, \quad i \neq j$$

由以上结论，我们把 X_1，X_2，$\cdots$，X_p 的协方差矩阵 $\boldsymbol{\Sigma}$ 的非零特征根 λ_1，λ_2，$\cdots$，λ_p $(\lambda_1 \geqslant \lambda_2 \geqslant \cdots \geqslant \lambda_p > 0)$ 对应的标准化特征向量 $\boldsymbol{\gamma}_1$，$\boldsymbol{\gamma}_2$，$\cdots$，$\boldsymbol{\gamma}_p$ 分别作为系数向量，$Y_1 = \boldsymbol{\gamma}_1' \boldsymbol{X}$，$Y_2 = \boldsymbol{\gamma}_2' \boldsymbol{X}$，$\cdots$，$Y_p = \boldsymbol{\gamma}_p' \boldsymbol{X}$ 分别称为随机向量 $\boldsymbol{X}$ 的第一主成分、第二主成分……第 p 主成分。

性质 1 $\boldsymbol{Y}$ 的协方差矩阵为对角矩阵 $\boldsymbol{\Lambda}$。其中对角线上的值为 λ_1，λ_2，$\cdots$，λ_p。

性质 2 记 $\boldsymbol{\Sigma} = (\sigma_{ij})_{p \times p}$，有 $\sum\limits_{i=1}^{p} \lambda_i = \sum\limits_{i=1}^{p} \sigma_{ii}$。

称 $\alpha_k = \dfrac{\lambda_k}{\lambda_1 + \lambda_2 + \cdots + \lambda_p}$ $(k = 1, 2, \cdots, p)$ 为第 k 个主成分 Y_k 的方差贡献率，称

$\dfrac{\sum\limits_{i=1}^{m} \lambda_i}{\sum\limits_{i=1}^{p} \lambda_i}$ 为主成分 Y_1，Y_2，$\cdots$，Y_m 的累积贡献率。

性质 3 $\rho(Y_k, X_i) = \mu_{ki} \sqrt{\lambda_k} / \sqrt{\sigma_{ii}}$ $(k, i = 1, 2, \cdots, p)$。

式中，第 k 个主成分 Y_k 与原始变量 X_i 的相关系数 $\rho(Y_k, X_i)$ 称为因子负荷量。因子负荷量是主成分解释中非常重要的解释依据，因子负荷量的绝对值大小刻画了该主成分的主要意义及其成因。

性质 4 $\sum\limits_{i=1}^{p} \rho^2(Y_k, X_i) \sigma_{ii} = \lambda_k$

性质 5 $\sum\limits_{k=1}^{p} \rho^2(Y_k, X_i) = \dfrac{1}{\sigma_{ii}} \sum\limits_{k=1}^{p} \lambda_k \mu_{ki}^2 = 1$

X_i 与前 m 个主成分 Y_1，Y_2，$\cdots$，Y_m 的全相关系数平方和称为 Y_1，Y_2，$\cdots$，Y_m 对原始变量 X_i 的方差贡献率 ν_i，即 $\nu_i = \dfrac{1}{\sigma_{ii}} \sum\limits_{k=1}^{m} \lambda_k \mu_{ki}^2$ $(i = 1, 2, \cdots, p)$。这一定义说明前 m 个主成分提取了原始变量 X_i 中 ν_i 的信息，由此可以判断提取的主成分说明原始变量的能力。

三、主成分回归的实例

为了消除变量的量纲不同所产生的影响，先将数据中心标准化，中心标准化后的自变量样本观测数据矩阵 $\boldsymbol{X}^*$ 就是 n 行 p 列的矩阵，$\boldsymbol{r} = (\boldsymbol{X}^*)' \boldsymbol{X}^*$ 就是相关阵。

 例 8.1 •

下面以例 3.3 民航客运量的数据为例介绍主成分回归方法。首先对 5 个自变量计算主成分，依照 Analyze→Dimension Reduction→Factor 的顺序进入因子分析（包含主成分分析）对话框。把 $x_1 \sim x_5$ 这 5 个变量选入 Variables 变量框条中，点击 Extraction 按钮把抽取因子（主成分）数目（Number of Factors）设为 5，也就是原始变量数目。点击 Scores 按钮保存主成分得分。返回主对话框，其他设置都用默认值，点击 OK 运行。结果如输出结果 8.1 所示。

输出结果 8.1 中有 5 个主成分的特征根（Eigenvalues），最大的是 $\lambda_1 = 4.9535$，最小

的是 $\lambda_5 = 0.0014$。方差百分比（% of Variance）反映主成分所能解释数据变异的比例，也就是包含原始数据的信息比例。第一个主成分 Factor1 的方差百分比＝99.071%，含有 5 个原始变量 99% 以上的信息量；前两个主成分累积含有 5 个原始变量 99.81% 的信息量。做主成分分析要求选取的主成分累积方差百分比在 80% 以上，因此本例取一个主成分已经足够了。

一个需要说明的问题是，输出结果 8.1 计算的特征根针对中心标准化后的自变量，设计阵 $\boldsymbol{X}^*$ 只有 5 列已经中心标准化的自变量数据，没有常数项 1，$(\boldsymbol{X}^*)'\boldsymbol{X}^*$ 是 5 阶方阵，所以只有 5 个特征根。而输出结果 6.2 的方差比例表中，自变量没有中心化，设计阵 $\boldsymbol{X}^*$ 包含常数项 1，$(\boldsymbol{X}^*)'\boldsymbol{X}^*$ 是 6 阶方阵，有 6 个特征根。这两种情况计算的特征根数值有所不同。

输出结果 8.1　　　　　　　　　　　**Total Variance Explained**

Component	Initial Eigenvalues		
	Total	% of Variance	Cumulative %
1	4.9535	99.071	99.07
2	0.0371	0.742	99.81
3	0.0056	0.113	99.93
4	0.0024	0.047	99.97
5	0.0014	0.027	100.00

Extraction Method: Principal Component Analysis.

表 8-1 所示的是 5 个主成分得分，其数值是由点击 Scores 按钮保存在数据工作表中的。这 5 个主成分得分每列数据的平均值为 0，平方和都是 $n-1=19$，并且任意两列间都是线性无关的。

表 8-1　　　　　　　　　　　　**5 个主成分得分**

Factor1	Factor2	Factor3	Factor4	Factor5
−0.980 58	0.629 25	0.265 52	−0.607 36	−0.641 18
−0.936 52	0.929 99	0.522 76	−0.102 80	0.164 71
−0.903 6	0.870 57	−0.292 17	0.109 79	−0.170 62
−0.869 09	0.703 39	−1.028 62	0.352 88	−0.673 73
−0.835 12	0.743 63	−0.508 90	0.473 96	−0.577 32
−0.792 00	0.647 26	−0.093 58	−0.051 70	0.080 96
−0.803 70	0.287 87	1.888 69	−0.897 48	−1.152 15
−0.649 79	0.363 27	0.355 72	−0.074 48	1.214 63
−0.582 37	−0.112 18	0.255 40	−0.682 34	0.854 10
−0.466 42	−0.672 55	−0.775 58	−0.992 85	1.106 67
−0.287 24	−0.824 38	−0.554 03	0.332 73	2.012 17
−0.149 3	−1.352 32	−1.015 92	1.462 08	0.242 02

续前表

Factor1	Factor2	Factor3	Factor4	Factor5
−0.007 18	−1.402 26	−0.732 97	−0.164 94	−0.737 82
0.259 80	−1.028 82	−0.318 97	1.450 40	−2.568 62
0.613 72	−0.946 53	−0.093 69	1.274 53	0.781 67
0.783 06	−1.895 76	1.130 59	−2.029 63	−0.205 38
1.172 55	0.237 00	2.030 12	1.348 63	0.742 94
1.487 44	0.629 48	1.503 67	0.823 16	−0.100 21
1.745 38	0.107 97	−1.178 63	−1.826 34	−0.659 50
2.200 94	2.085 13	−1.359 41	−0.198 26	0.286 66

由于第一个主成分 Factor1 的方差比已经高达 99.071%，所以不妨先对这一个主成分做主成分分析。用 y 对 Factor1 做普通最小二乘回归，得主成分回归方程：

$$\hat{y} = 20\,345.15 + 13\,639.25\text{Factor1}$$

下面需要把这个表达式还原回用 5 个原始自变量表达的形式，这需要找出 Factor1 和 5 个原始自变量 x_1，x_2，x_3，x_4，x_5 之间的关系式。有一个很简单的办法，只需要以 Factor1 为因变量，以 x_1，x_2，x_3，x_4，x_5 为自变量做回归，得到的回归方程就是所需要的关系式。这个回归的残差为 0，这是因为主成分就是自变量的线性组合，是确定的函数关系，所做的回归相当于解一个线性方程组。通过回归得到：

$$\text{Factor1} = -1.762\,8 + 8.892\text{E}-07\,x_1 + 3.659\text{E}-05\,x_2 + 2.548\text{E}-07\,x_3$$
$$+ 3.519\text{E}-06\,x_4 + 1.663\text{E}-04\,x_5$$

代回主成分回归方程 $\hat{y} = 20\,345.15 + 13\,639.25\text{Factor1}$ 中，得到 y 对 5 个原始自变量 x_1，x_2，x_3，x_4，x_5 的主成分回归方程为：

$$\hat{y} = -3\,698.29 + 0.012\,12x_1 + 0.499\,0x_2 + 0.003\,475x_3 + 0.04\,800x_4 + 2.268x_5$$

前面得到的岭回归方程是：

$$\hat{y} = -2\,376.67 + 0.014\,5x_1 + 0.456\,7x_2 + 0.002\,3x_3 + 0.047\,4x_4 + 2.372\,0x_5$$

两者相比，x_1，x_2，x_3，x_4，x_5 的系数都很接近。

为了更清楚地说明主成分回归的计算过程，下面再做包含 Factor2 的主成分回归。用 y 对表 8-1 中的 Factor1 和 Factor2 做普通最小二乘回归，得主成分回归方程：

$$\hat{y} = 20\,345.15 + 13\,639.25\text{Factor1} - 1\,329.86\text{Factor2}$$

与只含有 Factor1 的回归方程相比，发现常数项 20 345.15 和 Factor1 的系数 13 639.25 都没有改变，这是因为 Factor1 和 Factor2 线性无关，并且都是中心化的。以下再找出 Factor1 和 Factor2 与 5 个原始自变量 x_1，x_2，x_3，x_4，x_5 之间的关系式，分别用 Factor1 和 Factor2 对 x_1，x_2，x_3，x_4，x_5 做回归，得回归方程：

$$Factor1 = -1.762\ 8 + 8.892E{-}07x_1 + 3.659E{-}05x_2 + 2.548E{-}07x_3$$
$$+ 3.519E{-}06x_4 + 1.663E{-}04x_5$$
$$Factor2 = -2.378\ 3 - 1.461E{-}05x_1 + 7.739E{-}05x_2 + 4.905E{-}06x_3$$
$$+ 1.763E{-}06x_4 - 8.812E{-}04x_5$$

代回主成分回归 $y = 20\ 345.15 + 13\ 639.25 Factor1 - 1\ 329.86 Factor2$ 之中，得 y 对 5 个原始自变量 x_1, x_2, x_3, x_4, x_5 的主成分回归方程：

$$\hat{y} = -535.43 + 0.031\ 56x_1 + 0.396\ 12x_2 - 0.003\ 05x_3 + 0.045\ 656x_4$$
$$+ 3.440\ 0x_5$$

与岭回归相比，x_1 的系数相差较大，并且 x_3 的系数变成了负数。所以对本例的数据做主成分回归，只取一个主成分就可以了。

表 8-1 中的每列主成分得分的平方和都是 $n-1=19$，感觉上分不清主次。一种方法是把每列数值乘以输出结果 8.1 中特征根的平方根，称为主成分，然后再用 y 对这些主成分做回归。但是这种做法其实和前面的做法等价，最后还原回原始自变量的回归方程是相同的，只是中间过程使用的自变量差了一个常数倍数。

8.2 偏最小二乘

一、偏最小二乘的基本原理

在经济问题的研究中遇到的回归问题往往有两个特点：一是自变量 $x_1, x_2, \cdots, x_k$ 的数目比较多，常常有几十个，而观察的时点并不多的情况。二是回归方程建立后主要的应用是预测。用符号来表示，就是对因变量 y 和自变量 $x_1, x_2, \cdots, x_k$ 观测了 n 组数据：

$$(y_t, x_{t1}, x_{t2}, \cdots, x_{tk}), \quad t = 1, 2, \cdots, n \tag{8.1}$$

假定它们之间有关系式

$$y = \beta_0 + \beta_1 x_{t1} + \beta_2 x_{t2} + \cdots + \beta_k x_{tk} + \varepsilon_t \tag{8.2}$$

式中，ε_t 为误差。我们要用观测值式（8.1）去求式（8.2）中 β_i 的估计值 $\hat{\beta}_i$，从而得到回归方程

$$y = \hat{\beta}_0 + \hat{\beta}_1 x_{t1} + \hat{\beta}_2 x_{t2} + \cdots + \hat{\beta}_k x_{tk} \tag{8.3}$$

当 $n > k$ 时，利用最小二乘法就可以求出 $\hat{\beta}_i$，从而得到式（8.3）。然而现在的问题是 $k > n$，采用通常的最小二乘法无法进行。

从式（8.2）来看，我们并不需要很多自变量，实际上只要 $x_1, x_2, \cdots, x_k$ 的一个线性函数 $\beta_1 x_1 + \beta_2 x_2 + \cdots + \beta_k x_k$ 就行了。通常的最小二乘法就是寻求 $\{x_i\}$ 的线性函数中

与 y 的相关系数绝对值达到最大的一个。这时须求 $\boldsymbol{X}'\boldsymbol{X}$ 的逆矩阵，$\boldsymbol{X}$ 是由自变量 x_1，x_2，…，x_k 的观测值组成的矩阵，即

$$\boldsymbol{X}=(x_{ti})=\begin{pmatrix} x_{11} & \cdots & x_{1k} \\ \vdots & \ddots & \vdots \\ x_{n1} & \cdots & x_{nk} \end{pmatrix}$$

当 $k>n$ 时，$\boldsymbol{X}'\boldsymbol{X}$ 是一个奇异矩阵，无法求逆。主成分回归（PCR）就不求 $\boldsymbol{X}'\boldsymbol{X}$ 的逆，而直接求 $\boldsymbol{X}'\boldsymbol{X}$ 的特征根。把它的非零特征根记为 λ_i，如果有 r 个，r 就是 $\boldsymbol{X}'\boldsymbol{X}$ 的秩，将它们按大小顺序排出，得 $\lambda_1 \geq \lambda_2 \geq \cdots \geq \lambda_r > 0$，相应的特征向量分别记为 $\boldsymbol{\alpha}_1$，$\boldsymbol{\alpha}_2$，…，$\boldsymbol{\alpha}_r$，它们均为 $k \times 1$ 向量，令 $\boldsymbol{\alpha}_i$ 的分量为 α_{ij}，即 $\boldsymbol{\alpha}'_i=(\alpha_{i1}, \cdots, \alpha_{ik})$，又令

$$z_i=\boldsymbol{\alpha}'_i\boldsymbol{X} = \alpha_{i1}x_1 + \alpha_{i2}x_2 + \cdots + \alpha_{ik}x_k, \quad i=1,2,\cdots,r \tag{8.4}$$

则 z_1，z_2，…，z_r 都是 x_1，x_2，…，x_k 的线性函数，$r<k$，且 $r<n$，因此将 y 对 z_1，z_2，…，z_r 或 z_1，z_2，…，z_r 的一部分做回归就可以了，这就是 PCR 的主要想法。

PCR 虽然解决了 $k>n$ 这一矛盾，但它选 z_i 的方法与因变量 y 无关，只在自变量 x_1，x_2，…，x_k 中寻找有代表性的 z_1，z_2，…，z_r。偏最小二乘（partial least squares，PLS）在这一点上与 PCR 不同，它寻找 x_1，x_2，…，x_k 的线性函数时，考虑与 y 的相关性，选择与 y 相关性较强又方便计算出的 x_1，x_2，…，x_k 的线性函数。它的算法是最小二乘，但是它只选 x_1，x_2，…，x_k 中与 y 有相关性的变量，不考虑全部 x_1，x_2，…，x_k 的线性函数，只考虑偏向与 y 有关的一部分，所以称为偏最小二乘。具体的选法与最小二乘法有关，所以先回忆一下最小二乘法的公式对理解 PLS 很有好处。

(y, x) 共观测了 n 组数据 (y_1, x_1)，(y_2, x_2)，…，(y_n, x_n)，于是 x, y 的线性回归方程为：

$$\hat{y}=\hat{\beta}_0+\hat{\beta}_1 x$$

$$\begin{cases} \hat{\beta}_0=\bar{y}-\hat{\beta}_1\bar{x}, \quad \bar{y}=\frac{1}{n}\sum_{i=1}^{n} y_i, \quad \bar{x}=\frac{1}{n}\sum_{i=1}^{n} x_i \\ \hat{\beta}_1=\dfrac{\sum_{i=1}^{n}(x_i-\bar{x})(y_i-\bar{y})}{\sum_{i=1}^{n}(x_i-\bar{x})^2} \end{cases}$$

当 x_i，y_i 这些数据的均值为 0 时，$\hat{\beta}_0=0$，$\hat{\beta}_1$ 就有简单的形式，即有

$$\begin{cases} y=\hat{\beta}_1 x \\ \hat{\beta}_1=\dfrac{\sum_{i=1}^{n} x_i y_i}{\sum_{i=1}^{n} x_i^2}=\dfrac{\boldsymbol{x}'\boldsymbol{y}}{\boldsymbol{x}'\boldsymbol{x}} \end{cases} \tag{8.5}$$

式中，$\boldsymbol{x} = \begin{pmatrix} x_1 \\ \vdots \\ x_n \end{pmatrix}$，$\boldsymbol{y} = \begin{pmatrix} y_1 \\ \vdots \\ y_n \end{pmatrix}$ 为观测值向量。PLS 就是反复利用式（8.5）。

首先将数据

$$\boldsymbol{y} = \begin{pmatrix} y_1 \\ \vdots \\ y_n \end{pmatrix}, \quad \boldsymbol{X} = \begin{pmatrix} x_{11} & \cdots & x_{1k} \\ \vdots & \ddots & \vdots \\ x_{n1} & \cdots & x_{nk} \end{pmatrix}$$

中心化，中心化之后得到的 $\tilde{y}_t$，$\tilde{x}_{ti}$ 相应的各自的均值都是 0。因此我们总假定原始数据 $\boldsymbol{y}$ 及 $\boldsymbol{X}$ 均已中心化，这样书写公式、算法时符号比较简单，即 $\boldsymbol{y}$ 和 $\boldsymbol{X} = (x_{ti})$ 满足

$$\sum_{t=1}^{n} y_t = 0, \quad \sum_{t=1}^{n} x_{ti} = 0, \quad i = 1, 2, \cdots, k \tag{8.6}$$

将 y 对每个自变量 x_i 单独做回归，用式（8.5）就得

$$\hat{y}(x_i) = \frac{\boldsymbol{x}_i' \boldsymbol{y}}{\boldsymbol{x}_i' \boldsymbol{x}_i} x_i, \quad \boldsymbol{x}_i = \begin{pmatrix} x_{1i} \\ \vdots \\ x_{ni} \end{pmatrix}, \quad i = 1, 2, \cdots, k \tag{8.7}$$

我们用 $\boldsymbol{x}_i$ 表示资料向量，x_i 表示自变量（不是数据）。式（8.7）告诉我们与 y 有关的 x_i 的线性组合，应该是式（8.7）右端的量，将式（8.7）右端的量加权后，用 ω_i 记相应的权，就得到

$$\sum_{i=1}^{k} \omega_i \frac{\boldsymbol{x}_i' \boldsymbol{y}}{\boldsymbol{x}_i' \boldsymbol{x}_i} x_i$$

权 ω_i 可以有很多种选择，比较简单的是 $\omega_i = \boldsymbol{x}_i' \boldsymbol{x}_i$，代入上式就得 $\sum_{i=1}^{k} (\boldsymbol{x}_i' \boldsymbol{y}) x_i$，可见这个 x_i 的线性组合是应入选的变量。令

$$t_1 = \sum_{i=1}^{k} (\boldsymbol{x}_i' \boldsymbol{y}) x_i \tag{8.8}$$

相应的 n 个资料是

$$\boldsymbol{t}_1 = \sum_{i=1}^{k} (\boldsymbol{x}_i' \boldsymbol{y}) \boldsymbol{x}_i$$

容易看出，式（8.8）的 t_1 中，系数与 y 有关，而不像 PCR 与 y 无关。将 t_1 作为自变量，对 y 求回归，用式（8.5）就有

$$\hat{y}(t_1) = \frac{\boldsymbol{t}_1' \boldsymbol{y}}{\boldsymbol{t}_1' \boldsymbol{t}_1} t_1$$

利用上式预测 y，得预测值向量 $\hat{\boldsymbol{y}}(t_1)$，即有

$$\hat{\boldsymbol{y}}(t_1) = \frac{\boldsymbol{t}'_1 \boldsymbol{y}}{\boldsymbol{t}'_1 \boldsymbol{t}_1} \boldsymbol{t}_1$$

于是得残差 $\boldsymbol{y}^{(1)} = \boldsymbol{y} - \hat{\boldsymbol{y}}(t_1)$。考虑到残差 $\boldsymbol{y}^{(1)}$ 中不再含 t_1 的信息，因此各个自变量 x_i 的作用对 y 而言，含 t_1 的部分已不具有新的信息，都应删去。也就是将每个自变量 x_i 对 t_1 求回归，得回归方程（还是用式（8.5））和预测值

$$\hat{\boldsymbol{x}}_i(t_1) = \frac{\boldsymbol{t}'_1 \boldsymbol{x}_i}{\boldsymbol{t}'_1 \boldsymbol{t}_1} \boldsymbol{t}_1, \quad i = 1, 2, \cdots, k$$

$\boldsymbol{x}_i$ 相应的残差 $\boldsymbol{x}_i^{(1)} = \boldsymbol{x}_i - \hat{\boldsymbol{x}}_i(t_1)$（$i = 1, 2, \cdots, k$）。于是将 $\boldsymbol{y}^{(1)}$，$\boldsymbol{x}_1^{(1)}$，$\boldsymbol{x}_2^{(1)}$，$\cdots$，$\boldsymbol{x}_k^{(1)}$ 作为新的原始资料，重复上述步骤，逐步求得 t_1，t_2，$\cdots$，t_r，r 是 $\boldsymbol{X}'\boldsymbol{X}$ 的秩。最后利用 y 对 t_2，t_3，$\cdots$，t_r 采用普通最小二乘做回归，经过变量间的转换，最终可得到 y 对 x_1，x_2，$\cdots$，x_k 的回归方程，这种求得回归方程的方法就称为偏最小二乘法。

二、偏最小二乘的算法

从上面构造 t_1 的过程可得如下的算法（$\boldsymbol{X}$，$\boldsymbol{y}$ 资料已中心化，$\mathrm{rank}(\boldsymbol{X}) = r$）：

Wold 算法

---

(1) $\boldsymbol{y} \to \boldsymbol{y}_0$，$\boldsymbol{X} \to \boldsymbol{X}_0$，$\boldsymbol{0} \to \hat{\boldsymbol{y}}_0$，$\boldsymbol{0} \to \hat{\boldsymbol{X}}_0$

(2) 对 $a = 1$ 到 r 做：

(3) $\boldsymbol{t}_a = \boldsymbol{X}_{a-1} \boldsymbol{X}'_{a-1} \boldsymbol{y}_{a-1}$

(4) $\hat{\boldsymbol{y}}_a = \dfrac{\boldsymbol{t}_a \boldsymbol{t}'_a}{\boldsymbol{t}'_a \boldsymbol{t}_a} \boldsymbol{y}_{a-1} + \hat{\boldsymbol{y}}_{a-1}$

(5) $\boldsymbol{y}_a = \boldsymbol{y}_{a-1} - \dfrac{\boldsymbol{t}_a \boldsymbol{t}'_a}{\boldsymbol{t}'_a \boldsymbol{t}_a} \boldsymbol{y}_{a-1}$

(6) $\hat{\boldsymbol{X}}_a = \dfrac{\boldsymbol{t}_a \boldsymbol{t}'_a}{\boldsymbol{t}'_a \boldsymbol{t}_a} \boldsymbol{X}_{a-1}$

(7) $\boldsymbol{X}_a = \boldsymbol{X}_{a-1} - \hat{\boldsymbol{X}}_a$

(8) $\boldsymbol{X}'_a \boldsymbol{X}_a$ 中主对角元素近似为 0，就退出

上述算法完全体现了 PLS 的想法。1988 年赫兰（Helland）证明了下列事实，导出了一种更为简单的算法。这个证明利用了回归方程是观测向量 $\boldsymbol{y}$ 在自变量资料向量所张成的子空间中的投影，所以逐次求出 t_1，t_2，$\cdots$，t_r 的投影矩阵是

$$\boldsymbol{P}_{ti} = \boldsymbol{t}_i (\boldsymbol{t}'_i \boldsymbol{t}_i)^{-1} \boldsymbol{t}'_i = \frac{\boldsymbol{t}_i \boldsymbol{t}'_i}{\boldsymbol{t}'_i \boldsymbol{t}_i}$$

$$\boldsymbol{P}_{ti} \boldsymbol{y} = \frac{\boldsymbol{t}'_i \boldsymbol{y}}{\boldsymbol{t}'_i \boldsymbol{t}_i} \boldsymbol{t}_i$$

我们用 (t_1)，(t_1, t_2)，$\cdots$，$(t_1, t_2, \cdots, t_r)$ 分别表示由 t_1 张成的子空间，t_1，t_2 张成的子空间，等等，$\hat{\boldsymbol{y}}_a$ 就是在 $(t_1, t_2, \cdots, t_a)$ 上的 $\boldsymbol{y}$ 的投影。如果引入记号

$$\boldsymbol{S} = \boldsymbol{X}'\boldsymbol{X}, \quad \boldsymbol{s} = \boldsymbol{X}'\boldsymbol{y}, \quad \boldsymbol{s}_1 = \boldsymbol{s}, \quad \boldsymbol{s}_k = \boldsymbol{S}'^{k-1}\boldsymbol{s}, \quad k = 1, 2, \cdots, r$$

赫兰证明了

$$(t_1, t_2, \cdots, t_a) = (X_{s_1}, X_{s_2}, \cdots, X_{s_a})$$

对 $a=1$，2，$\cdots$，r 都成立。于是 PLS 算法可改为：

Helland 算法

（1）$S = X'X$，$s = X'y$
（2）对 $a = 1$ 到 r 做：
（3）$s_a = S'^{a-1} s$
（4）y 对 X_{s_1}，X_{s_2}，$\cdots$，X_{s_a} 做普通最小二乘回归得 $\hat{y}_a$
（5）选择合适的 $\hat{y}_a$

上述算法中都存在一个问题，就是这个算法何时结束，什么是合适的 a，是否一定要算到某个 X_a 中的一列是 0 为止？

一般来说，可以自己规定一个你认为最切合你所研究的问题的标准。在已有的运用 PLS 的情况中，大部分都使用交叉验证（cross-validation）法。这个方法是这样的：

现在从资料 X，y 中删去第 l 组资料，即删去 $(y_l, x_{l1}, \cdots, x_{lk})$，删去后的 X，y 用 $X(-l)$，$y(-l)$ 表示；用 $X(-l)$，$y(-l)$ 作为原始资料，用 PLS 方法计算出预测方程中 $\hat{y}_a$ 的表达式，然后用 $\hat{y}_a(-l)$ 表示这个预测方程的预测值，将 x_{l1}，$\cdots$，x_{lk} 代入 $\hat{y}_a(-l)$，得它的预测值为 $\hat{y}_{al}(-l)$，残差 $y_l - \hat{y}_{al}(-l)$ 就反映了第 a 步预测方程的好坏在第 l 组资料上的体现，于是

$$\sum_{l=1}^{n} (y_l - \hat{y}_{al}(-l))^2$$

就在整体上反映了第 a 步预测方程的好坏。把这个值记为损失 $L(a)$，自然应该选 a 使 $L(a)$ 达到最小，即应该选 a_*，使

$$L(a_*) = \min_{1 \leqslant a \leqslant r} L(a)$$

所以 $L(a)$ 的计算没有必要添加新的程序，实际上重复使用就行了，当 n 不大时，更为方便。正因为使用了这种交叉验证方法，所以选出的预测方程往往效果比较好。

三、偏最小二乘的应用

在此介绍使用 SPSS（需要安装 PLS 模块）对发电量模型运用偏最小二乘回归的方法。

 例8.2 $\cdots\cdots\cdots\cdots\cdots\cdots\cdots\cdots\cdots\cdots\cdots\cdots\cdots\cdots\cdots\cdots\cdots\cdots\cdots\bullet$

对发电量需求和工业产量的关系进行建模，因变量 y 为发电量需求（亿千瓦时），自变量 x_1 为原煤产量（亿吨），x_2 为原油产量（万吨），x_3 为天然气产量（亿立方米），x_4 为生铁产量（万吨），x_5 为纱产量（万吨），x_6 为硫酸产量（万吨），x_7 为烧碱（折

100%）产量（万吨），x_8 为纯碱产量（万吨），x_9 为农用化肥产量（万吨），x_{10} 为水泥产量（万吨），x_{11} 为平板玻璃产量（万重量箱），x_{12} 为钢产量（万吨），x_{13} 为成品钢材产量（万吨）。数据如表 8－2 所示。

表 8－2

年份	y	x_1	x_2	x_3	x_4	x_5	x_6
1997	11 355. 53	13. 88	16 074. 14	227. 03	11 511. 41	559. 83	2 036. 90
1998	11 670. 00	13. 32	16 100. 00	232. 79	11 863. 67	542. 00	2 171. 00
1999	12 393. 00	13. 64	16 000. 00	251. 98	12 539. 24	567. 00	2 356. 00
2000	13 556. 00	13. 84	16 300. 00	272. 00	13 101. 48	657. 00	2 427. 00
2001	14 808. 02	14. 72	16 395. 87	303. 29	15 554. 25	760. 68	2 696. 30
2002	16 540. 00	15. 50	16 700. 00	326. 61	17 084. 60	850. 00	3 050. 40
2003	19 105. 75	18. 35	16 959. 98	350. 15	21 366. 68	983. 58	3 371. 20
2004	22 033. 09	21. 23	17 587. 33	414. 60	26 830. 99	1 291. 34	3 928. 90
2005	25 002. 60	23. 50	18 135. 29	493. 20	34 375. 19	1 450. 54	4 544. 70
2006	28 657. 26	25. 29	18 476. 57	585. 53	41 245. 19	1 742. 96	5 033. 20
2007	32 815. 53	26. 92	18 631. 82	692. 40	47 651. 63	2 068. 17	5 412. 60
2008	34 957. 61	28. 02	19 043. 06	802. 99	47 824. 42	2 170. 92	5 098. 00
2009	37 146. 51	29. 73	18 948. 96	852. 69	55 283. 46	2 393. 46	5 960. 90

年份	x_7	x_8	x_9	x_{10}	x_{11}	x_{12}	x_{13}
1997	574. 40	725. 76	2 820. 96	51 173. 80	16 630. 70	10 894. 20	9 978. 93
1998	539. 37	744. 00	3 010. 00	53 600. 00	17 194. 03	11 559. 00	10 737. 80
1999	580. 14	766. 00	3 251. 00	57 300. 00	17 419. 79	12 426. 00	12 109. 78
2000	667. 88	834. 00	3 186. 00	59 700. 00	18 352. 20	12 850. 00	13 146. 00
2001	787. 96	914. 37	3 383. 01	66 103. 99	20 964. 12	15 163. 40	16 067. 61
2002	877. 97	1 033. 15	3 791. 00	72 500. 00	23 445. 56	18 236. 60	19 251. 59
2003	945. 27	1 133. 56	3 881. 31	86 208. 11	27 702. 60	22 233. 60	24 108. 01
2004	1 041. 12	1 334. 70	4 804. 82	96 681. 99	37 026. 17	28 291. 10	31 975. 72
2005	1 239. 98	1 421. 08	5 177. 86	106 884. 79	40 210. 24	35 324. 00	37 771. 14
2006	1 511. 78	1 560. 03	5 345. 05	123 676. 48	46 574. 70	41 914. 90	46 893. 36
2007	1 759. 29	1 765. 00	5 824. 98	136 117. 25	53 918. 07	48 928. 80	56 560. 87
2008	1 926. 01	1 854. 60	6 028. 05	142 355. 73	59 890. 39	50 305. 80	60 460. 29
2009	1 832. 37	1 944. 77	6 385. 01	164 397. 78	58 574. 07	57 218. 20	69 405. 40

资料来源：中经网。

我们首先用逐步回归法来对这个方程进行回归，部分运行结果见输出结果 8.2。

输出结果 **8.2**

Coefficients[a]

Model		Unstandardized Coefficients		Standardized Coefficients	t	Sig.
		B	Std. Error	Beta		
1	(Constant)	4413.777	302.213		14.605	.000
	x5	13.884	.217	.999	63.908	.000
2	(Constant)	1108.697	1067.302		1.039	.323
	x5	8.707	1.642	.626	5.301	.000
	x8	7.859	2.481	.374	3.167	.010

a. Dependent Variable: y.

ANOVA[c]

Model		Sum of Squares	df	Mean Square	F	Sig.
1	Regression	1.036E9	1	1.036E9	4084.265	.000[a]
	Residual	2789222.131	11	253565.648		
	Total	1.038E9	12			
2	Regression	1.037E9	2	5.185E8	3723.741	.000[b]
	Residual	1392451.660	10	139245.166		
	Total	1.038E9	12			

a. Predictors: (Constant), x5.

b. Predictors: (Constant), x5, x8.

c. Dependent Variable: y.

得到的回归方程为 $y = 1\,108.697 + 8.707x_5 + 7.859x_8$，从 t 检验和 F 检验的结果来看，这个模型非常好。然而，政府工作人员对这个结果很不满意，回归方程中仅剩下 x_5（纱产量）和 x_8（纯碱产量），而这两个产业并不是需求电量最大的，最依赖于发电量的众多重工业却没能进入方程，因此，这个方程很难使他们信服。

若是运用全模型，却不能满足 $n \geqslant k$ 的条件。在这种情况下，我们可以运用偏最小二乘法。

点击 Analyze→Regression→Partial Least Squares 进入偏最小二乘的对话框，将 y 选入 Dependent Variables 框内，将 x_1，x_2，$\cdots$，x_{13} 选入 Independent Variables 框内，Maximum number of latent factors 填 3（即设定上文算法中的 a 最大到 3，用户可自行选择合适的数，一般情况下只需迭代 $3\sim4$ 次）。SPSS 的 PLS 模块是自行将数据标准化（记为 y^*，x_k^*）后处理的，运行得到的部分结果见输出结果 8.3。

SPSS 中的 PLS 并不能直接给出回归方程的系数，而是给出全部的 t_k 和 y^* 对 t_k 的回归方程。如输出结果 8.3 所示，我们得到的结果为：

输出结果 8.3

Proportion of Variance Explained

Latent Factors		X Variance	Cumulative X Variance	Y Variance	Cumulative Y Variance (R-square)	Adjusted R-square
dimension0	1	.989	.989	.998	.998	.998
	2	.005	.994	.001	.999	.999
	3	.001	.995	.000	1.000	1.000

Weights

Variables		Latent Factors		
		1	2	3
dimension0	x1	.277	-.327	-.214
	x2	.276	-.352	-.070
	x3	.277	.509	-.126
	x4	.278	-.092	-.470
	x5	.279	.110	-.126
	x6	.275	-.358	.175
	x7	.277	.432	.421
	x8	.278	.105	.583
	x9	.276	-.327	-.042
	x10	.278	.161	.374
	x11	.278	.005	-.120
	x12	.278	-.037	-.269
	x13	.278	.171	-.115
	y	.279	.121	.162

$$t_1 = 0.277x_1^* + 0.276x_2^* + 0.277x_3^* + 0.278x_4^* + 0.279x_5^*$$
$$+ 0.275x_6^* + 0.277x_7^* + 0.278x_8^* + 0.276x_9^* + 0.278x_{10}^*$$
$$+ 0.278x_{11}^* + 0.278x_{12}^* + 0.278x_{13}^*$$

$$t_2 = -0.327x_1^* - 0.352x_2^* + 0.509x_3^* - 0.092x_4^* + 0.110x_5^*$$
$$- 0.358x_6^* + 0.432x_7^* + 0.105x_8^* - 0.327x_9^* + 0.161x_{10}^*$$
$$+ 0.005x_{11}^* - 0.037x_{12}^* + 0.171x_{13}^*$$

$$t_3 = -0.214x_1^* - 0.070x_2^* - 0.126x_3^* - 0.470x_4^* - 0.126x_5^*$$
$$+ 0.175x_6^* + 0.421x_7^* + 0.583x_8^* - 0.042x_9^* + 0.374x_{10}^*$$
$$- 0.120x_{11}^* - 0.269x_{12}^* - 0.115x_{13}^*$$

$$y^* = 0.279t_1 + 0.121t_2 + 0.162t_3$$

将 t_1，t_2，t_3 代入 y^* 得

$$y^* = 0.002\,7x_1^* + 0.022\,8x_2^* + 0.118\,3x_3^* - 0.001\,0x_4^* + 0.070\,6x_5^*$$
$$+ 0.061\,7x_6^* + 0.197\,8x_7^* + 0.185\,0x_8^* + 0.030\,6x_9^* + 0.157\,8x_{10}^*$$
$$+ 0.058\,5x_{11}^* + 0.029\,5x_{12}^* + 0.079\,8x_{13}^* ①$$

将回归方程中的变量还原为原始变量：

$$y = -2\,567.100\,7 + 4.025\,9x_1 + 0.180\,6x_2 + 4.997\,6x_3 - 0.005\,8x_4$$
$$+ 0.981\,4x_5 + 0.418\,3x_6 + 3.642\,1x_7 + 3.885\,0x_8 + 0.225\,1x_9$$
$$+ 0.038\,5x_{10} + 0.032\,8x_{11} + 0.016\,4x_{12} + 0.035\,5x_{13}$$

粗略地看一下所求的回归方程，或许有人感到，有些自变量对因变量的影响解释不通，比如 x_4（生铁产量）前面的系数是负的。考虑到经济变量之间的关系，生铁产量与钢产量和成品钢材产量之间有部分重叠的关系，所以生铁产量对因变量的影响可能已经通过钢和成品钢材反映出来。从预测的角度来说，采用这三个自变量比只采用其中一个效果要好。

如果使用 R 做偏最小二乘回归，可以参考下面语句，有关 R 软件的简单说明参考例4.6。输出见输出结果 8.4。

```
install.packages("pls")    ＃安装 pls 包
data8.2<-read.csv('D:/li8.2.csv')    ＃读入数据文件，数据赋值给 data8.2
datas<-data.frame(scale(data8.2))    ＃将数据标准化
library(pls)    ＃加载 pls 包
pls1<-plsr(y~.,data = datas,validation = "LOO")
＃建立偏最小二乘法回归模型，validation = "LOO" 表示使用留一交叉验证计算 RMSEP
summary(pls1,what = "all")    ＃输出回归结果，见输出结果 8.4
```

输出结果 8.4

Number of components considered：11
VALIDATION: RMSEP
Cross-validated using 13 leave-one-out segments.

	(Intercept)	1comps	2comps	3comps	4comps	5comps	6comps	7comps
CV	1.041	0.04406	0.03274	0.03285	0.03799	0.05238	0.07349	0.08335
adjCV	1.041	0.04380	0.03246	0.03225	0.03716	0.05077	0.07095	0.08045
	8comps	9comps	10comps	11comps				
	0.1339	0.1676	0.1979	1.169				
	0.1289	0.1613	0.1904	1.123				

TRAINING: % variance explained

	1comps	2comps	3comps	4comps	5comps	6comps	7comps	8comps	9comps	10comps	11comps
X	98.92	99.43	99.55	99.77	99.85	99.87	99.95	99.99	99.99	100.00	100.00
y	99.85	99.93	99.97	99.97	99.98	99.98	99.98	99.98	99.98	99.98	99.99

R 的输出结果 8.4 中，分量 comps 就是潜在因子（Latent Factors），得到最多 11 个分量的偏最小二乘回归模型拟合结果。用交叉验证法（cross-validated，CV）计算的

———————————
① 系数有误差。

RMSEP 数值在取 2 个分量时达到极小值 0.032 74，用调整的交叉验证法（adjCV）计算的 RMSEP 数值在取 3 个分量时达到极小值 0.032 25。由此选定 $a=3$ 个分量，再用下面的语句计算回归系数，由此得到的是对标准化数据的回归系数，还需要读者自己再还原为对原始变量的回归系数。

```
pls2<-plsr(y~.,data = datas,ncomp = 3,validation = "LOO",jackknife = TRUE)
coef(pls2)    #输出回归系数
```

偏最小二乘的主要作用是解决样本量小而自变量多的问题，但是在解决自变量多重共线性方面也很有效，下面看看对例 3.3 民航客运量数据做偏最小二乘回归解决多重共线性问题的效果。这里略去计算过程，只展示最后结果。如果只取 1 个潜在因子，得到的最终回归方程是

$$\hat{y}=-3\,680.72+0.012\,27x_1+0.498\,0x_2+0.003\,42x_3+0.048\,05x_4+2.277x_5$$

而只取 1 个主成分的主成分回归是

$$\hat{y}=-3\,698.29+0.012\,12x_1+0.499\,0x_2+0.003\,475x_3+0.048\,00x_4+2.268x_5$$

可以看到两者非常接近。

如果取 2 个潜在因子，得到的最终回归方程是

$$\hat{y}=-1\,110.57+0.030\,74x_1+0.357\,43x_2-0.003\,30x_3+0.054\,84x_4+3.494\,45x_5$$

而取 2 个主成分的主成分回归是

$$\hat{y}=-535.43+0.031\,56x_1+0.396\,12x_2-0.003\,05x_3+0.0456\,56x_4+3.440\,0x_5$$

可以看到两者也非常接近。

8.3 本章小结与评注

1. 主成分回归

这一章首先介绍的是主成分回归，由于主成分回归是根据主成分分析的思想提出的，而主成分分析是多元统计分析中的一种主要方法（一般来说，多元分析课程在回归分析课程之后开设），所以本章用较大篇幅介绍了主成分分析及其在经济问题研究中的应用，这对于没接触过主成分分析的读者来说是有必要的，可以使读者体会主成分回归的思想。

在介绍完主成分分析之后，介绍了主成分估计以及该估计的几个基本性质，并结合经济分析实例具体介绍了主成分估计的应用。

主成分回归方程使我们看到主成分分析在简化结构、消除变量之间的相关性方面有明

显的效果，但也给回归方程的解释带来一定的复杂性。它并没有像原解释变量的边缘效应那样简单的解释。因此，我们通常仅将主成分回归作为分析多重共线性问题的一种方法。为了得到最终的估计结果，必须把主成分还原成原始的变量。

主成分估计与前面介绍的岭估计一样是一种有偏估计，大量的实际例子和计算机模拟研究表明，在回归分析中，当设计矩阵 X 呈病态时，或者说存在多重共线性时，有偏估计在均方误差意义下改进了最小二乘估计，但是至今没有一种得到公认的最优的有偏估计方法。在实际应用中，一定要根据具体问题选择合适的估计方法，不要简单认为这里介绍的几种有偏估计总会对最小二乘估计有改进作用。我们这里强调的是当设计矩阵 X 呈病态时，有偏估计会对最小二乘估计有所改进，但并不是在任何情况下都比最小二乘估计好。经过自变量多重共线性的检查，对不存在多重共线性的问题，应尽可能运用普通最小二乘法。

这里值得一提的是 1974 年韦伯斯特（J. T. Webster）、冈斯特（R. F. Gunst）和梅森（R. L. Mason）提出了特征根回归，它是主成分估计的一种推广。在主成分回归中，我们只是对自变量计算其特征根和特征向量，而在特征根回归中，把因变量 y 也考虑进来。近年来，该方法得到人们的关注，有兴趣的读者请参见参考文献［2］、［21］。

2. 偏最小二乘

这里需要说明的是，偏最小二乘法所得的回归系数不再是因变量资料 y 的线性函数，它与普通最小二乘法不同，正是这一点引起了统计学家的兴趣。偏最小二乘法的良好效果与非线性函数估计量的哪些统计性质有关？这一谜底至今尚未完全揭开，Frank L. E. and Friedman（1993）在这方面做了系统的评述，有兴趣的读者可以参阅。

Frank L. E. and Friedman（1993）比较了各种回归方法的应用所需的假设（见表 8-3）。

表 8-3　　　　　　　　　　　　各种回归方法的假设条件

普通最小二乘法、岭回归、变量选择	主成分回归、偏最小二乘法
自变量是独立的	自变量可以是相关的
自变量的值必须是精确的	自变量的值可以有误差
残差必须是随机的	残差可以有一定的结构

从上表可以看出，偏最小二乘法和主成分回归所需的假设条件较少，与实际更为接近，因而相对较优。

以上我们只简单比较了各种回归方法。Frank L. E. and Friedman（1993）详细比较了几种常用的分析方法，如普通最小二乘法、岭回归、主成分回归、偏最小二乘法和变量选择（VSS）、最佳子集回归、逐步筛选回归，从模型和选变量的准则等方面做了仔细分析，阐述了各种方法在什么情况下使用较好，并进行了数值模拟的比较。一般情况下，偏最小二乘法和岭回归是相对较好的。

思考与练习

8.1 试总结主成分回归建模的思想与步骤。

8.2 试总结偏最小二乘建模的思想与步骤。

8.3 对例 5.5 的 Hald 水泥问题用主成分回归方法建立模型,并与其他方法的结果进行比较。

8.4 对例 5.5 的 Hald 水泥问题用偏最小二乘方法建立模型,并与其他方法的结果进行比较。

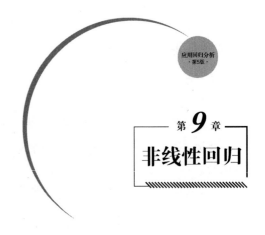

第 **9** 章

非线性回归

在许多实际问题中，变量之间的关系并不都是线性的。通常我们会碰到某些现象的被解释变量与解释变量之间呈现某种曲线关系。对于曲线形式的回归问题，显然不能照搬前面线性回归的建模方法。本章首先讨论可转化为线性回归的曲线回归问题，然后讨论一种多项式回归方法，再讨论一般非线性回归模型的参数估计方法和建模过程。

9.1　可化为线性回归的曲线回归

实际问题中，有许多回归模型的被解释变量 y 与解释变量 x 之间的关系都不是线性的，其中一些回归模型通过对自变量或因变量的函数变换可以转化为线性模型，利用线性回归求解未知参数，并做回归诊断。如有下列模型

$$y = \beta_0 + \beta_1 e^{bx} + \varepsilon \quad (b \text{ 已知}) \tag{9.1}$$

$$y = \beta_0 + \beta_1 x + \beta_2 x^2 + \cdots + \beta_p x^p + \varepsilon \tag{9.2}$$

$$y = a e^{bx} e^{\varepsilon} \tag{9.3}$$

$$y = a e^{bx} + \varepsilon \tag{9.4}$$

对于式（9.1），只需令 $x' = e^{bx}$ 即可转化为 y 关于 x' 的线性形式

$$y = \beta_0 + \beta_1 x' + \varepsilon$$

需要指出的是，新引进的自变量只能依赖于原始变量，而不能与未知参数有关。如当式（9.1）中的 b 未知时，则不能通过变量替换转化为线性形式。

对于式（9.2），可以令 $x_1 = x$，$x_2 = x^2$，$\cdots$，$x_p = x^p$，于是得到 y 关于 x_1，

x_2，…，x_p 的线性表达式

$$y = \beta_0 + \beta_1 x_1 + \beta_2 x_2 + \cdots + \beta_p x_p + \varepsilon \qquad (9.5)$$

式（9.2）本来只有一个自变量 x，是一元 p 次多项式回归，线性化后变为 p 元线性回归。

对于式（9.3），等式两边同时取自然对数，得

$$\ln y = \ln a + bx + \varepsilon$$

令 $y' = \ln y$，$\beta_0 = \ln a$，$\beta_1 = b$，于是得到 y' 关于 x 的一元线性回归模型

$$y' = \beta_0 + \beta_1 x + \varepsilon$$

对于式（9.4），不能通过等式两边同时取自然对数的方法将回归模型线性化，只能用非线性最小二乘方法求解。

回归模型式（9.3）可以线性化，而回归模型式（9.4）不可以线性化，两个回归模型有相同的回归函数 $a\mathrm{e}^{bx}$，只是误差项 ε 的形式不同。式（9.3）的误差项称为乘性误差项，式（9.4）的误差项称为加性误差项。因而一个非线性回归模型是否可以线性化，不仅与回归函数的形式有关，而且与误差项的形式有关。误差项还可以有其他多种形式。

式（9.3）与式（9.4）的回归参数的估计值是有差异的。误差项的形式首先应该由数据的经济意义来确定，然后由回归拟合效果做检验。过去，由于没有非线性回归软件，人们总是希望非线性回归模型可以线性化，因此误差项的形式就假定为可以使模型线性化的形式。现在利用计算机软件可以容易地解决非线性回归问题，因而对误差项形式应该做正确的选择。

在对非线性回归模型线性化时，总是假定误差项的形式就是能够使回归模型线性化的形式，为了方便，常常省去误差项，仅写出回归函数的形式。例如把回归模型式（9.3）简写为 $y = a\mathrm{e}^{bx}$。

SPSS 软件给出了十几种常见的可线性化的曲线回归方程，如表 9-1 所示。其中，自变量以 t 表示。

表 9-1

英文名称	中文名称	方程形式
Linear	线性函数	$y = b_0 + b_1 t$
Logarithm	对数函数	$y = b_0 + b_1 \ln t$
Inverse	逆函数	$y = b_0 + b_1 / t$
Quadratic	二次曲线	$y = b_0 + b_1 t + b_2 t^2$
Cubic	三次曲线	$y = b_0 + b_1 t + b_2 t^2 + b_3 t^3$
Power	幂函数	$y = b_0 t^{b_1}$
Compound	复合函数	$y = b_0 b_1^t$
S	S 形函数	$y = \exp(b_0 + b_1 / t)$

续前表

英文名称	中文名称	方程形式
Logistic	逻辑函数	$y = \dfrac{1}{\dfrac{1}{u} + b_0 b_1^t}$ u 是预先给定的常数
Growth	增长曲线	$y = \exp(b_0 + b_1 t)$
Exponent	指数函数	$y = b_0 \exp(b_1 t)$

在以上曲线回归函数中，复合函数 $y = b_0 b_1^t$，增长曲线 $y = \exp(b_0 + b_1 t)$，指数函数 $y = b_0 \exp(b_1 t)$ 这三个曲线方程实际上是等价的，只是表达形式不同，这一点请读者注意。

对以上各种曲线回归，在 SPSS 软件中点击 Regression→Curve Estimation 命令，即可方便地直接拟合各种曲线回归，而不必做任何变量变换。

除了以上 SPSS 软件中收录的十几种曲线回归外，还有几种常用的曲线回归。

1. 双曲函数

$$y = \frac{x}{ax + b}$$

或等价地表示为：

$$\frac{1}{y} = a + b\frac{1}{x}$$

双曲函数曲线图如图 9-1（a）所示。

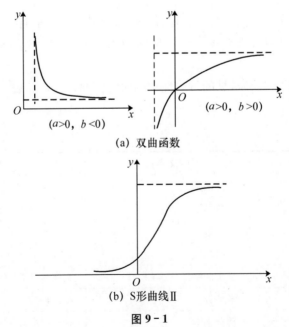

(a) 双曲函数

(b) S形曲线 Ⅱ

图 9-1

2. S 形曲线 Ⅱ

$$y = \frac{1}{a + be^{-x}} \tag{9.6}$$

此 S 形曲线 Ⅱ，当 $a > 0$，$b > 0$ 时，是 x 的增函数。当 $x \to +\infty$ 时，$y \to 1/a$；当 $x \to -\infty$ 时，$y \to 0$。$y = 0$ 与 $y = 1/a$ 是这条曲线的两条渐近线。S 形曲线有多种，这里介绍的 S 形曲线 Ⅱ 是一种简单情况，其共同特点是曲线首先是缓慢增长，在达到某点后迅速增长，在超过某点后又变为缓慢增长，并且趋于一个稳定值。S 形曲线在社会经济等很多领域都有应用，例如某种产品的销售量与时间的关系，树木、农作物的生长与时间的关系等。S 形曲线 Ⅱ 的图形如图 9-1（b）所示，有关 S 形曲线的进一步介绍请参见参考文献 [5]。

另外，SPSS 软件中的 S 形曲线 $y = \exp(b_0 + b_1/t)$ 在 $b_1 < 0$ 时是 t 的增函数，当 t 从右侧趋于 0 时，曲线趋于 0；当 $t \to +\infty$ 时，曲线以 $y = \exp(b_0)$ 为渐近线，属于通常意义上的 S 形曲线。在 $b_1 > 0$ 时，曲线在 t 的正实轴上是 t 的减函数，不是通常意义上的 S 形曲线。

SPSS 软件中的逻辑函数在 $0 < b_1 < 1$ 时也是 S 形曲线。

 例 9.1 ....•

对国内生产总值（GDP）的拟合。我们选取 GDP 指标为因变量，单位为亿元，拟合 GDP 关于时间 t 的趋势曲线。以 1991 年为基准年，取值为 $t = 1$，2013 年 $t = 23$，1991—2013 年的数据如表 9-2 所示。

表 9-2

年份	t	y	$\hat{y}$	e	$y' = \ln y$
1991	1	21 781.5	28 538.8	−6 757.31	9.988 816
1992	2	26 923.5	32 771.68	−5 848.03	10.200 75
1993	3	35 333.9	37 632	−2 298.13	10.472 6
1994	4	48 197.9	43 213.14	4 984.50	10.783 07
1995	5	60 793.7	49 622.52	11 171.12	11.015 24
1996	6	71 176.6	56 982.53	14 194.27	11.172 92
1997	7	78 793	65 433.52	13 359.37	11.274 58
1998	8	84 402.3	75 138.62	9 263.91	11.343 35
1999	9	89 677.1	86 282.32	3 394.60	11.403 97
2000	10	99 214.6	99 079.71	135.15	11.505 04
2001	11	109 655	113 774.1	−4 119.37	11.605 09
2002	12	120 333	130 647.7	−10 315.77	11.698 02
2003	13	135 823	150 025.4	−14 202.87	11.819 11
2004	14	159 878	172 277.2	−123 98.89	11.982 17

续前表

年份	t	y	$\hat{y}$	e	$y' = \ln y$
2005	15	184 937	197 827.4	−12 891.05	12.127 77
2006	16	216 314	227 169.1	−10 854.83	12.284 49
2007	17	265 810	260 860.2	4 948.74	12.490 54
2008	18	314 045	299 548	14 494.23	12.657 29
2009	19	340 903	343 977	−3 075.50	12.739 35
2010	20	401 513	394 995.6	6 517.49	12.903
2011	21	473 104	453 576.9	19 524.92	13.067 07
2012	22	519 470	520 851.4	−1 381.44	13.160 56
2013	23	568 845	598 098.1	−29 256.27	13.251 36

方法一：直接用 SPSS 软件进行计算，首先画出 GDP 对变量 t 的散点图，如图 9-2 所示。

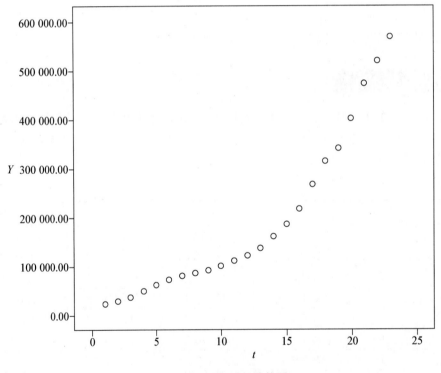

图 9-2　GDP 时间趋势图

从散点图中看到，GDP 大致为指数函数形式，从经济学角度看，当 GDP 的年增长速度大致相同时，其趋势线就是指数函数形式。前面说过，复合函数 $y = b_0 b_1^t$，增长曲线 $y = \exp(b_0 + b_1 t)$，指数函数 $y = b_0 \exp(b_1 t)$ 这三个曲线方程实际上是等价的。在本例中，复合函数 $y = b_0 b_1^t$ 的形式与经济意义更吻合。自变量为时间变量时，点击 Analyze→Regression→Curve Estimation，默认模型为 Linear（简单线性回归），我们再点击 Compound（复合函数回归），计算结果如输出结果 9.1 所示。

输出结果 9.1

Linear

ANOVA

	Sum of Squares	df	Mean Square	F	Sig.
Regression	523800413852.183	1	523800413852.183	130.403	.000
Residual	84352385571.012	21	4016780265.286		
Total	608152799423.195	22			

The independent variable is t.

Compound

ANOVA

	Sum of Squares	df	Mean Square	F	Sig.
Regression	19.355	1	19.355	1330.366	.000
Residual	.306	21	.015		
Total	19.661	22			

The independent variable is t.

Model Summary and Parameter Estimates

Dependent Variable: y

Equation	Model Summary					Parameter Estimates	
	R Square	F	df1	df2	Sig.	Constant	b1
Linear	.861	130.403	1	21	.000	−80532.118	22750.590
Compound	.984	1330.366	1	21	.000	24852.784	1.148

The independent variable is t.

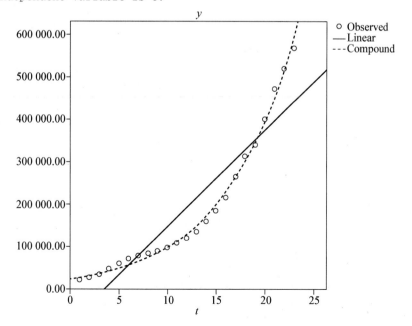

线性回归 SSE$=84\,352\,385\,571.012$，$R^2=0.861$。复合函数回归 SSE$=0.306$，$R^2=0.984$，是按线性化后的回归模型计算的，两者的残差不能直接相比。为了与线性回归的拟合效果直接相比，可以先存储复合函数的残差序列（见表 9-2），然后计算出复合函数回归的 SSE$=3\,000\,507\,229$，可推知复合函数拟合效果明显优于线性回归，从模型拟合图中也可直观得到这一结论，故在解决此类问题时应采用复合函数回归。

复合函数回归系数为 $b_0=24\,852.784$，等比系数 $b_1=1.148$，回归方程为：

$$\hat{y}=24\,852.784\times(1.148)^t$$

式中，$b_1=1.148=114.8\%$ 表示 GDP 的平均发展速度，平均增长速度为 14.8%。这里 GDP 采用的是当年现价，包含物价上涨因素在内。本例只是作为计算非线性回归的示例。在实际工作中，如果需要对 GDP 做趋势拟合或预测，应对此模型做一些改进，例如用不变价格代替现价，对误差项的自相关做相应的处理；考虑到 GDP 的年增长速度会有减缓趋势，可以给回归函数增加适当的阻尼因子，或采用 S 形曲线拟合等。

方法二：线性化求解法。前面方法一介绍的直接用 SPSS 软件的 Curve Estimation 命令中的复合函数回归的计算过程实际上是按以下的线性化求解法实施的。复合函数 $y=b_0 b_1^t$ 两端取自然对数，得

$$\ln y=\ln b_0+t\ln b_1$$

令 $y'=\ln y$，$\beta_0=\ln b_0$，$\beta_1=\ln b_1$，于是得到 y' 关于 t 的线性回归方程

$$y'=\beta_0+\beta_1 t$$

计算出 $y'=\ln y$ 的值列在表 9-2 中，用 y' 对 t 做一元线性回归，得输出结果 9.2。

输出结果 9.2

Model Summary

Model	R	R Square	Adjusted R Square	Std. Error of the Estimate
1	.992[a]	.984	.984	.12062

a.Predictors: (Constant),t.

ANOVA[a]

Model		Sum of Squares	df	Mean Square	F	Sig.
1	Regression	19.355	1	19.355	1330.363	.000[b]
	Residual	.306	21	.015		
	Total	19.661	22			

a.Dependent Variable:y.

b.Predictors:(Constant),t.

Coefficients[a]

Model		Unstandardized Coefficients		Standardized Coefficients	t	Sig.
		B	Std. Error	Beta		
1	(Constant)	10.121	.052		194.675	.000
		.138	.004	.992	36.474	.000

a.Dependent Variable:y.

其中，$\hat{\beta}_0 = 10.121$，$\hat{\beta}_1 = 0.138$，得 $b_0 = \mathrm{e}^{10.121} = 24\ 859.62$，$b_1 = \mathrm{e}^{0.138} = 1.148$，这与前述方法中直接用 SPSS 软件的 Curve Estimation 命令计算的结果大体一致。

9.2 多项式回归

多项式回归模型是一种重要的曲线回归模型，这种模型通常容易转化成一般的多元线性回归来处理，因而它的应用也十分广泛。

一、几种常见的多项式回归模型

回归模型

$$y_i = \beta_0 + \beta_1 x_i + \beta_2 x_i^2 + \varepsilon_i$$

称为一元二阶（或一元二次）多项式模型。其中 $i = 1, 2, \cdots, n$，在以下的回归模型中不再一一注明。

为了反映回归系数所对应的自变量次数，我们通常将多项式回归模型中的系数表示成下面模型中的情形

$$y_i = \beta_0 + \beta_1 x_i + \beta_{11} x_i^2 + \varepsilon_i \tag{9.7}$$

模型式（9.7）的回归函数 $y_i = \beta_0 + \beta_1 x_i + \beta_{11} x_i^2$ 是一条抛物线，通常称为二项式回归函数。回归系数 β_1 为线性效应系数，β_{11} 为二次效应系数。

相应地，回归模型

$$y_i = \beta_0 + \beta_1 x_i + \beta_{11} x_i^2 + \beta_{111} x_i^3 + \varepsilon_i$$

称为一元三次多项式模型。

当自变量的幂次超过 3 时，回归系数的解释变得困难起来，回归函数也变得很不稳定，回归模型的应用会受到影响。因此，幂次超过 3 的多项式回归模型不常使用。

以上两个多项式回归模型都只含有一个自变量 x，在实际应用中，我们常遇到含有两个或两个以上自变量的情况。称回归模型

$$y_i = \beta_0 + \beta_1 x_{i1} + \beta_2 x_{i2} + \beta_{11} x_{i1}^2 + \beta_{22} x_{i2}^2 + \beta_{12} x_{i1} x_{i2} + \varepsilon_i$$

为二元二阶多项式回归模型。它的回归系数中分别含有两个自变量的线性项系数 β_1 和 β_2，二次项系数 β_{11} 和 β_{22}，并含有交叉乘积项系数 β_{12}。交叉乘积项表示 x_1 与 x_2 的交互作用，系数 β_{12} 通常称为交互影响系数。

类似上面的情况，我们还可给出多元高阶多项式回归模型，有兴趣的读者请参见参考文献 [3]。

二、一个应用例子

下面利用参考文献 [3] 中的一个例子来说明二元多项式回归的应用。

 例 9.2 ....●

表 9-3 列出的是关于 18 个 35～44 岁经理的前两年年平均收入 x_1（千美元）、风险反感度 x_2 和人寿保险额 y（千美元）的数据。风险反感度是根据发给每个经理的标准调查表估算得到的，它的数值越大，风险反感度就越高。

表 9-3

序号	x_{i1}	x_{i2}	y_i
1	66.290	7	196
2	40.964	5	63
3	72.996	10	252
4	45.010	6	84
5	57.204	4	126
6	26.852	5	14
7	38.122	4	49
8	35.840	6	49
9	75.796	9	266
10	37.408	5	49
11	54.376	2	105
12	46.186	7	98
13	46.130	4	77
14	30.366	3	14
15	39.060	5	56
16	79.380	1	245
17	52.766	8	133
18	55.916	6	133

研究人员想研究给定年龄组内的经理的年平均收入、风险反感度和人寿保险额之间的关系。研究者预计，在经理的收入和人寿保险额之间存在二次关系，并认为风险反感度对人寿保险额只有线性效应，而没有二次效应。但是，研究者并不清楚两个自变量是否对人寿保险额有交互效应。因此，研究者拟合了一个二阶多项式回归模型

$$y_i = \beta_0 + \beta_1 x_{i1} + \beta_2 x_{i2} + \beta_{11} x_{i1}^2 + \beta_{22} x_{i2}^2 + \beta_{12} x_{i1} x_{i2} + \varepsilon_i$$

并打算先检验是否有交互效应，然后检验风险反感度的二次效应。

回归采用逐个引入自变量的方式，这样可以清楚地看到各项对回归的贡献，使显著性

检验更加明确。依次引入自变量 x_1，x_2，x_1^2，x_2^2，x_1x_2，方法如下：在线性回归对话框中，选入 y 与 x_1，然后点 Block 1 of 1 中的 Next，这时自变量框变为空白，再把 x_1，x_2 同时选入自变量框中，然后再点 Block 2 of 2 中的 Next，自变量框又变为空白，再把 x_1，x_2，x_1^2 同时选入自变量框中，如此依次引入自变量。取显著性水平 $\alpha = 0.05$，方差分析表如表 9-4 所示。

表 9-4

变量	偏平方和	残差平方和	检验系数	偏 F 值
x_1	104 474	3 567	β_1	—
$x_2 \mid x_1$	2 284	1 283	β_2	—
$x_1^2 \mid x_1, x_2$	1 238	45	β_{11}	$1\,238/(45/14)=385$
$x_2^2 \mid x_1, x_2, x_1^2$	3	42	β_{22}	$3/(42/13)=0.93$
$x_1x_2 \mid x_1, x_2, x_1^2, x_2^2$	6	36	β_{12}	$6/(36/12)=2.00$
合计	108 005			

表中，$x_2 \mid x_1$ 表示模型中已含有 x_1 再加入 x_2 的回归模型，其余依此类推。全模型的 SST $=108\,041$，SSE $=36$，SSE 的自由度 $df=n-p-1=18-5-1=12$。采用式（3.42）的偏 F 检验，交互影响系数 β_{12} 的显著性检验的偏 F 值 $=2.00$，临界值 $F_{0.05}(1, 12)=4.75$，交互影响系数 β_{12} 不能通过显著性检验，认为 $\beta_{12}=0$，回归模型中不应该包含交互作用项 x_1x_2。这个结果与人们的经验相符，有了此结果，两个自变量的效应也就容易解释了。此时，研究者暂时决定使用无交互效应的模型

$$y_i = \beta_0 + \beta_1 x_{i1} + \beta_2 x_{i2} + \beta_{11} x_{i1}^2 + \beta_{22} x_{i2}^2 + \varepsilon_i$$

但仍想检验风险反感度的二次效应是否存在。这相当于检验二次效应系数 β_{22} 的显著性，这个检验的偏 F 值 $=0.93$，临界值 $F_{0.05}(1, 13)=4.67$，二次效应系数 β_{22} 不能通过显著性检验，认为 $\beta_{22}=0$，回归模型中不应该包含二次效应项 x_2^2。此时，研究者决定使用简化的回归模型

$$y_i = \beta_0 + \beta_1 x_{i1} + \beta_2 x_{i2} + \beta_{11} x_{i1}^2 + \varepsilon_i$$

进一步检验年平均收入的二次效应是否存在，这相当于检验二次效应系数 β_{11} 的显著性，这个检验的偏 F 值 $=385$，临界值 $F_{0.05}(1, 14)=4.60$，二次效应系数 β_{11} 通过了显著性检验，认为 $\beta_{11} \neq 0$，回归模型中应该包含二次效应项 x_1^2。得最终的回归方程为：

$$\hat{y} = -62.349 + 0.840 x_1 + 5.685 x_2 + 0.037\,1 x_1^2$$
$$(0.164) \quad (0.164) \quad (0.785)$$

其中，括号中的数值是标准化回归系数。这样，研究者可用这个回归方程来进一步研究经理的年平均收入和风险反感度对人寿保险额的效应。从标准化回归系数看，年平均收入的二次效应对人寿保险额的影响程度最大。

由这个例子我们可看到利用回归方程分析问题的一些思路，如回归系数的假设检验、交互效应、二次效应等的实际意义。相信这个例子会对读者扩展回归分析的应用有所

启发。

多项式回归常用于分析实验设计数据。在实验设计中，目标变量 y 与实验因子间的函数关系往往是未知的，因而常用多项式回归近似 y 与实验因子的关系。在用正交设计与均匀设计等方法的实验中，实验次数一般很少，而多项式回归的参数个数较多。例如三元二次多项式回归在考虑全部交互作用时，共有 10 个未知参数。这样样本量 n 常少于未知参数的数目，这与最小二乘法的要求 $n > p + 1$ 相违背。不过，我们可以方便地解决这个问题，只需采用逐步回归方法。请看下面的例题。

 例9.3

维生素 C 注射液因长期放置会逐渐变成微黄色，中国药典规定可以用焦亚硫酸钠等作为抗氧剂。本实验考虑 3 个因素，分别是 EDTA(x_1)、无水碳酸钠（x_2）、焦亚硫酸钠（x_3），每个因素各取 7 个水平，选用 $U_7(7^4)$ 均匀设计表，实验响应变量是吸收度 y，取值越小越好，实验设计与结果如表 9-5 所示。

表 9-5　　　　　　　　　　　　　　实验设计与结果

实验号	EDTA x_1(g)	无水碳酸钠 x_2(g)	焦亚硫酸钠 x_3(g)	吸收度 y	$1/y$
1	0.00	30	0.6	1.160	0.862
2	0.02	38	1.2	0.312	3.205
3	0.04	46	0.4	0.306	3.263
4	0.06	26	1.0	1.318	0.759
5	0.08	34	0.2	0.877	1.140
6	0.10	42	0.8	0.147	6.803
7	0.12	50	1.4	0.204	4.902

从结果看到好条件是第 6 号实验的条件，EDTA(x_1) 取 0.10g，无水碳酸钠（x_2）取 42g，焦亚硫酸钠（x_3）取 0.8g。以下用回归分析方法进一步寻找最优条件。

首先做线性回归，得回归方程

$$\hat{y} = 2.63 + 0.77x_1 - 0.0524x_2 - 0.087x_3$$

回归方程 F 检验的 P 值 $= 0.104$；决定系数 $R^2 = 83.9\%$；调整的决定系数 $R_a^2 = 67.8\%$。可见线性回归的效果不够好，以下使用二次多项式回归，回归方程的具体形式为：

$$\hat{y} = \beta_0 + \beta_1 x_1 + \beta_2 x_2 + \beta_3 x_3 + \beta_{11} x_1^2 + \beta_{22} x_2^2 + \beta_{33} x_3^2$$
$$+ \beta_{12} x_1 x_2 + \beta_{13} x_1 x_3 + \beta_{23} x_2 x_3 + \varepsilon$$

对此回归方程按下面的方式做变量替换：

$$x_{11} = x_1^2,\ x_{22} = x_2^2,\ x_{33} = x_3^2,\ x_{12} = x_1 x_2,\ x_{13} = x_1 x_3,\ x_{23} = x_2 x_3$$

转化为 y 对 9 个自变量的线性回归，变换结果如表 9-6 所示。

表 9-6   回归变量表

x_1	x_2	x_3	x_{11}	x_{22}	x_{33}	x_{12}	x_{13}	x_{23}	y
0.00	30	0.6	0.000 0	900	0.360	0.00	0.000	18.0	1.160
0.02	38	1.2	0.000 4	1 444	1.440	0.76	0.024	45.6	0.312
0.04	46	0.4	0.001 6	2 116	0.160	1.84	0.016	18.4	0.306
0.06	26	1.0	0.003 6	676	1.000	1.56	0.060	26.0	1.318
0.08	34	0.2	0.006 4	1 156	0.040	2.72	0.016	6.8	0.877
0.10	42	0.8	0.010 0	1 764	0.640	4.20	0.080	33.6	0.147
0.12	50	1.4	0.014 4	2 500	1.960	6.00	0.168	70.0	0.204

这个线性回归模型只有 7 组观测数据却有 10 个未知参数，需要使用逐步回归逐个引入变量。在 SPSS 软件的逐步回归模块默认的进入变量 P 值＝0.05，剔除变量 P 值＝0.10 的条件下，逐步回归只进行一步就结束了，只选入了自变量 x_2。为了更全面地了解回归的效果，可以把进入变量的条件放宽一些。用 Options 选项把进入变量 P 值改为 0.30，剔除变量 P 值改为 0.50，重新做逐步回归。输出结果 9.3 列出了逐步回归每步的拟合优度模型概括和每步的回归系数。

输出结果 9.3

Model Summary

Model	R	R Square	Adjusted R Square	Std. Error of the Estimate
1	.912	.831	.798	.219 96
2	.960	.921	.882	.168 11
3	.985	.971	.942	.117 49
4	.994	.987	.962	.095 40
5	1.000	1.000	.999	.012 24
6	1.000	1.000	.	

Coefficients

Model		Unstandardized Coefficients		Standardized Coefficients	t	Sig.
		B	Std. Error	Beta		
1	(Constant)	2.579	.404		6.390	.001
	x2	−.052	.010	−.912	−4.966	.004
2	(Constant)	5.957	1.612		3.696	.021
	x2	−.238	.087	−4.199	−2.716	.053
	x22	.002	.001	3.301	2.135	.100
3	(Constant)	7.311	1.274		5.740	.011
	x2	−.303	.068	−5.360	−4.487	.021
	x22	.003	.001	4.531	3.751	.033
	x3	−.292	.128	−.258	−2.278	.107

	B	标准误	Beta	t	Sig.
4（Constant）	7.873	1.092		7.207	.019
x2	−.313	.055	−5.523	−5.663	.030
x22	.003	.001	4.358	4.416	.048
x3	−1.115	.526	−.985	−2.121	.168
x23	.021	.013	.889	1.597	.251
5（Constant）	9.165	.183		50.097	.013
x2	−.379	.009	−6.694	−40.733	.016
x22	.004	.000	5.475	33.717	.019
x3	−1.430	.073	−1.263	−19.518	.033
x23	.032	.002	1.372	16.362	.039
x13	−2.332	.212	−.278	−10.982	.058
6（Constant）	9.111	.000		.	.
x2	−.376	.000	−6.641	.	.
x22	.004	.000	5.439	.	.
x3	−1.444	.000	−1.276	.	.
x23	.030	.000	1.300	.	.
x13	−2.291	.000	−.273	.	.
x33	.051	.000	.074		

从输出结果中看到，逐步回归共进行了 6 步，依次选入了 x_2，$x_{22}=x_2^2$，x_3，$x_{23}=x_2 x_3$，$x_{13}=x_1 x_3$，$x_{33}=x_3^2$ 共 6 个变量，没有变量被剔除。

首先看引入变量的顺序，第 1 个回归模型最先选入的是 x_2，说明无水碳酸钠的含量是最重要的影响因素；第 2 个回归模型再选入的是 $x_{22}=x_2^2$，进一步说明无水碳酸钠的含量是最重要的影响因素，并且说明 y 与 x_2 的关系是非线性的，第二个回归方程为：

$$\hat{y}=5.957-0.237\,5x_2+0.002\,45x_2^2$$

容易求出此方程在 $x_2=0.237\,5/(2\times0.002\,45)\approx48$ 时达极小值 $\hat{y}=0.201\,2$，比第 6 号实验值 $y=0.147$ 略高。

再看第 3 个回归方程：

$$\hat{y}=7.311-0.303x_2+0.003\,36x_2^2-0.292x_3$$

为使 y 值最小，x_3 应该最大，取 $x_3=1.4$，x_2 的取值与 x_3 无关，容易求出此方程在 $x_2=45.1\approx45$，$x_3=1.4$ 时达极小值 $\hat{y}=0.074$，低于第 6 号实验值 $y=0.147$。

第 4 个回归方程为：

$$\hat{y}=7.873-0.312\,6x_2+0.003\,23x_2^2-1.115x_3+0.020\,6x_2x_3$$

在回归方程含有 x_3 的两项 $-1.115x_3+0.020\,6x_2x_3$ 中，当 $x_2\leqslant54$ 时，y 是 x_3 的减函数，极值在 x_3 的边界达到。根据对第 2 和第 3 两个回归方程的分析，两个方程中 x_2 的最优解分别是 48 和 45，所以有理由认为 $x_2\leqslant54$，y 是 x_3 的减函数，x_3 越大 y 越小，因此取 $x_3=1.4$。

把 $x_3 = 1.4$ 代入方程，解得 x_2 的极小值点是 $x_2 = 43.9 \approx 44$，所以第 4 个回归方程的最优组合是 $x_2 = 44$，$x_3 = 1.4$，此时最优预测值 $\hat{y} = 0.080$，与第 3 个回归方程的最优解基本相同。

第 5 个方程：

$$\hat{y} = 9.165 - 0.379x_2 + 0.004\,06x_2^2 - 1.430x_3 + 0.031\,7x_2x_3 - 2.332x_1x_3$$

其中包含变量 x_1，并且是作为与 x_3 的交互作用形式出现的，说明 EDTA 对实验指标本身没有影响，只是通过焦亚硫酸钠对实验产生弱的影响。仿照对第 4 个回归方程求最优解的方法，首先确定 y 是 x_1 和 x_3 的减函数，分别取最大值 $x_1 = 0.12$ 和 $x_3 = 1.4$，然后解得 $x_2 = 41.2 \approx 41$。最优预测值 $\hat{y} = -0.128 < 0$，可以视为接近 0。

第 6 个方程引入的自变量数目太多，不予考虑。

比较第 3，第 4，第 5 这三个回归方程，回归方程的决定系数分别是 97.11%，98.73%，99.99%。从回归的效果看，第 5 个回归方程的效果最好，但是有 6 个估计参数，而 y 的数据只有 7 个，所以估计的误差会较大。第 3、第 4 两个回归方程的实验条件基本相同，预测值也很接近，约为 0.080，明显小于第 6 号实验的吸收度 $y = 0.147$，是两组稳定的好条件。以上各模型对应的实验条件及最优预测值如表 9-7 所示。

表 9-7 吸收度的最优实验条件

回归模型	最优搭配			最优预测值
	$x_1(\text{g})$	$x_2(\text{g})$	$x_3(\text{g})$	
2	0.00	48	0.0	0.197
3	0.00	45	1.4	0.074
4	0.00	44	1.4	0.080
5	0.12	41	1.4	0.000

本例的参考文献［13］先对吸收度 y 值取倒数作为实验指标，其数值越大越好，然后建立回归方程。这样做的一个好处是避免了本例第 5 个回归方程预测值为负值的情况，但是回归方程的效果不好。文献中得到的最优条件是 $x_1 = 0.12$，$x_2 = 38$，$x_3 = 1.4$，和本例第 5 个方程相差不大。

9.3 非线性模型

一、非线性最小二乘

非线性回归模型一般可记为：

$$y_i = f(\boldsymbol{x}_i, \boldsymbol{\theta}) + \varepsilon_i, \quad i = 1, 2, \cdots, n \tag{9.8}$$

式中，y_i 为因变量；非随机向量 $\boldsymbol{x}_i = (x_{i1}, x_{i2}, \cdots, x_{ik})'$ 是自变量；$\boldsymbol{\theta} = (\theta_0, \theta_1, \cdots, \theta_p)'$ 为未知参数向量；ε_i 为随机误差项并且满足独立同分布假定，即

$$\begin{cases} E(\varepsilon_i)=0, \quad i=1,2,\cdots,n \\ \mathrm{cov}(\varepsilon_i,\varepsilon_j)= \begin{cases} \sigma^2, & i=j \\ 0, & i\neq j \end{cases} \quad i,j=1,2,\cdots,n \end{cases}$$

如果 $f(\boldsymbol{x}_i,\boldsymbol{\theta})=\theta_0+x_{i1}\theta_1+x_{i2}\theta_2+\cdots+x_{ip}\theta_p$，那么式（9.8）就是前面讨论的线性模型，而且必然有 $k=p$；对于一般情况的非线性模型，参数的数目与自变量的数目并没有一定的对应关系，不要求 $k=p$。

对非线性回归模型式（9.8），仍使用最小二乘法估计参数 $\boldsymbol{\theta}$，即求使

$$Q(\boldsymbol{\theta})=\sum_{i=1}^{n}(y_i-f(\boldsymbol{x}_i,\boldsymbol{\theta}))^2 \tag{9.9}$$

达到最小的 $\hat{\boldsymbol{\theta}}$，称 $\hat{\boldsymbol{\theta}}$ 为非线性最小二乘估计。在假定 f 函数对参数 $\boldsymbol{\theta}$ 连续可微时，可以利用微分法建立正规方程组，求使 $Q(\boldsymbol{\theta})$ 达到最小的 $\hat{\boldsymbol{\theta}}$。将 Q 函数对参数 θ_j 求偏导，并令其为 0，得 $p+1$ 个方程

$$\left.\frac{\partial Q}{\partial\theta_j}\right|_{\theta_j=\hat{\theta}_j}=-2\sum_{i=1}^{n}(\boldsymbol{y}_i-f(\boldsymbol{x}_i,\hat{\boldsymbol{\theta}}))\left.\frac{\partial f}{\partial\theta_j}\right|_{\theta_j=\hat{\theta}_j}=0 \tag{9.10}$$
$$j=0,1,2,\cdots,p$$

非线性最小二乘估计 $\hat{\boldsymbol{\theta}}$ 就是式（9.10）的解，式（9.10）称为非线性最小二乘估计的正规方程组，它是未知参数的非线性方程组。一般用 Newton 迭代法求解此正规方程组。也可以直接极小化残差平方和 $Q(\boldsymbol{\theta})$，求出未知参数 $\boldsymbol{\theta}$ 的非线性最小二乘估计值 $\hat{\boldsymbol{\theta}}$。

在实际应用中，SPSS 软件可以直接求出未知参数 $\boldsymbol{\theta}$ 的非线性最小二乘估计值 $\hat{\boldsymbol{\theta}}$。

对于非线性最小二乘估计，我们仍然需要做参数的区间估计、显著性检验，回归方程的显著性检验等回归诊断，这需要知道有关统计量的分布。在非线性最小二乘中，一些精确分布是很难得到的，在大样本情况下，可以得到近似的分布。计算机软件在求出参数 $\boldsymbol{\theta}$ 的非线性最小二乘估计值 $\hat{\boldsymbol{\theta}}$ 的同时，还给出近似的参数的区间估计、显著性检验，回归方程的显著性检验等回归诊断。

在非线性回归中，平方和分解式 SST＝SSR＋SSE 不再成立。类似于线性回归中的复决定系数，定义非线性回归的相关指数

$$R^2=1-\frac{\mathrm{SSE}}{\mathrm{SST}} \tag{9.11}$$

二、非线性回归模型的应用

例 9.4 ....●

一位药物学家使用下面的非线性模型对药物反应拟合回归模型

$$y_i = c_0 - \frac{c_0}{1 + \left(\dfrac{x_i}{c_2}\right)^{c_1}} + \varepsilon_i \tag{9.12}$$

式中，自变量 x 为药剂量，用级别表示；因变量 y 为药物反应程度，用百分数表示。3 个参数 c_0，c_1，c_2 都是非负的，根据专业知识，c_0 的上限是 100%，3 个参数的初始值取为 $c_0 = 100$，$c_1 = 5$，$c_2 = 4.8$。测得 9 个反应数据如表 9-8 所示。

表 9-8 反应数据

x	1	2	3	4	5	6	7	8	9
y（%）	0.5	2.3	3.4	24.0	54.7	82.1	94.8	96.2	96.4

请拟合式（9.12）的回归方程。

这是一个一元非线性回归，首先用 SPSS 软件画出散点图，如图 9-3 所示。

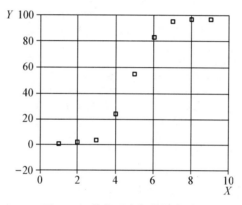

图 9-3 药物反应程度散点图

从图 9-3 看到，y 与 x 之间确实呈非线性关系。在 SPSS 的 Regression 菜单下点击 Nonlinear，进入非线性回归对话框，将 y 选入因变量框，在 Model Expression 框中输入回归函数 $c0 - c0/(1 + (x/c2) ** c1)$，然后点击 Parameters 进入参数设置框给未知参数赋初值。

这里有两点需要注意：第一，输入回归函数时，一定不要在回归函数前加上"$y=$"，如果在 Model Expression 框中输入 $y = c0 - c0/(1 + (x/c2) ** c1)$，那么软件将不进行迭代运算而直接停止；第二，未知参数的符号可以是随意的，本例程序中以 $c0$，$c1$，$c2$ 代替加下标的参数 c_0，c_1，c_2。

经过 6 步迭代后收敛，相关指数 $R^2 = 0.998\,65$，说明非线性回归拟合效果很好。总平方和 SST = $14\,917.9$（即输出结果 9.4 中的 Corrected Total），这个 SST 也就是 y_1，y_2，…，y_n 的离差平方和。

输出结果 9.4 中的回归平方和 $37\,839.9$，是 n 个回归值 $\hat{y}_1$，$\hat{y}_2$，…，$\hat{y}_n$ 的平方和 $\hat{y}_1^2 + \hat{y}_2^2 + \cdots + \hat{y}_n^2$，不是我们在线性回归中用的离差平方和。Uncorrected Total 的平方和 $37\,860.0$ 是 $y_1^2 + y_2^2 + \cdots + y_n^2$，这里 Uncorrected（未修正）是指数据直接平方，没有减去均值。Corrected Total 的平方和是 $14\,917.9$，它是 y_1，y_2，…，y_n 的离差平方和 SST =

$\sum\limits_{i=1}^{n}(y_i-\bar y)^2=14\ 917.9$，这里 Corrected（修正）是指数据减去均值的修正。表 9-9 中列出了有关的平方和及离差平方和的数值，以供读者对比。

输出结果9.4

Iteration	Residual SS	C0	C1	C2
1	172.7877170	100.000000	5.00000000	4.80000000
1.1	32.60704344	97.7943996	6.57938197	4.74460195
2	32.60704344	97.7943996	6.57938197	4.74460195
2.1	20.20240372	99.5785656	6.73691756	4.80074972
3	20.20240372	99.5785656	6.73691756	4.80074972
3.1	20.18814307	99.5334852	6.76307026	4.79941696
4	20.18814307	99.5334852	6.76307026	4.79941696
4.1	20.18803580	99.5411768	6.76104089	4.79966204
5	20.18803580	99.5411768	6.76104089	4.79966204
5.1	20.18803473	99.5404448	6.76127044	4.79964160
6	20.18803473	99.5404448	6.76127044	4.79964160
6.1	20.18803472	99.5405197	6.76124802	4.79964382

Nonlinear Regression Summary Statistics

Source	DF	Sum of Squares	Mean Square
Regression	3	37839.85197	12613.28399
Residual	6	20.18803	3.36467
Uncorrected Total	9	37860.04000	
(Corrected Total)	8	14917.88889	

R squared = 1 - Residual SS /Corrected SS = .99865

Parameter	Estimate	Asymptotic Std. Error	Asymptotic 95% Confidence Interval Lower	Upper
C0	99.540519687	1.567325937	95.705411276	103.37562810
C1	6.761248019	.421980049	5.728700036	7.793796003
C2	4.799643816	.050165521	4.676893208	4.922394423

表9-9

序号	x	y	$\hat y$	e	$\hat y-\bar y$
1	1	0.5	0	0.5	−50.488 89
2	2	2.3	0.27	2.03	−50.218 89
3	3	3.4	3.98	−0.58	−46.508 89
4	4	24	22.48	1.52	−28.008 89
5	5	54.7	56.61	−1.91	6.121 11
6	6	82.1	81.52	0.58	31.031 11
7	7	94.8	92.34	2.46	41.851 11
8	8	96.2	96.49	−0.29	46.001 11
9	9	96.4	98.14	−1.74	47.651 11
均值	5	50.488 89	50.203 33	0.285 556	−0.285 56
离差平方和	60	14 917.89	15 156.55	19.431 62	15 156.55
平方和	285	37 860.04	37 839.85	20.188 03	15 157.28

本例回归离差平方和 SSR＝15 156.55，而总离差平方和 SST＝14 917.89＜SSR，可见非线性回归不再满足平方和分解式，即 SST≠SSR＋SSE。另外，非线性回归的残差和不等于零，本例残差均值为－0.285 556≠0。当然，如果回归拟合的效果好，残差的均值会接近零。

通过以上分析可以认为，药物反应程度 y 与药剂量 x 符合下面的非线性回归方程

$$\hat{y}=99.541-\frac{99.541}{1+\left(\dfrac{x}{4.799\,6}\right)^{6.761\,2}}$$

 例 9.5 ....•

龚珀兹（Gompertz）模型是计量经济中的一个常用模型，用来拟合社会经济现象的发展趋势，龚珀兹曲线形式为：

$$y_t=k\cdot a^{b^t} \tag{9.13}$$

式中，k 为变量的增长上限；a（$0<a<1$）和 b（$0<b<1$）是未知参数。当 k 未知时，龚珀兹模型不能线性化，可以用非线性最小二乘法求解。表 9-10 是我国民航国内航线里程数据，以下用龚珀兹模型拟合这个数据。

表 9-10 　　　　　　　　　我国民航国内航线里程数据　　　　　　　　单位：万公里

年份	t	y	年份	t	y
1980	1	11.41	1993	14	68.21
1981	2	13.55	1994	15	69.37
1982	3	13.28	1995	16	78.08
1983	4	12.92	1996	17	78.02
1984	5	15.28	1997	18	92.06
1985	6	17.12	1998	19	100.14
1986	7	21.67	1999	20	99.89
1987	8	24.02	2000	21	99.45
1988	9	24.55	2001	22	103.67
1989	10	30.55	2002	23	106.32
1990	11	34.04	2003	24	103.42
1991	12	38.17	2004	25	115.52
1992	13	53.36			

用 SPSS 软件的非线性最小二乘法功能求解，依照 Analyze→Regression→Nonlinear 的顺序进入非线性回归对话框。在回归函数框条中输入 $k*a**(b**t)$。一个主要的工作是给出参数的初值，初值并不要求很准确，所以很多时候可以凭经验给定。龚珀兹中的参数 k 是变量的发展上限，应该取其初值略大于最大观测值。本例最大观测值是 115.52，不妨取 k 的初值为 120。a 和 b 都是 0~1 之间的数，可以取其初值为 0.5。经过 31 步迭代后收敛，见输出结果 9.5。

输出结果 9.5

Parameter Estimates

Parameter	Estimate	Std. Error	95 % Confidence Interval	
			Lower Bound	Upper Bound
a	.01243	.006	.000	.025
b	.8927	.015	.862	.923
k	150.0	15.814	117.162	182.756

ANOVA[a]

Source	Sum of Squares	df	Mean Squares
Regression	114 521.478	3	381 73.826
Residual	819.818	22	37.264
Uncorrected Total	115 341.296	25	
Corrected Total	342 22.087	24	

Dependent variable: y.

a. R squared = 1 − (Residual Sum of Squares) / (Corrected Sum of Squares) = 0.976.

用非线性最小二乘法求得的三个参数估计值为 $k=150.0$，$a=0.012\,43$，$b=0.892\,7$，其中 $k=150.0$，为回归模型估计的国内航线里程增长上限。图 9-4 是用 Excel 绘制的国内航线里程趋势预测图，其中粗实线是观测值，细虚线是预测值。

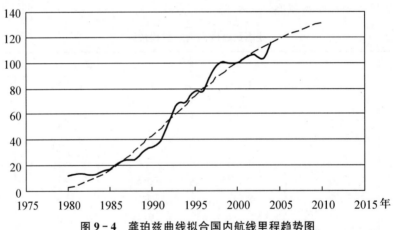

图 9-4 龚珀兹曲线拟合国内航线里程趋势图

在上述过程中回归迭代给出了一些警告错误，这是由于回归迭代过程中的参数取值超出了允许范围，可以通过对参数取值范围增加一些限制来解决，点击非线性回归对话框中的 Constraints 按钮即可实现。另外，如果参数的初值给得不够准确，回归迭代不收敛，对参数增加一些限制可能就收敛了。例如本例中把 k 的初值改为 130，回归迭代不能收敛，但是增加一个 $k>116$ 的限制，回归迭代就收敛了。

龚珀兹模型和几种常见的非线性回归模型可以用三和值法求解，见参考文献[15]第 13 章。在正态误差假定下，非线性回归的最小二乘估计与最大似然估计是相同的，而最大似然估计具有良好的大样本性质，例如渐近无偏性、渐近正态性、一致性等。因而非线性最小二乘估计值比三和值更精确，可以把三和值法的参数估计值作为求解非线性最小二乘估计值的初值。

例9.6

表9-11是我国1950—2005年历年总人口数，试用威布尔（Weibull）曲线拟合数据并做预测。威布尔曲线如下：

$$y = k - ab^{t^c} \qquad (9.14)$$

式中，参数 k 是变量发展的上限；参数 $a > 0$，$0 < b < 1$，$c > 0$。

表 9 - 11　　　　　　　　　　　　我国历年总人口数　　　　　　　　　　　单位：亿人

年份	t	y	年份	t	y
1950	1	5.519 6	1978	29	9.625 9
1951	2	5.63	1979	30	9.754 2
1952	3	5.748 2	1980	31	9.870 5
1953	4	5.879 6	1981	32	10.007 2
1954	5	6.026 6	1982	33	10.154 1
1955	6	6.146 5	1983	34	10.249 5
1956	7	6.282 8	1984	35	10.347 5
1957	8	6.465 3	1985	36	10.453 2
1958	9	6.599 4	1986	37	10.572 1
1959	10	6.720 7	1987	38	10.724
1960	11	6.620 7	1988	39	10.897 8
1961	12	6.585 9	1989	40	11.270 4
1962	13	6.729 5	1990	41	11.433 3
1963	14	6.917 2	1991	42	11.582 3
1964	15	7.049 9	1992	43	11.717 1
1965	16	7.253 8	1993	44	11.851 7
1966	17	7.454 2	1994	45	11.985
1967	18	7.636 8	1995	46	12.112 1
1968	19	7.853 4	1996	47	12.238 9
1969	20	8.067 1	1997	48	12.362 6
1970	21	8.299 2	1998	49	12.476 1
1971	22	8.522 9	1999	50	12.578 6
1972	23	8.717 7	2000	51	12.674 3
1973	24	8.921 1	2001	52	12.762 7
1974	25	9.085 9	2002	53	12.845 3
1975	26	9.242	2003	54	12.922 7
1976	27	9.371 7	2004	55	12.998 8
1977	28	9.497 4	2005	56	13.075 6

根据人口学的专业预测，我国人口上限为 16 亿人，因此取 k 的初值 $=16$，取 b 的初值 $=0.5$，取 c 的初值 $=1$。对以上初值把 $t=1$ 时（即 1950 年）$y_1 = 5.519 6$ 代入，得 $a = 2(k - y_1) \approx 2 \times (16 - 5.5) = 21$，用以上初值做非线性最小二乘，得输出结果 9.6。从中看到，人口上限为 $k = 15.76$ 亿人，这与人口学预测的人口上限 16 亿人基本是一致的。图 9 - 5 是用 Excel 绘制的人口趋势预测图，其中粗实线是观测值，细虚线是预测值。

输出结果 9.6

Parameter Estimates

Parameter	Estimate	Std. Error	95 % Confidence Interval	
			Lower Bound	Upper Bound
k	15.760	.650	14.455	17.064
a	10.135	.693	8.746	11.525
b	.997	.000	0.996	.998
c	1.551	.071	1.408	1.694

ANOVA[a]

Source	Sum of Squares	df	Mean Squares
Regression	5 266.738	4	1 316.685
Residual	0.884	52	0.017
Uncorrected Total	5 267.622	56	
Corrected Total	319.677	55	

Dependent variable: y.

a. R squared = 1 - (Residual Sum of Squares)/(Corrected Sum of Squares) = 0.997.

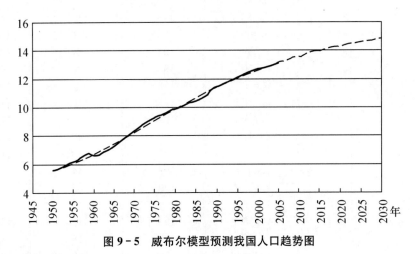

图 9-5 威布尔模型预测我国人口趋势图

例 9.7

柯布-道格拉斯生产函数研究。在计量经济学中有一种人们熟知的 C-D（Cobb-Douglas）生产函数

$$y = AK^{\alpha}L^{\beta} \tag{9.15}$$

式中，y 为产出；K（资本），L（劳动力）为两个投入要素；$A > 0$ 为效率系数；α 和 β 为 K 和 L 的产出弹性；A，α，β 均为待估参数。

α 是产出对资本投入的弹性系数，度量在劳动力投入保持不变、资本投入增加 1% 时产出平均增加的百分比。

β 是产出对劳动力投入的弹性系数，度量在资本投入保持不变、劳动力投入增加 1%

时产出平均增加的百分比。

两个弹性系数之和 $\alpha+\beta$ 表示规模报酬（returns to scale）。$\alpha+\beta=1$ 表示规模报酬不变，即 1 倍的投入带来 1 倍的产出；$\alpha+\beta<1$ 表示规模报酬递减，即 1 倍的投入带来少于 1 倍的产出；$\alpha+\beta>1$ 表示规模报酬递增，即 1 倍的投入带来大于 1 倍的产出。

我们假定误差项 ε_t 满足基本假设式（3.7）的高斯–马尔柯夫条件，对模型式（9.15）可以按两种形式设定随机误差项：

（1）乘性误差项，模型形式为 $y=AK^{\alpha}L^{\beta}e^{\varepsilon}$。

（2）加性误差项，模型形式为 $y=AK^{\alpha}L^{\beta}+\varepsilon$。

对乘性误差项，模型可通过两边取对数转化成线性模型

$$\ln y=\ln A+\alpha\ln K+\beta\ln L+\varepsilon \tag{9.16}$$

令 $y'=\ln y$，$\beta_0=\ln A$，$x_1=\ln K$，$x_2=\ln L$，则转化为线性回归方程

$$y'=\beta_0+\alpha x_1+\beta x_2+\varepsilon$$

以下我们分别用乘性误差项模型和加性误差项模型拟合 C-D 生产函数，选取的数据如表 9-12 所示。

表 9-12

年份	t	GDP	K	L	lnGDP	lnK	lnL
1978	1	3 624.1	1 377.9	40 152	8.195 361	7.228 316	10.600 43
1979	2	4 038.2	1 474.2	41 024	8.303 554	7.295 871	10.621 91
1980	3	4 517.8	1 590.0	42 361	8.415 780	7.371 489	10.653 98
1981	4	4 862.4	1 581.0	43 725	8.489 287	7.365 813	10.685 68
1982	5	5 294.7	1 760.2	45 295	8.574 462	7.473 183	10.720 95
1983	6	5 934.5	2 005.0	46 436	8.688 538	7.603 399	10.745 83
1984	7	7 171.0	2 468.6	48 197	8.877 800	7.811 406	10.783 05
1985	8	8 964.4	3 386.0	49 873	9.101 016	8.127 405	10.817 24
1986	9	10 202.2	3 846.0	51 282	9.230 359	8.254 789	10.845 10
1987	10	11 962.5	4 322.0	52 783	9.389 532	8.371 474	10.873 94
1988	11	14 928.3	5 495.0	54 334	9.611 014	8.611 594	10.902 91
1989	12	16 909.2	6 095.0	55 329	9.735 613	8.715 224	10.921 05
1990	13	18 547.9	6 444.0	64 749	9.828 112	8.770 905	11.078 27
1991	14	21 617.8	7 517.0	65 491	9.981 272	8.924 922	11.089 67
1992	15	26 638.1	9 636.0	66 152	10.190 10	9.173 261	11.099 71
1993	16	34 634.4	14 998.0	66 808	10.452 60	9.615 672	11.109 58
1994	17	46 759.4	19 260.6	67 455	10.752 77	9.865 817	11.119 22
1995	18	58 478.1	23 877.0	68 065	10.976 41	10.080 67	11.128 22
1996	19	67 884.6	26 867.2	68 950	11.125 56	10.198 66	11.141 14
1997	20	74 462.6	28 457.6	69 820	11.218 05	10.256 17	11.153 68
1998	21	78 345.2	29 545.9	70 637	11.268 88	10.293 70	11.165 31
1999	22	82 067.5	30 701.6	71 394	11.315 30	10.332 07	11.175 97
2000	23	89 468.1	32 611.4	72 085	11.401 64	10.392 42	11.185 60
2001	24	97 314.8	37 460.8	73 025	11.485 71	10.531 05	11.198 56
2002	25	105 172.3	42 355.4	73 740	11.563 36	10.653 85	11.208 30

其中，y 是 GDP（亿元）；K 是资金投入，包括固定资产投资和库存占用资金（亿元）；L 是就业总人数（万人）。

（1）假设随机误差项为相乘的，用两边取对数的办法，按照式（9.16）将模型转化为线性形式，对数变换后的数据如表 9-12 所示，用 SPSS 做线性回归得输出结果 9.7。

输出结果 9.7

ANOVA

	Model	Sum of Squares	df	Mean Square	F	Sig.
1	Regression	32.236	2	16.118	5 917.774	.000
	Residual	.060	22	.003		
	Total	32.296	24			

Coefficients[a]

	Unstandardized Coefficients		Standardized Coefficients		
	B	Std. Error	Beta	t	Sig.
(Constant)	-2.086	1.903		-1.096	.285
lnK	.902	.035	.936	25.863	.000
lnL	.361	.201	.065	1.794	.087

a. Dependent Variable：lnGDP.

得两个弹性系数为 $\alpha=0.902$，$\beta=0.361$，资本的贡献率大于劳动力的贡献率。规模报酬 $\alpha+\beta=0.902+0.361=1.263>1$，表示规模报酬递增。效率系数 $A=\mathrm{e}^{-2.086}=0.124\,2$。其中系数 β 的显著性概率 P 值 $=0.087$，显著性较弱。得乘性误差项的 C-D 生产函数为：

$$\hat{y}=0.124\,2K^{0.902}L^{0.361}$$

（2）对加性误差项模型，不能通过变量变换转化成线性模型，只能用非线性最小二乘法求解未知参数。以上面乘性误差项的参数为初值做非线性最小二乘回归，经过 81 步迭代得输出结果 9.8。其中参数 β 的置信度为 95% 的置信区间为（-0.555，1.565），包含 0 在内，因而不能认为 β 非 0，显著性较弱。

得加性误差项的 C-D 生产函数为：

$$\hat{y}=0.020K^{0.922}L^{0.505}$$

输出结果 9.8

Parameter Estimates

Parameter	Estimate	Std. Error	95 % Confidence Interval	
			Lower Bound	Upper Bound
A	.020	.104	$-.196$	.236
alpha	.922	.064	.789	1.056
beta	.505	.511	$-.555$	1.565

乘性误差项模型和加性误差项模型所得的结果有一定差异，其中乘性误差项模型认为 y_t 本身是异方差的，而 $\ln y_t$ 是等方差的。加性误差项模型认为 y_t 是等方差的。从统计性

质看两者的差异，前者淡化了 y_t 值大的项（近期数据）的作用，强化了 y_t 值小的项（早期数据）的作用，对早期数据拟合的效果较好，而后者则对近期数据拟合的效果较好。

影响模型拟合效果的统计性质主要是异方差、自相关、共线性这三个方面。异方差可以通过选择乘性误差项模型和加性误差项模型解决，必要时还可以使用加权最小二乘。时间序列数据通常都存在自相关，使用自回归方法可以改进模型的拟合效果。在经济数据中，对参数估计影响最大的往往是共线性。

C-D 生产函数是柯布-道格拉斯于 1928 年提出的经济模型，目前对此模型的结构和应用条件都有很多改进。在模型结构方面，最常用的改进是增加技术进步因素。在应用条件方面，对 GDP 和资本投入使用可比价格，剔除通货膨胀的影响，见本章思考与练习中第 5 和第 6 题。另外，使用横截面数据与使用动态数据的结果也会有所不同。如果对三次产业分别建立 C-D 生产函数，也会得到不同的弹性系数，而我国三次产业结构正在不断调整中，第三产业所占比重不断增大，这也会导致建立全国的 C-D 生产函数时弹性系数不稳定。

三、其他形式的非线性回归

前面介绍了用非线性最小二乘方法求解非线性回归方程的过程，非线性最小二乘是使式（9.9）残差平方和 $Q(\boldsymbol{\theta}) = \sum_{i=1}^{n} (y_i - f(\boldsymbol{x}_i, \boldsymbol{\theta}))^2$ 达到极小的方法。从决策学的观点看，$Q(\boldsymbol{\theta})$ 是关于残差的损失函数，这种平方损失函数的优点是数学性质好，数学上容易处理，在一定条件下也具有统计学的一些优良性质，但其不足之处是缺乏稳健性。当数据存在异常值时，参数的估计效果变得很差。因而在一些场合，我们希望用一些更稳健的残差损失函数代替平方损失函数，例如绝对值损失函数。绝对值残差损失函数为：

$$Q(\boldsymbol{\theta}) = \sum_{i=1}^{n} |y_i - f(\boldsymbol{x}_i, \boldsymbol{\theta})|$$

SPSS 的非线性回归程序可以用数值计算法求解多种损失函数的回归估计值。对于非最小二乘估计，即使是线性回归，也要用数值方法计算。在第 4 章处理异常值问题中曾提到，当数据存在异常值但又不宜剔除时，可以改用最小绝对离差和法等更稳健的方法求解。以下以例 3.2 北京开发区数据为例，演示用 SPSS 软件的最小绝对离差和法求解。步骤如下：

（1）进入非线性回归对话框，在因变量框中选入 y，在 Model Expressions 框中输入回归方程表达式 $b0+b1*x1+b2*x2$。

（2）给参数赋初值，以普通最小二乘估计值为初始值，初始值为 $b_0=-327.039$，$b_1=2.036$，$b_2=0.468$，点击 Continue 返回非线性回归对话框。

（3）点击 Options 选项进入 Options 选项框选择数值计算方法，默认的计算方法是 Levenberg-Marquardt 法，将其改为 Sequential quadratic programming 法，点击 Continue 返回非线性回归对话框。用自定义损失函数计算时必须做这个改动。

（4）点击 Loss 进入 Loss Function 对话框给出损失函数，默认的损失函数是 Sum of squared residuals，将其改为 User-defined loss function，然后输入 $ABS(y-b0-b1*x1-b2*x2)$，点击 Continue 返回非线性回归对话框。

（5）点击 Save 保存残差变量和预测值。

（6）点击 OK 运行。

经过 21 步迭代得到输出结果 9.9。

输出结果 **9.9**

Iteration History[b]

Iteration Number[a]	Value of Loss Function	Parameter		
		b0	b1	b2
dimension0 0.1	4633.052	-327.039	2.036	.468
1.1	4438.306	-327.039	2.055	.540
2.1	4421.891	-327.039	2.034	.551
3.1	4375.291	-326.792	1.985	.553
4.1	4373.563	-326.721	1.986	.553
5.1	4373.447	-326.707	1.986	.553
6.1	4373.417	-326.609	1.985	.553
7.1	4373.168	-326.444	1.986	.553
8.1	4373.126	-326.383	1.986	.553
9.1	4373.083	-326.202	1.986	.553
10.1	4355.280	-221.622	2.101	.448
11.1	4355.278	-221.610	2.101	.448
12.1	4355.278	-221.610	2.101	.448
13.1	4354.934	-216.456	2.116	.438
14.1	4354.203	-214.585	2.121	.434
15.1	4354.194	-214.397	2.122	.434
16.1	4353.881	-208.933	2.138	.424
17.1	4353.431	-200.905	2.161	.409
18.1	4353.431	-200.901	2.161	.409
19.1	4353.431	-200.901	2.161	.409
20.1	4353.431	-200.901	2.161	.409

Derivatives are calculated numerically.

a. Major iteration number is displayed to the left of the decimal, and minor iteration number is to the right of the decimal.

b. Run stopped after 21 iterations because it could not improve on the current point.

从上表得最小绝对离差和法的经验回归方程为：

$$\hat{y}_a = -200.901 + 2.161x_1 + 0.409x_2$$

最小绝对离差和残差 e_{ia} 与预测值 $\hat{y}_{ia}$ 如表 9-13 所示。为了便于比较，把普通最小二乘法的残差也列在了表 9-13 中。

表 9 - 13

序号	x_1	x_2	y_i	$\hat{y}_{ia}$	e_{ia}	$\hat{y}_i$	e_i
1	25	3 547.79	553.96	1 302.68	−748.72	1 385.63	−831.67
2	20	896.34	208.55	208.55	0	133.52	75.03
3	6	750.32	3.1	118.63	−115.53	36.62	−33.52
4	1 001	2 087.05	2 815.4	2 815.38	0.02	2 688.57	126.83
5	525	1 639.31	1 052.12	1 603.62	−551.5	1 509.71	−457.59
6	825	3 357.7	3 427	2 954.13	472.87	2 925.40	501.60
7	120	808.47	442.82	388.79	54.03	295.96	146.86
8	28	520.27	70.12	72.19	−2.07	−26.34	96.46
9	7	671.13	122.24	88.44	33.8	1.57	120.67
10	532	2 863.32	1 400	2 118.85	−718.85	2 097.28	−697.28
11	75	1 160	464	435.15	28.85	369.00	95.00
12	40	862.75	7.5	238.05	−230.55	158.51	−151.01
13	187	672.99	224.18	478.25	−254.07	368.92	−144.74
14	122	901.76	538.94	431.23	107.71	343.73	195.21
15	74	3 546.18	2 442.79	1 407.93	1 034.86	1 484.64	958.15

从表 9 - 13 中看到，普通最小二乘法的最大残差 $e_{15} = 958.15$，最小绝对离差和法的最大残差 $\hat{e}_{15} = 1\,034.86$，最小绝对离差和法的最大残差比普通最小二乘法的最大残差更大。这是否与最小绝对离差和法的稳健性相矛盾呢？

其实这正说明了最小绝对离差和法的稳健性。这是因为最小绝对离差和法受异常值的影响小，回归线向异常值靠拢的程度也小，因而异常值的残差大。

对一般的非最小二乘损失函数，参数估计的性质难以确定，因此软件只给出了参数估计值，没有给出方差分析表与回归系数的显著性检验表，这是用非最小二乘损失函数的不足之处。

本例是对线性回归采用最小绝对值损失函数求解，对非线性回归的一般非最小二乘损失函数的求解方法完全类似。

9.4　本章小结与评注

非线性回归的内容非常丰富，特别是线性回归问题的研究日趋成熟，许多统计学家把精力投入对非线性问题的研究。非线性问题要比线性问题复杂得多，在今后一个相当长的时期将是人们关注的热点。

对于可转化为线性模型的曲线回归问题，通常的处理方法都是先转化为线性模型，然后用普通最小二乘法求出参数的估计值，最后经过适当的变换得到所求的回归曲线。通过对因变量做变换使曲线回归线性化的方法，当然会对估计参数的性质产生影响，比如不具有无偏性等（参见参考文献 [5]）。

给实际观测数据配以合适的曲线模型一般有两个重要的步骤。

一是确定曲线类型。对一个自变量的情况，确定曲线类型一般是把样本观测值画成散点图，根据散点图的形状来大体确定曲线类型。再就是根据专业知识来确定曲线类型，如商品的销售量与广告费用之间的关系，一般用 S 形曲线来描述；在农业生产中，粮食的产量与种植密度往往服从抛物线关系。对于由专业知识可以确定的曲线类型，就用相应的模型去试着拟合，如果拟合的效果可以，问题就解决了。有时对一个问题需要用不同的曲线模型来实验，以求得一个最好的模型。

二是参数估计问题。如果可将曲线模型转化为线性模型，就可用普通最小二乘法估计未知参数；如果不能转化成线性模型，则参数的估计就要采用非线性最小二乘法。非线性最小二乘法比普通最小二乘法要复杂得多，一般都是用迭代方法。现在流行的 SPSS 软件包中就有非线性最小二乘法，所以非线性最小二乘法的参数估计也变得容易起来。

由于任一连续函数都可用分段多项式来逼近，所以在实际问题中，不论变量 y 与其他变量的关系如何，在相当大的范围内我们总可以用多项式来拟合。例如在一元回归中，如果变量 y 与 x 的关系假定为 p 次多项式式（9.2），就可以转化为多元线性回归模型式（9.5）来处理。利用多项式回归模型可能会对已有的数据拟合得十分理想，但是，如果对较大的 x 做外推预测，这种多项式回归函数就可能会得到很差的结果，预测值可能会朝着意想不到的方向折转，从而与实际情况严重不符。所有类型的多项式回归函数，尤其是高阶多项式回归函数，都具有这种外推风险。特别地，对于一元回归，只要用一元 $n-1$ 次多项式就可以把 n 对观测数据完全拟合，多项式曲线通过所有 $n-1$ 个点，残差平方和为零，但是这样的回归拟合却没有任何实际意义。因此，人们必须谨慎地使用高阶多项式回归模型，因为得到的回归函数只是数据的良好拟合，并不能如实地表明 x 与 y 之间回归关系的基本特征，还会导致不规则的外推。我们建议在应用多项式回归时，阶数一般不要超过三阶。

在多项式回归中，自变量 x_i 常用围绕均值 x 的离差 $x_i - x$ 表示，这样做的原因是 x_i 与其高次幂项 x_i^2，x_i^3 等往往高度相关，产生共线性。在参数估计时会出现计算上的麻烦，尤其是用手工计算时，数据的舍入误差会对计算结果造成很大的影响。把自变量表示成与其均值的离差，可以降低变量间的多重共线性，有助于避免计算方面的困难。现在的计算软件都采用双精度计算，x_i 与其高次幂项相关所造成的计算误差影响一般不大，因而不必总是把自变量表示成与其均值的离差 $x_i - x$ 的形式。多项式回归的内容非常丰富，有兴趣的读者可参见参考文献 [3]、[5]、[7]。

在一元线性回归中，我们用相关系数 r 检验回归方程的可靠性。对于一元非线性回归问题，许多书籍用类似于相关系数的相关指数来衡量拟合曲线的效果。在实际应用中，相关指数 R^2 用于一元非线性强度不高的回归方程的评价还没有碰到什么问题。然而，相关指数 R^2 能否直接用于非线性强度很高的回归方程的评价，还需进一步探讨。我们经常会见到人们毫无顾忌地使用相关指数 R^2，笔者认为，对非线性强度很高的回归方程在使用相关指数 R^2 时应更慎重一些。1990 年就有人（参考文献 [25]）对这一问题提出质疑，认为 R^2 不能用于非线性回归方程的评价，目前对这一问题的研究在国内已引起一些学者的关注。一般来说，当非线性回归模型选择正确，回归拟合效果好时，相关指数 R^2 能够如实反映回归拟合效果；而当回归拟合效果差时，相关指数 R^2 则不能如实反映回归拟合效果，甚至可能取负值。

思考与练习

9.1 在非线性回归线性化时，对因变量做变换应注意什么问题？

9.2 为了研究生产率与废料率之间的关系，记录了如表 9－14 所示的数据，请画出散点图，并根据散点图的趋势拟合适当的回归模型。

表 9－14

生产率 x（单位/周）	1 000	2 000	3 000	3 500	4 000	4 500	5 000
废品率 y（%）	5.2	6.5	6.8	8.1	10.2	10.3	13.0

9.3 已知变量 x 与 y 的样本数据如表 9－15 所示，画出散点图，试用 $\alpha e^{\beta/x}$ 来拟合回归模型，假设：

(1) 乘性误差项 $y=\alpha e^{\beta/x} e^{\varepsilon}$。

(2) 加性误差项 $y=\alpha e^{\beta/x}+\varepsilon$。

表 9－15

序号	x	y	序号	x	y
1	4.20	0.086	9	2.60	0.220
2	4.06	0.090	10	2.40	0.240
3	3.80	0.100	11	2.20	0.350
4	3.60	0.120	12	2.00	0.440
5	3.40	0.130	13	1.80	0.620
6	3.20	0.150	14	1.60	0.940
7	3.00	0.170	15	1.40	1.620
8	2.80	0.190			

9.4 Logistic 回归函数常用于拟合某种消费品的拥有率，表 9－16 是北京市每百户家庭平均拥有的照相机数，试针对以下两种情况拟合 Logistic 回归函数

$$y=\frac{1}{\frac{1}{u}+b_0 b_1^t}$$

(1) 已知 $u=100$，用线性化方法拟合。

(2) u 未知，用非线性最小二乘法拟合。根据经济学的意义知道，u 是拥有率的上限，初值可取 100；$b_0>0$，$0<b_1<1$，初值请读者自己选择。

227

表 9-16

年份	t	y	年份	t	y
1978	1	7.5	1988	11	59.6
1979	2	9.8	1989	12	62.2
1980	3	11.4	1990	13	66.5
1981	4	13.3	1991	14	72.7
1982	5	17.2	1992	15	77.2
1983	6	20.6	1993	16	82.4
1984	7	29.1	1994	17	85.4
1985	8	34.6	1995	18	86.8
1986	9	47.4	1996	19	87.2
1987	10	55.5			

9.5 表 9-17 中的 GDP 和投资额 K 都是用定基居民消费价格指数（CPI）缩减后的值，1978 年的价格指数为 100。

(1) 用线性化的乘性误差项模型拟合 C-D 生产函数。

(2) 用非线性最小二乘拟合加性误差项模型的 C-D 生产函数。

(3) 对线性化回归检验自相关，如果存在自相关则用自回归方法改进。

(4) 对线性化回归检验共线性，如果存在共线性则用岭回归方法改进。

表 9-17

年份	t	CPI	GDP	K	L
1978	1	100.00	3 624.1	1 377.9	40 152
1979	2	101.90	3 962.9	1 446.7	41 024
1980	3	109.54	4 124.2	1 451.5	42 361
1981	4	112.28	4 330.6	1 408.1	43 725
1982	5	114.53	4 623.1	1 536.9	45 295
1983	6	116.82	5 080.2	1 716.4	46 436
1984	7	119.97	5 977.3	2 057.7	48 197
1985	8	131.13	6 836.3	2 582.2	49 873
1986	9	139.65	7 305.4	2 754.0	51 282
1987	10	149.85	7 983.2	2 884.3	52 783
1988	11	178.02	8 385.9	3 086.8	54 334
1989	12	210.06	8 049.7	2 901.5	55 329
1990	13	216.57	8 564.3	2 975.4	64 749
1991	14	223.94	9 653.5	3 356.8	65 491
1992	15	238.27	11 179.9	4 044.2	66 152
1993	16	273.29	12 673.0	5 487.9	66 808
1994	17	339.16	13 786.9	5 679.0	67 455
1995	18	397.15	14 724.3	6 012.0	68 065
1996	19	430.12	15 782.8	6 246.5	68 950
1997	20	442.16	16 840.6	6 436.0	69 820
1998	21	438.62	17 861.6	6 736.1	70 637
1999	22	432.48	18 975.9	7 098.9	71 394
2000	23	434.21	20 604.7	7 510.5	72 085
2001	24	437.25	22 256.0	8 567.3	73 025
2002	25	433.75	24 247.0	9 764.9	73 740

9.6　对上题的数据，拟合含有技术进步的 C-D 生产函数：

$$y = A e^{\mu t} K^{\alpha} L^{\beta}$$

式中，$e^{\mu t}$ 代表技术进步对产出的影响。

（1）用线性化的乘性误差项模型拟合。

（2）用非线性最小二乘对加性误差项模型做拟合。

（3）对线性化回归检验自相关，如果存在自相关则用自回归方法改进。

（4）对线性化回归检验共线性，如果存在共线性则用岭回归方法改进。

第 **10** 章
含定性变量的回归模型

在对实际问题的研究中，经常会碰到一些非数量型的变量，如品质变量：性别，正常年份、干旱年份，战争与和平，改革前、改革后等。在建立一个经济问题的回归方程时，经常需要考虑这些品质变量，如建立粮食产量预测方程就应考虑到正常年份与受灾年份的不同影响。我们也把这些品质变量称为定性变量。对含定性变量的回归问题目前已有不少研究（参见参考文献 [6]），本章主要介绍自变量含定性变量的回归模型和因变量是定性变量的回归模型两大类。

10.1 自变量含定性变量的回归模型

在回归分析中，我们对一些自变量是定性变量的情形先进行量化处理，处理方法是引进只取 0 和 1 两个值的虚拟自变量将定性变量数量化。当某一属性出现时，虚拟变量取 1，否则取 0。虚拟变量也称为哑变量。

一、简单情况

首先讨论定性变量只取两类可能值的情况，例如研究粮食产量问题，y 为粮食产量，x 为施肥量。另外再考虑气候问题，分为正常年份和干旱年份两种情况。对这个问题的数量化方法是引入一个 0 - 1 型变量 D，令

$D_i = 1$，表示正常年份

$D_i = 0$，表示干旱年份

粮食产量的回归模型为：

$$y_i = \beta_0 + \beta_1 x_i + \beta_2 D_i + \varepsilon_i \qquad (10.1)$$

式中，$i=1, 2, \cdots, n$，在以下回归模型中不再一一注明。干旱年份的粮食平均产量为：

$$E(y_i | D_i = 0) = \beta_0 + \beta_1 x_i$$

正常年份的粮食平均产量为：

$$E(y_i | D_i = 1) = (\beta_0 + \beta_2) + \beta_1 x_i$$

这里有一个前提条件，就是认为干旱年份与正常年份回归直线的斜率 β_1 是相等的。也就是说，不论是干旱年份还是正常年份，施肥量 x 每增加一个单位，粮食产量 y 平均都增加相同的数量 β_1。对式（10.1）的参数估计仍采用普通最小二乘法。

 例 10.1 ....•

某经济学家想调查文化程度对家庭储蓄的影响，在一个中等收入的样本框中，随机调查了 13 户高学历家庭与 14 户低学历家庭。因变量 y 为上一年家庭储蓄增加额，自变量 x_1 为上一年家庭总收入，自变量 x_2 为家庭学历。高学历家庭 $x_2=1$，低学历家庭 $x_2=0$，调查数据如表 10-1 所示。

表 10-1

序号	y（元）	x_1（万元）	x_2	e_i	de_i
1	235	2.3	0	−588	455
2	346	3.2	1	−220	−2 372
3	365	2.8	0	−2 371	−1 047
4	468	3.5	1	−1 246	−3 229
5	658	2.6	0	−1 313	−101
6	867	3.2	1	301	−1 851
7	1 085	2.6	0	−886	326
8	1 236	3.4	1	−96	−2 135
9	1 238	2.2	0	797	1 784
10	1 345	2.8	1	2 309	−67
11	2 365	2.3	0	1 542	2 585
12	2 365	3.7	1	−115	−1 985
13	3 256	4.0	1	−371	−2 074
14	3 256	2.9	0	137	1 517
15	3 265	3.8	1	403	−1 412
16	3 265	4.6	1	−2 658	−4 023
17	3 567	4.2	1	−826	−2 416
18	3 658	3.7	1	1 178	−692
19	4 588	3.5	0	−827	891
20	6 436	4.8	1	−252	−1 505
21	9 047	5.0	1	1 593	453
22	7 985	4.2	0	−108	2 002
23	8 950	3.9	0	2 005	3 947
24	9 865	4.8	0	−524	1 924
25	9 866	4.6	0	243	2 578
26	10 235	4.8	0	−154	2 294
27	10 140	4.2	0	2 047	4 157

建立 y 对 x_1，x_2 的线性回归，计算结果见输出结果 10.1，残差值 e_i 列在表 10 - 1 中。

输出结果 10.1

Model Summary

Model	R	R Square	Adjusted R Square	Std. Error of the Estimate
1	.938ª	.879	.869	1288.68

a. Predictors: (Constant), x2, x1.

ANOVA

Model		Sum of Squares	df	Mean Square	F	Sig.
1	Regression	290372875.924	2	145186437.962	87.425	.000
	Residual	39856639.705	24	1660693.321		
	Total	330229515.630	26			

Coefficients

	Unstandardized Coefficients		Standardized Coefficients		
	B	Std. Error	Beta	t	Sig.
(Constant)	-7976.809	1093.445		-7.295	.000
x1	3826.129	304.591	.921	12.562	.000
x2	-3700.330	513.445	-.529	-7.207	.000

两个自变量 x_1 与 x_2 的系数都是显著的，复决定系数 $R^2 = 0.879$，回归方程为：

$$\hat{y} = -7\,977 + 3\,826x_1 - 3\,700x_2$$

这个结果表明，中等收入的家庭每增加 1 万元收入，平均拿出 3 826 元作为储蓄。高学历家庭每年的平均储蓄增加额少于低学历的家庭，平均少 3 700 元。

如果不引入家庭学历定性变量 x_2，仅用 y 对家庭年收入 x_1 做一元线性回归，得决定系数 $R^2 = 0.618$，说明拟合效果不好。y 对 x_1 的一元线性回归的残差 de_i 也列在了表 10 - 1 中。

家庭年收入 x_1 是连续型变量，它对回归也是不可缺少的。如果不考虑家庭年收入这个自变量，13 户高学历家庭的平均年储蓄增加额为 3 009.31 元，14 户低学历家庭的平均年储蓄增加额为 5 059.36 元，这样会认为高学历家庭每年的储蓄增加额比低学历的家庭平均少 5 059.36 - 3 009.31 = 2 050.05（元），而用回归法算出的数值是 3 700 元，两者并不相等。

用回归法算出的高学历家庭每年的平均储蓄增加额比低学历的家庭平均少 3 700 元，这是在假设两者的家庭年收入相等的基础上的储蓄增加额差值，或者说是消除了家庭年收入影响后的差值，因而反映不同学历家庭储蓄增加额的真实差异。而直接由样本计算的差值 2 050.05 元是包含家庭年收入影响在内的差值，是虚假的差值。所调查的 13 户高学历家庭的平均年收入额为 3.838 5 万元，14 户低学历家庭的平均年收入额为 3.407 1 万元，两者并不相等。

通过本例我们看到，在对一些问题的分析中，仅依靠平均数是不够的，很可能得到虚假的数值。只有通过对数据的深入分析，才能得到正确结果。

需要指出的是，虽然虚拟变量取某一数值，但这一数值没有任何数量大小的意义，它仅仅用来说明观察单位的性质或属性。

以上定性自变量只取两个可能值：干旱或正常；高学历或低学历。一般情况就是取是或否两个值，只需用一个 0-1 型自变量表示。以下把这种只取两个值的情况推广到取多个值的情况。

二、复杂情况

在某些场合下，定性自变量可能取多类值，例如某商厦策划营销方案，需要考虑销售额的季节性影响，季节因素分为春、夏、秋、冬四种情况。为了用定性自变量反映春、夏、秋、冬四季，我们初步设想引入如下四个 0-1 型自变量：

$$\begin{cases}x_1=1,春季\\x_1=0,其他\end{cases} \quad \begin{cases}x_2=1,夏季\\x_2=0,其他\end{cases}$$

$$\begin{cases}x_3=1,秋季\\x_3=0,其他\end{cases} \quad \begin{cases}x_4=1,冬季\\x_4=0,其他\end{cases}$$

可是这样做却产生了一个新的问题，即四个自变量 x_1，x_2，x_3，x_4 之和恒等于 1，即 $x_1+x_2+x_3+x_4=1$，构成完全多重共线性。解决这个问题的方法很简单，我们只需去掉一个 0-1 型变量，保留三个 0-1 型自变量即可。例如去掉 x_4，只保留 x_1，x_2，x_3。

一般情况下，当一个定性变量有 k 类可能的取值时，需要引入 $k-1$ 个 0-1 型自变量。当 $k=2$ 时，只需要引入一个 0-1 型自变量即可。

包含多个 0-1 型自变量模型的计算仍然采用普通的线性最小二乘回归方法，在此就不举例了。

10.2 自变量含定性变量的回归模型的应用

一、分段回归

在实际问题中，我们会碰到某些变量在影响因素的不同范围内变化趋势截然不同的情况，例如经济问题在经济政策有较大调整时，调整前与调整后的变化幅度会有很大不同。对于这种问题，有时即使用多种曲线拟合效果也不能令人满意。如果做残差分析，会发现残差不是随机的，而具有一定的系统性。对于这类问题，人们自然考虑到用分段回归的方法来处理。

例 10.2

表 10-2 给出了某工厂生产批量 x 与单位成本 y（美元）的数据。试用分段回归建立回归模型（参见参考文献 [3]）。

表 10-2

序号	y	x（$=x_1$）	x_2
1	2.57	650	150
2	4.40	340	0
3	4.52	400	0
4	1.39	800	300
5	4.75	300	0
6	3.55	570	70
7	2.49	720	220
8	3.77	480	0

这是一个生产批量与生产成本的问题，单位成本 y 对生产批量的回归在 x_p 点以内服从一种线性关系，而在生产批量超过 x_p 时可能服从另一种线性关系。由图 10-1 可看出数据在生产批量 $x_p=500$ 时发生较大变化，即批量大于 500 时成本明显下降。我们考虑由两段构成的分段线性回归，这可以通过引入一个 0-1 型虚拟自变量实现。假定回归直线的斜率在 $x_p=500$ 处改变，建立回归模型

$$y_i=\beta_0+\beta_1 x_i+\beta_2(x_i-500)D_i+\varepsilon_i \tag{10.2}$$

来拟合，其中

$$\begin{cases} D_i=1，当 x_i>500 \\ D_i=0，当 x_i\leqslant500 \end{cases}$$

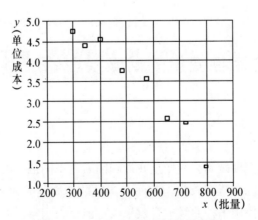

图 10-1　单位成本与批量的散点图

回归模型式（10.2）实际上是一个二元线性回归模型，为了更清楚起见，引入两个新的自变量 x_1，x_2。有

$$x_{i1}=x_i$$
$$x_{i2}=(x_i-500)D_i$$

式中，x_1 为生产批量；x_2 的数值列在表 10 - 2 中。这样回归模型式（10.2）转化为标准形式的二元线性回归模型

$$y_i=\beta_0+\beta_1 x_{i1}+\beta_2 x_{i2}+\varepsilon_i \tag{10.3}$$

式（10.3）可以分解为两个线性回归方程：

当 $x_1 \leqslant 500$ 时，得到

$$E(y)=\beta_0+\beta_1 x_1 \tag{10.4}$$

当 $x_1 > 500$ 时，得到

$$E(y)=(\beta_0-500\beta_2)+(\beta_1+\beta_2)x_1 \tag{10.5}$$

于是 β_1 和 $\beta_1+\beta_2$ 分别是两条回归线式（10.4）和式（10.5）的斜率，β_0 和 $(\beta_0-500\beta_2)$ 是两个 y 截距，如图 10 - 2 所示。

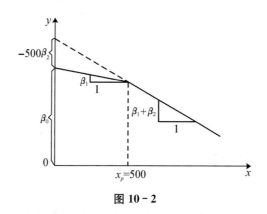

图 10 - 2

用普通最小二乘法拟合模型式（10.3）得回归方程

$$\hat{y}=5.895-0.003\,95x_1-0.003\,89x_2 \tag{10.6}$$

利用此模型可说明生产批量小于 500 时，每增加 1 个单位批量，单位成本降低 0.003 95 美元；当生产批量大于 500 时，每增加 1 个单位批量，单位成本降低 0.003 95+0.003 89=0.007 84（美元）。

上面是参考文献［3］的分析过程。笔者认为，以上只是根据散点图从直观上判断本例数据应该用折线回归拟合，这一点还需要做统计的显著性检验，只需对式（10.2）的回归系数 β_2 做显著性检验即可。回归方程式（10.6）的有关计算结果如输出结果 10.2 所示。

输出结果 10.2

Model Summary

Model	R	R Square	Adjusted R Square	Std. Error of the Estimate
1	.985[a]	.969	.957	.2449

a. Predictors: (Constant), x_2, x.

ANOVA

	Model	Sum of Squares	df	Mean Square	F	Sig.
1	Regression	9.486	2	4.743	79.059	.000
	Residual	.300	5	5.999E-02		
	Total	9.786	7			

Coefficients

	Unstandardized Coefficients		Standardized Coefficients		
	B	Std. Error	Beta	t	Sig.
(Constant)	5.895	.604		9.757	.000
x	−3.954E-03	.001	−.611	-2.65	.045
x2	−3.893E-03	.002	−.388	-1.69	.153

复决定系数 $R^2 = 0.969$，拟合效果很好。对 β_2 的显著性检验的 t 值$= -1.69$，显著性概率（Sig.）$= 0.153$，β_2 没有通过显著性检验，不能认为 β_2 非零。这样，根据显著性检验结果，还不能认为本例数据适合用折线回归拟合。

用 y 对 x 做一元线性回归，计算结果如输出结果 10.3 所示。

输出结果 10.3

Model Summary

Model	R	R Square	Adjusted R Square	Std. Error of the Estimate
1	.976[a]	.952	.944	.2800

a. Predictors: (Constant), x.

ANOVA

	Model	Sum of Squares	df	Mean Square	F	Sig.
1	Regression	9.316	1	9.316	118.839	.000
	Residual	0.470	6	7.839E-02		
	Total	9.786	7			

Coefficients

	Unstandardized Coefficients		Standardized Coefficients		
	B	Std. Error	Beta	t	Sig.
(Constant)	6.795	.324		20.963	.000
x	-6.318E-03	.001	−.976	-10.90	.000

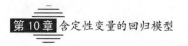

y 对 x 的一元线性回归的决定系数 $R^2 = 0.952$，回归方程为：

$$\hat{y} = 6.795 - 0.006\,318x \qquad (10.7)$$

式（10.7）说明，生产批量每增加 1 个单位，单位成本平均下降 $0.006\,318$ 美元，这个结论在自变量的样本范围 $300 \sim 800$ 内都是适用的。

二、回归系数相等的检验

 例 10.3 ··•

回到例 10.1 的问题，例 10.1 引入 0-1 型自变量的方法是假定储蓄增加额 y 对家庭总收入的回归斜率 β_1 与家庭学历无关，家庭学历只影响回归常数项 β_0，这个假设是否合理，还需要做统计检验。

检验方法是引入如下含有交互效应的回归模型

$$y_i = \beta_0 + \beta_1 x_{i1} + \beta_2 x_{i2} + \beta_3 x_{i1} x_{i2} + \varepsilon_i \qquad (10.8)$$

其中，y 为上一年家庭储蓄增加额；x_1 为上一年家庭总收入；x_2 为家庭学历，高学历家庭 $x_2 = 1$，低学历家庭 $x_2 = 0$。回归模型式（10.8）可以分解为对高学历家庭和对低学历家庭的两个线性回归模型，分别为：

高学历家庭 $x_2 = 1$：

$$\begin{aligned} y_i &= \beta_0 + \beta_1 x_{i1} + \beta_2 + \beta_3 x_{i1} + \varepsilon_i \\ &= (\beta_0 + \beta_2) + (\beta_1 + \beta_3) x_{i1} + \varepsilon_i \end{aligned} \qquad (10.9)$$

低学历家庭 $x_2 = 0$：

$$y_i = \beta_0 + \beta_1 x_{i1} + \varepsilon_i \qquad (10.10)$$

可见，高学历家庭的回归常数为 $\beta_0 + \beta_2$，回归系数为 $\beta_1 + \beta_3$；低学历家庭的回归常数为 β_0，回归系数为 β_1。要检验两个回归方程的回归系数是否相等，等价于对回归模型式（10.8）做参数的假设检验

$$H_0 : \beta_3 = 0$$

当拒绝 H_0 时，认为 $\beta_3 \neq 0$，这时高学历家庭与低学历家庭的储蓄回归模型实际上被拆分为两个不同的回归模型式（10.9）和式（10.10）。当不拒绝 H_0 时，认为 $\beta_3 = 0$，这时高学历家庭与低学历家庭的储蓄回归模型是如下形式的联合回归模型

$$y_i = \beta_0 + \beta_1 x_{i1} + \beta_2 x_{i2} + \varepsilon_i \qquad (10.11)$$

这正是例 10.1 所建立的回归模型。拟合式（10.8）的回归模型，回归系数的检验表如输出结果 10.4 所示。

输出结果 10.4

Coefficients

	Unstandardized Coefficients		Standardized Coefficients		
	B	Std. Error	Beta	t	Sig.
(Constant)	-8763.936	1270.878		-6.896	.000
x1	4057.151	359.284	0.977	11.292	.000
x2	-776.939	2514.459	-.111	-.309	.760
x1x2	-787.564	663.367	-.443	-1.187	.247

从输出结果 10.4 中看到，对 β_3 进行显著性检验的显著性概率（Sig.）$=0.247$，应该不拒绝原假设 $H_0: \beta_3 = 0$，认为例 10.1 采用的回归模型式（10.11）是正确的。

另外，输出结果 10.4 中 x_2 的回归系数 β_2 的显著性概率为 0.760，也没有通过显著性检验，并且比 β_3 的显著性更低，是否应该首先剔除 x_2 而保留 x_1x_2？回答是否定的，因为这样做与经济意义不符。对回归模型式（10.9）与式（10.10），若 $\beta_2 = 0$，表明两个回归方程的常数项相等；若 $\beta_3 = 0$，表明两个回归方程的斜率相等。经济学家首先关心的是两个回归方程的斜率是否相等，其次才关心常数项是否相等。通常认为回归常数项是在自变量为零时 y 的平均值，但在本例中则没有这种现实意义。这是因为本例是对中等收入家庭的储蓄分析，收入为零的家庭的储蓄增加额超出了本模型所包含的范围。本例的回归常数项仅是与储蓄增加额的平均值有关的一个数值。

10.3　因变量是定性变量的回归模型

在许多社会经济问题中，所研究的因变量往往只有两个可能结果，这样的因变量也可用虚拟变量来表示，虚拟变量可取 0 或 1。

例如，在一次住房展销会上，与房地产商签订初步购房意向书的顾客中，在随后的 3 个月内，只有一部分顾客确实购买了房屋。确实购买了房屋的顾客记为 1，没有购买房屋的顾客记为 0。

又如，在对是否参加赔偿责任保险的研究中，根据户主的年龄、流动资产额和户主的职业，因变量 y 规定有两种可能的结果：户主有赔偿责任保险，户主没有赔偿责任保险。这种结果也可以用虚拟变量取 1 或 0 来表示。

再如，在一项社会安全问题的调查中，一个人在家是否害怕陌生人来，因变量 $y=1$ 表示害怕，$y=0$ 表示不怕（参见参考文献 [10]）。

上面的例子说明，因变量的结果只取两种可能情况的应用很广泛。

一、定性因变量的回归方程的意义

设因变量 y 是只取 0，1 两个值的定性变量，考虑简单线性回归模型

$$y_i = \beta_0 + \beta_1 x_i + \varepsilon_i \qquad (10.12)$$

在这种 y 只取 0，1 两个值的情况下，因变量均值 $E(y_i) = \beta_0 + \beta_1 x_i$ 具有特殊的意义。由于 y_i 是 0-1 型贝努利随机变量，得如下概率分布

$$P(y_i = 1) = \pi_i$$
$$P(y_i = 0) = 1 - \pi_i$$

根据离散型随机变量期望值的定义，可得

$$E(y_i) = 1(\pi_i) + 0(1 - \pi_i) = \pi_i \tag{10.13}$$

进而得到

$$E(y_i) = \pi_i = \beta_0 + \beta_1 x_i$$

所以，作为由回归函数给定的因变量均值，$E(y_i) = \beta_0 + \beta_1 x_i$ 是自变量水平为 x_i 时 $y_i = 1$ 的概率。对因变量均值的这种解释既适用于这里的简单线性回归函数，也适用于复杂的多元回归函数。当因变量是 0-1 型变量时，因变量均值总是代表给定自变量时 $y = 1$ 的概率。

二、定性因变量回归的特殊问题

（1）离散非正态误差项。对一个取值为 0 和 1 的因变量，误差项 $\varepsilon_i = y_i - (\beta_0 + \beta_1 x)$ 只能取两个值：

当 $y_i = 1$ 时，$\varepsilon_i = 1 - \beta_0 - \beta_1 x_i = 1 - \pi_i$；

当 $y_i = 0$ 时，$\varepsilon_i = -\beta_0 - \beta_1 x_i = -\pi_i$。

显然，误差项 ε_i 是两点型离散分布，当然正态误差回归模型的假定就不适用了。

（2）零均值异方差性。当因变量是定性变量时，误差项 ε_i 仍然保持零均值，这时出现的另一个问题是误差项 ε_i 的方差不相等。由于 y_i 与 ε_i 只相差一个常数 $\beta_0 + \beta_1 x_i$，因而 y_i 与 ε_i 的方差是相等的。0-1 型随机变量 ε_i 的方差为：

$$\begin{aligned}
D(\varepsilon_i) &= D(y_i) \\
&= \pi_i(1 - \pi_i) \\
&= (\beta_0 + \beta_1 x_i)(1 - \beta_0 - \beta_1 x_i)
\end{aligned} \tag{10.14}$$

由式（10.14）可看到，ε_i 的方差依赖于 x_i，误差项方差随着 x 的不同水平而变化，是异方差，不满足线性回归方程的基本假定，最小二乘估计的效果也就不会好。

（3）回归方程的限制。当因变量为 0-1 型虚拟变量时，回归方程代表概率分布，所以因变量均值受到如下限制

$$0 \leqslant E(y_i) = \pi_i \leqslant 1$$

一般的回归方程本身并不具有这种限制，线性回归方程 $y_i = \beta_0 + \beta_1 x_i$ 将会超出这个限制范围。

对于普通的线性回归所具有的上述三个问题，我们需要构造出能够满足以上限制的回归模型。

10.4 Logistic 回归模型

一、分组数据的 Logistic 回归模型

针对 0-1 型因变量产生的问题，我们对回归模型应该做两个方面的改进。

第一，回归函数应该改用限制在 $[0，1]$ 区间内的连续曲线，而不能再沿用直线回归方程。限制在 $[0，1]$ 区间内的连续曲线有很多，例如所有连续型随机变量的分布函数都符合要求，常用的是 Logistic 函数与正态分布函数。Logistic 函数的形式为：

$$f(x)=\frac{e^x}{1+e^x}=\frac{1}{1+e^{-x}} \tag{10.15}$$

Logistic 函数的中文名称是逻辑斯谛函数，简称逻辑函数。

第二，因变量 y_i 本身只取 0，1 两个离散值，不适合直接作为回归模型中的因变量。由于回归函数 $E(y_i)=\pi_i=\beta_0+\beta_1 x_i$ 表示在自变量为 x_i 的条件下 y_i 的平均值，而 y_i 是 0-1 型随机变量，因此 $E(y_i)=\pi_i$ 就是在自变量为 x_i 的条件下 y_i 等于 1 的比例。这提示我们可以用 y_i 等于 1 的比例代替 y_i 本身作为因变量。

下面通过一个例子来说明 Logistic 回归模型的应用。

 例 10.4 ··•

在一次住房展销会上，与房地产商签订初步购房意向书的共有 $n=313$ 名顾客，在随后的 3 个月内，只有一部分顾客确实购买了房屋。购买了房屋的顾客记为 1，没有购买房屋的顾客记为 0。以顾客的年家庭收入为自变量 x，对表 10-3 所示的数据，建立 Logistic 回归模型。

表 10-3

序号	年家庭收入（万元）x	签订意向书人数 n_i	实际购房人数 m_i	实际购房比例 $p_i=m_i/n_i$	逻辑变换 $p_i'=\ln(\frac{p_i}{1-p_i})$	权重 $w_i=n_i p_i(1-p_i)$
1	1.5	25	8	0.320 000	−0.753 77	5.440
2	2.5	32	13	0.406 250	−0.379 49	7.719
3	3.5	58	26	0.448 276	−0.207 64	14.345
4	4.5	52	22	0.423 077	−0.310 15	12.692
5	5.5	43	20	0.465 116	−0.139 76	10.698
6	6.5	39	22	0.564 103	0.257 829	9.590
7	7.5	28	16	0.571 429	0.287 682	6.857
8	8.5	21	12	0.571 429	0.287 682	5.143
9	9.5	15	10	0.666 667	0.693 147	3.333

Logistic 回归方程为：

$$p_i = \frac{\exp(\beta_0 + \beta_1 x_i)}{1 + \exp(\beta_0 + \beta_1 x_i)}, \quad i = 1, 2, \cdots, c \tag{10.16}$$

式中，c 为分组数据的组数，本例中 $c=9$。对以上回归方程做线性化变换，令

$$p_i' = \ln\left(\frac{p_i}{1 - p_i}\right) \tag{10.17}$$

式 (10.17) 所示的变换称为逻辑 (logit) 变换，变换后的线性回归模型为：

$$p_i' = \beta_0 + \beta_1 x_i + \varepsilon_i \tag{10.18}$$

式 (10.18) 是一个普通的一元线性回归模型。式 (10.16) 没有给出误差项的形式，我们认为其误差项的形式就是做线性化变换所需的形式。根据表 10-3 中的数据，算出经验回归方程为：

$$\hat{p}' = -0.886 + 0.156x \tag{10.19}$$

决定系数 $r^2 = 0.9243$，显著性检验 P 值 ≈ 0，高度显著。将式 (10.19) 还原为式 (10.16) 的 Logistic 回归方程为：

$$\hat{p} = \frac{\exp(-0.886 + 0.156x)}{1 + \exp(-0.886 + 0.156x)} \tag{10.20}$$

利用式 (10.20) 可以对购房比例做预测，例如对 $x_0 = 8$ 可得

$$\hat{p}_0 = \frac{\exp(-0.886 + 0.156 \times 8)}{1 + \exp(-0.886 + 0.156 \times 8)}$$

$$= \frac{1.436}{1 + 1.436} = 0.590$$

可知年收入 8 万元的家庭预计实际购房比例为 59%。

我们用 Logistic 回归模型成功地拟合了因变量为定性变量的回归模型，但是仍然存在一个不足之处，就是异方差性并没有得到解决，式 (10.18) 的回归模型不是等方差的，应该对式 (10.18) 用加权最小二乘估计。当 n_i 较大时，p_i' 的近似方差为：

$$D(p_i') \approx \frac{1}{n_i \pi_i (1 - \pi_i)} \tag{10.21}$$

式 (10.21) 的证明参见参考文献 [6]。其中，$\pi_i = E(y_i)$，因而选取权数为：

$$w_i = n_i p_i (1 - p_i) \tag{10.22}$$

对例 10.4 重新用加权最小二乘做估计，计算结果见输出结果 10.5。

输出结果 10.5

Model Summary

Model	R	R Square	Adjusted R Square	Std. Error of the Estimate
1	.939[a]	.881	.864	.3862

a. Predictors: (Constant), x.

ANOVA^c

Model		Sum of Squares	df	Mean Square	F	Sig.
1	Regression	7.754	1	7.754	51.983	.000
	Residual	1.044	7	.149		
	Total	8.798	8			

c. Weighted Least Squares Regression-Weighted by W.

Coefficients

	Unstandardized Coefficients		Standardized Coefficients	t	Sig.
	B	Std. Error	Beta		
(Constant)	−.849	.114		-7.474	.000
x	.149	.021	.939	7.210	.000

用加权最小二乘法得到的 Logistic 回归方程为：

$$\hat{p} = \frac{\exp(-0.849+0.149x)}{1+\exp(-0.849+0.149x)} \tag{10.23}$$

利用式（10.23）可以对购房比例做预测，例如对 $x_0=8$ 可得

$$\hat{p}_0 = \frac{\exp(-0.849+0.149\times8)}{1+\exp(-0.849+0.149\times8)}$$

$$= \frac{1.409}{1+1.409} = 0.585$$

可知年收入 8 万元的家庭预计实际购房比例为 58.5%，这个结果与未用加权法的结果很接近。

以上的例子是只有一个自变量的情况，分组数据的 Logistic 回归模型可以很方便地推广到有多个自变量的情况，在此就不举例说明了。

分组数据的 Logistic 回归只适用于样本量大的分组数据，对样本量小的未分组数据不适用，并且以组数 c 为回归拟合的样本量，拟合的精度低。实际上，我们可以用最大似然估计直接拟合未分组数据的 Logistic 回归模型，下面就介绍这种方法。

二、未分组数据的 Logistic 回归模型

设 y 是 0-1 型变量，x_1，x_2，$\cdots$，x_p 是与 y 相关的确定性变量，n 组观测数据为 $(x_{i1}, x_{i2}, \cdots, x_{ip}; y_i)$ $(i=1, 2, \cdots, n)$，其中，$y_1, y_2, \cdots, y_n$ 是取 0 或 1 的随机变量，y_i 与 $x_{i1}, x_{i2}, \cdots, x_{ip}$ 的关系如下：

$$E(y_i) = \pi_i = f(\beta_0+\beta_1 x_{i1}+\beta_2 x_{i2}+\cdots+\beta_p x_{ip})$$

式中，函数 $f(x)$ 是值域在 $[0, 1]$ 区间内的单调增函数。对于 Logistic 回归

$$f(x) = \frac{e^x}{1+e^x}$$

y_i 服从均值为 $\pi_i = f(\beta_0+\beta_1 x_{i1}+\beta_2 x_{i2}+\cdots+\beta_p x_{ip})$ 的 0-1 型分布，概率函数为：

$$P(y_i=1)=\pi_i$$
$$P(y_i=0)=1-\pi_i$$

可以把 y_i 的概率函数合写为：

$$P(y_i)=\pi_i^{y_i}(1-\pi_i)^{1-y_i}, \quad y_i=0,1;i=1,2,\cdots,n \tag{10.24}$$

于是，y_1，y_2，$\cdots$，y_n 的似然函数为：

$$L=\prod_{i=1}^{n}P(y_i)=\prod_{i=1}^{n}\pi_i^{y_i}(1-\pi_i)^{1-y_i} \tag{10.25}$$

对似然函数取自然对数，得

$$\ln L=\sum_{i=1}^{n}\left[y_i\ln\pi_i+(1-y_i)\ln(1-\pi_i)\right]$$
$$=\sum_{i=1}^{n}\left[y_i\ln\frac{\pi_i}{1-\pi_i}+\ln(1-\pi_i)\right]$$

对于 Logistic 回归，将

$$\pi_i=\frac{\exp(\beta_0+\beta_1 x_{i1}+\cdots+\beta_p x_{ip})}{1+\exp(\beta_0+\beta_1 x_{i1}+\cdots+\beta_p x_{ip})}$$

代入得

$$\ln L=\sum_{i=1}^{n}\{y_i(\beta_0+\beta_1 x_{i1}+\cdots+\beta_p x_{ip})-\ln[1+\exp(\beta_0+\beta_1 x_{i1}+\cdots+\beta_p x_{ip})]\}$$

$$\tag{10.26}$$

最大似然估计就是选取 β_0，β_1，β_2，$\cdots$，β_p 的估计值 $\hat{\beta}_0$，$\hat{\beta}_1$，$\hat{\beta}_2$，$\cdots$，$\hat{\beta}_p$，使式（10.26）达到极大。求解过程需要用数值计算，SPSS 软件提供了求解功能。

 例 10.5

在一次关于公共交通的社会调查中，一个调查项目为"是乘坐公交车上下班，还是骑自行车上下班"。因变量 $y=1$ 表示主要乘坐公交车上下班，$y=0$ 表示主要骑自行车上下班。自变量 x_1 是年龄，作为连续型变量；x_2 是月收入；x_3 是性别，$x_3=1$ 表示男性，$x_3=0$ 表示女性。调查对象为工薪阶层群体，数据如表 10-4 所示，试建立 y 与自变量间的 Logistic 回归模型。

表 10-4

序号	x_3	x_1	x_2（元）	y	序号	x_3	x_1	x_2（元）	y
1	0	18	850	0	6	0	31	850	0
2	0	21	1 200	0	7	0	36	1 500	1
3	0	23	850	1	8	0	42	1 000	1
4	0	23	950	1	9	0	46	950	1
5	0	28	1 200	1	10	0	48	1 200	0

续前表

序号	x_3	x_1	x_2（元）	y	序号	x_3	x_1	x_2（元）	y
11	0	55	1 800	1	20	1	32	1 000	0
12	0	56	2 100	1	21	1	33	1 800	0
13	0	58	1 800	1	22	1	33	1 000	0
14	1	18	850	0	23	1	38	1 200	0
15	1	20	1 000	0	24	1	41	1 500	0
16	1	25	1 200	0	25	1	45	1 800	1
17	1	27	1 300	0	26	1	48	1 000	0
18	1	28	1 500	0	27	1	52	1 500	1
19	1	30	950	1	28	1	56	1 800	1

依次点击 SPSS 软件的 Analyze→Regression→Binary Logistic 命令，进入 Logistic 回归对话框，选入变量，点击 OK 运行，部分运行结果见输出结果 10.6。

输出结果 10.6

Variable	B	S.E.	Wald	df	Sig.	R	Exp(B)
SEX	-2.5016	1.1578	4.6689	1	.0307	-.2627	.0820
AGE	.0822	.0521	2.4853	1	.1149	.1120	1.0856
X2	.0015	.0019	.6613	1	.4161	.0000	1.0015
Constant	-3.6547	2.0911	3.0545	1	.0805		

输出结果 10.6 中，SEX（性别）、AGE（年龄）、X2（月收入）是三个自变量，S.E. 是 Std.Error 的简写，表示回归系数估计量 $\hat{\beta}$ 的标准差。Wald 是回归系数检验的统计量值

$$\text{Wald}=\left(\frac{\text{B}}{\text{S.E.}}\right)^2=\left(\frac{\hat{\beta}_j}{\sqrt{D(\hat{\beta}_j)}}\right)^2 \tag{10.27}$$

Sig. 是 Wald 检验的显著性概率，R 是偏相关系数。可以看到，X2（月收入）不显著，故将其剔除。用 y 对性别与年龄两个自变量做回归，得输出结果 10.7。

输出结果 10.7

Variable	B	S.E.	Wald	df	Sig.	R	Exp(B)
SEX	-2.2239	1.0476	4.5059	1	.0338	-.2546	.1082
AGE	.1023	.0458	4.9856	1	.0256	.2778	1.1077
Constant	-2.6285	1.5537	2.8620	1	.0907		

可以看到，SEX，AGE 两个自变量都是显著的，因而最终的回归方程为：

$$\hat{p}=\frac{\exp(-2.628\,5-2.223\,9\text{SEX}+0.102\,3\text{AGE})}{1+\exp(-2.628\,5-2.223\,9\text{SEX}+0.102\,3\text{AGE})}$$

SPSS 软件没有给出 Logistic 回归的标准化回归系数，对于 Logistic 回归，回归系数

也没有普通线性回归那样的解释，因而计算标准化回归系数并不重要。如果要考虑每个自变量在回归方程中的重要性，不妨直接比较 Wald 值（或 Sig. 值），Wald 值大者（或 Sig. 值小者）显著性高，也就更重要。当然这里假定自变量间没有强的多重共线性，否则回归系数的大小及其显著性概率都没有意义。

三、Probit 回归模型

Probit 回归称为单位概率回归，与 Logistic 回归类似，也是拟合 0 - 1 型因变量回归的方法，其回归函数是

$$\Phi^{-1}(\pi_i) = \beta_0 + \beta_1 x_{i1} + \cdots + \beta_p x_{ip} \tag{10.28}$$

用样本比例 p_i 代替概率 π_i，表示为样本回归模型

$$\Phi^{-1}(p_i) = \beta_0 + \beta_1 x_{i1} + \cdots + \beta_p x_{ip} + \varepsilon_i \tag{10.29}$$

 例 10.6

使用例 10.4 的购房数据，首先计算出 $\Phi^{-1}(p_i)$ 的数值，如表 10 - 5 所示。SPSS 和 Excel 软件都有计算 $\Phi^{-1}(\cdot)$ 函数的功能。以 $\Phi^{-1}(p_i)$ 为因变量，以年家庭收入 x 为自变量做普通最小二乘线性回归，得回归方程

$$\Phi^{-1}(\hat{p}) = -0.552 + 0.097\,0x \tag{10.30}$$

或等价地表示为：

$$\hat{p} = \Phi(-0.552 + 0.097\,0x) \tag{10.31}$$

对 $x_0 = 8$，$\hat{p}_0 = \Phi(-0.552 + 0.097\,0 \times 8) = \Phi(0.224) = 0.589$，与用 Logistic 回归计算的预测值很接近。

表 10 - 5

序号	年家庭收入（万元）x	签订意向书人数 n_i	实际购房人数 m_i	实际购房比例 $p_i = m_i/n_i$	Probit 变换 $p_i' = \Phi^{-1}(p_i)$
1	1.5	25	8	0.320 000	−0.467 70
2	2.5	32	13	0.406 250	−0.237 20
3	3.5	58	26	0.448 276	−0.130 02
4	4.5	52	22	0.423 077	−0.194 03
5	5.5	43	20	0.465 116	−0.087 55
6	6.5	39	22	0.564 103	0.161 38
7	7.5	28	16	0.571 429	0.180 01
8	8.5	21	12	0.571 429	0.180 01
9	9.5	15	10	0.666 667	0.430 73

SPSS 软件提供了 Probit 回归功能，用于对分组数据拟合 Probit 回归模型。依照 Analyze→Regression→Probit 的顺序进入 Probit 回归对话框，把实际购房人数 m_i 选入 Response Frequency 框条中，把签订意向书人数 n_i 选入 Total Observed 框条中，把分组 自变量年家庭收入 x 选入 Covariate 框条中，点击 OK 运行，得输出结果 10.8。

输出结果 10.8

************ PROBIT ANALYSIS ************

Parameter estimates converged after 8 iterations.

Optimal solution found.

Parameter Estimates（PROBIT model:（PROBIT（p））= Intercept + BX）:

Regression	Coeff.	Standard Error	Coeff. /S. E.
x	0.093 54	0.033 09	2.827 19
	Intercept	Standard Error	Intercept/S. E.
	−0.531 77	0.181 51	−2.929 79

Pearson Goodness-of-Fit Chi Square = 1.043 DF = 7 P = 0.994

Since Goodness-of-Fit Chi square is NOT significant, no heterogeneity

factor is used in the calculation of confidence limits.

由输出结果 10.8 得回归方程

$$\Phi^{-1}(\hat{p}) = -0.531\ 77 + 0.093\ 54x \tag{10.32}$$

SPSS 软件采用的是最大似然估计的数值计算方法，与前面用最小二乘法所得到的回归方程式（10.30）很接近。输出结果 10.8 中的拟合优度检验（Goodness-of-Fit）是对模型失拟的检验，原假设是回归模型正确，显著性概率 P 值 $= 0.994 > 0.05$，不能拒绝原假设，说明回归模型正确。

在 SPSS 软件的 Probit 回归对话框中可以看到一个 Logit 选项，用这个选项可以对分组数据做 Logistic 回归。对此例计算出的 Logistic 回归方程是

$$\hat{p}' = -0.851\ 78 + 0.149\ 82x \tag{10.33}$$

这也是使用数值计算的最大似然估计，与用最小二乘法所得到的 Logistic 回归方程式（10.19）很接近。

10.5 多类别 Logistic 回归

当定性因变量 y 取 k 个类别时，记为 $1, 2, \cdots, k$，这里的数字 $1, 2, \cdots, k$ 只是名义代号，并没有大小顺序的含义。因变量 y 取值为每个类别的概率与一组自变量 x_1，$x_2, \cdots, x_p$ 有关，对于样本数据 $(x_{i1}, x_{i2}, \cdots, x_{ip}; y_i)(i=1, 2, \cdots, n)$，多类别 Logistic 回归模型第 i 组样本的因变量 y_i 取第 j 个类别的概率为：

$$\pi_{ij}=\frac{\exp\left(\beta_{0j}+\beta_{1j}x_{i1}+\cdots+\beta_{pj}x_{ip}\right)}{\exp\left(\beta_{01}+\beta_{11}x_{i1}+\cdots+\beta_{p1}x_{ip}\right)+\cdots+\exp(\beta_{0k}+\beta_{1k}x_{i1}+\cdots+\beta_{pk}x_{ip})}$$

$$i=1,2,\cdots,n;\quad j=1,2,\cdots,k \tag{10.34}$$

上式中各回归系数不是唯一确定的，每个回归系数同时加减一个常数后 π_{ij} 的数值保持不变。为此，把分母的第一项 $\exp(\beta_{01}+\beta_{11}x_{i1}+\cdots+\beta_{p1}x_{ip})$ 中的系数都设为 0，得到回归函数的表达式

$$\pi_{ij}=\frac{\exp(\beta_{0j}+\beta_{1j}x_{i1}+\cdots+\beta_{pj}x_{ip})}{1+\exp(\beta_{02}+\beta_{12}x_{i1}+\cdots+\beta_{p2}x_{ip})+\cdots+\exp(\beta_{0k}+\beta_{1k}x_{i1}+\cdots+\beta_{pk}x_{ip})}$$

$$i=1,2,\cdots,n;\quad j=1,2,\cdots,k \tag{10.35}$$

这个表达式中每个回归系数都是唯一确定的，第一个类别的回归系数都取 0，其他类别的回归系数数值的大小都以第一个类别为参照。

 例 10.7

本例数据选自 SPSS 软件自带的数据文件 telco. sav。一个电信商要分析影响顾客选择服务类别的因素，因变量是顾客类别（Customer category），变量名为 custcat，共取四个类别：

1＝"Basic service"；2＝"E-service"；3＝"Plus service"；4＝"Total service"

telco. sav 数据文件中包含众多变量，变量的详细信息可以从变量工作表中查找，数据的样本量 $n=1\,000$。

可以用 Edit 菜单中的 Options 选项的 General 选项卡选择显示变量标签。依照 Analyze→Regression→Multinomial Logistic 的顺序进入多类别 Logistic 回归对话框。

把因变量 Customer category［custcat］选入 Dependent 框条中，这里 Customer category 是变量标签，custcat 是变量名称。注意变量数目很多，这个变量在变量列表的后面。

把定性自变量 Marital status［marital］，Level of education［ed］，Retired［retire］和 Gender［gender］选入 factors 框条中。

把数值型自变量 Age in years［age］，Years at current address［address］，Household income in thousands［income］，Years with current employer［employ］和 Number of people in household［reside］选入 Covariates 框条中。

在因变量框条的下面有一个 Reference Category 按钮，点击进入，选择以 First category 为参照类别，也就是选择式（10.35）的回归方程。点击 Continue 返回到多类别 Logistic 回归对话框，点击 OK 运行。

输出结果 10.9 是变量总结表，给出了分类变量各类别的频数和频率。因变量四个类别的频率分别为 26.6%，21.7%，28.1%和 23.6%。

应用回归分析（第5版）

输出结果 10.9

Case Processing Summary

		N	Marginal Percentage
Customer category	Basic service	266	26.6%
	E-service	217	21.7%
	Plus service	281	28.1%
	Total service	236	23.6%
Marital status	Unmarried	505	50.5%
	Married	495	49.5%
Level of education	Did not complete high school	204	20.4%
	High school degree	287	28.7%
	Some college	209	20.9%
	College degree	234	23.4%
	Post-undergraduate degree	66	6.6%
Retired	No	953	95.3%
	Yes	47	4.7%
Gender	Male	483	48.3%
	Female	517	51.7%
Valid		1000	100.0%
Missing		0	
Total		1000	
Subpopulation		1000	

输出结果 10.10 是用最大似然比方法做的变量显著性检验表，只有 Years at current address [address]，Years with current employer [employ]，Level of education [ed] 这三个自变量是显著的，其中对定性自变量的检验是整体检验。由于很多自变量不显著，下面改用逐步回归法选择自变量。

输出结果 10.10

Likelihood Ratio Tests

Effect	Model Fitting Criteria −2 Log Likelihood of Reduced Model	Likelihood Ratio Tests		
		Chi-Square	df	Sig.
Intercept	2507.081[a]	0.000	0	.
age	2509.205	2.124	3	.547
address	2519.010	11.929	3	.008
income	2511.549	4.468	3	.215
employ	2518.361	11.280	3	.010
reside	2512.890	5.809	3	.121
marital	2510.650	3.569	3	.312
ed	2665.388	158.307	12	.000
retire	2509.926	2.845	3	.416
gender	2508.484	1.403	3	.705

The chi-square statistic is the difference in −2 log-likelihoods between the final model and a reduced model. The reduced model is formed by omitting an effect from the final model. The null hypothesis is that all parameters of that effect are 0.

a. This reduced model is equivalent to the final model because omitting the effect does not increase the degrees of freedom.

248

重新进入多类别 Logistic 回归对话框，点击 Model 按钮进入模型界定对话框，选择 Custom/Stepwise（自定义/逐步回归）方法，然后把 9 个自变量逐一选入 Stepwise Terms 框条中。逐一选入是为了只包含变量的主效应，如果按住 Ctrl 键同时选中几个变量，则是考虑这几个变量的交互效应，本例不考虑交互效应。点击 Continue 返回多类别 Logistic 回归对话框。

点击 Statistics 按钮进入统计量对话框，除了默认选项之外再加上 Classification table 选项。点击 Continue 返回多类别 Logistic 回归对话框，点击 OK 运行。

输出结果 10.11 是逐步回归每步过程总结表，逐步回归进行了四步，依次选入了 ed，employ，reside 和 address 这四个自变量，没有变量被剔除。

输出结果 10.11

Step Summary

Model	Action	Effect(s)	Model Fitting Criteria − 2 Log Likelihood	Chi-Square	df	Sig.
				Effect Selection Tests		
0	Entered	Intercept	2762.531	.		
1	Entered	ed	2588.305	174.226	12	.000
2	Entered	employ	2544.787	43.518	3	.000
3	Entered	reside	2531.282	13.505	3	.004
4	Entered	address	2519.615	11.667	3	.009

Stepwise Method: Forward Entry.

输出结果 10.12 是逐步回归最终模型的拟合优度信息表，给出了对回归模型有效性的检验结果。原假设是回归模型无效，所有回归系数都是 0，显著性概率（Sig.）＝0.000，拒绝原假设，认为回归模型显著有效。

输出结果 10.12

Model Fitting Information

Model	Model Fitting Criteria − 2 Log Likelihood	Chi-Square	df	Sig.
		Likelihood Ratio Tests		
Intercept Only	2762.531			
Final	2519.615	242.916	21	0.000

输出结果 10.13 是逐步回归最终模型的变量显著性检验表，表中各变量的显著性概率（Sig.）与输出结果 10.11 中有所不同，这是因为输出结果 10.11 是在每步回归模型下所做的检验，而输出结果 10.13 是在最终回归模型下所做的检验。

输出结果 10.13

Likelihood Ratio Tests

Effect	Model Fitting Criteria − 2 Log Likelihood of Reduced Model	Chi-Square	df	Sig.
		Likelihood Ratio Tests		
Intercept	2519.615	0.000	0	.
ed	2693.134	173.519	12	.000
address	2531.282	11.667	3	.009
employ	2547.891	28.276	3	.000
reside	2534.909	15.294	3	.002

输出结果 10.14 是回归参数表。本例因变量共有 4 个类别，式（10.35）的回归函数中以第 1 个类别作为基准，回归系数取 0。对第 2，3，4 这 3 个类别，每个类别都需要确定一个线性回归函数，因此每个自变量都有 3 个回归系数，自由度合计为 3。其中每一个定性自变量要用其类别数减 1 个示性变量表示，例如 Level of education［ed］变量有 5 个取值，要用 4 个示性变量表示，因此有 $3\times4=12$ 个回归系数，把［ed］变量作为一个整体时其自由度为 12。从输出结果 10.13 中看到，自变量 ed 的显著性概率（Sig.）=0.000，这是以 ed 变量的 5 个取值作为一个整体做的检验，整体显著并不意味着每个取值都显著。例如从输出结果 10.14 中看到，对因变量的类别 2（E-service），当 ed=4 时，Sig.=0.129，就不显著。

输出结果 10.14

Parameter Estimates

Customer category[a]		B	Std. Error	Wald	df	Sig.	Exp(B)
E-service	Intercept	.049	.444	.012	1	.912	
	[ed = 1]	−2.170	.464	21.862	1	.000	.114
	[ed = 2]	−1.508	.439	11.783	1	.001	.221
	[ed = 3]	−.971	.446	4.738	1	.030	.379
	[ed = 4]	−.676	.446	2.301	1	.129	.508
	[ed = 5]	0[b]	.	.	0	.	.
	address	.037	.011	11.236	1	.001	1.038
	employ	.026	.012	5.111	1	.024	1.027
	reside	.148	.069	4.599	1	.032	1.159
Plus service	Intercept	−1.551	.631	6.043	1	.014	
	[ed = 1]	.556	.629	.781	1	.377	1.743
	[ed = 2]	.718	.624	1.325	1	.250	2.051
	[ed = 3]	.673	.636	1.121	1	.290	1.960
	[ed = 4]	.465	.646	.518	1	.472	1.592
	[ed = 5]	0[b]	.	.	0	.	.
	address	.022	.010	4.480	1	.034	1.022
	employ	.051	.010	24.404	1	0.000	1.053
	reside	.084	.065	1.670	1	.196	1.088
Total service	Intercept	.181	.431	.176	1	.675	
	[ed = 1]	−3.762	.532	50.070	1	.000	.023
	[ed = 2]	−1.959	.427	21.042	1	.000	.141
	[ed = 3]	−1.453	.435	11.171	1	.001	.234
	[ed = 4]	−.584	.425	1.893	1	.169	.557
	[ed = 5]	0[b]	.	.	0	.	.
	address	.022	.012	3.498	1	.061	1.022
	employ	.042	.012	12.437	1	.000	1.043
	reside	.258	.068	14.418	1	.000	1.294

a. The reference category is: Basic service.

b. This parameter is set to zero because it is redundant.

输出结果 10.15 是用逐步回归最终模型所得的预测结果。用式（10.35）对每个样品

计算出因变量 y 取第 j 个类别的概率 π_j，因变量的预测值是 π_j 最大的类别。

输出结果 10.15

Classification

Observed	Predicted				
	Basic service	E-service	Plus service	Total service	Percent Correct
Basic service	122	8	75	61	45.9%
E-service	58	10	68	81	4.6%
Plus service	89	8	133	51	47.3%
Total service	47	12	43	134	56.8%
Overall Percentage	31.6%	3.8%	31.9%	32.7%	39.9%

从输出结果 10.15 中看到预测效果如下：

Basic service 类别的 266 个观测值中，有 122 个预测正确，正确率是 45.9%；

E-service 类别的 217 个观测值中，有 10 个预测正确，正确率是 4.6%；

Plus service 类别的 281 个观测值中，有 133 个预测正确，正确率是 47.3%；

Total service 类别的 236 个观测值中，有 134 个预测正确，正确率是 56.8%；

全部 1 000 个观测值中，有 399 个预测正确，总正确率是 39.9%。

如果没有任何信息资料，对每个类别的预测概率应该都是 1/4，预测的总正确率是 25%。如果对现有资料仅做频数分析，第 3 个类别 "Plus service" 出现 281 次，频率为 28.1%，出现的频率最高，对每位客户都预测为第 3 个类别 "Plus service" 是最佳方案，预测的总正确率是 28.1%。现在通过回归分析，预测的总正确率是 39.9%，分别提高了 14.9% 和 11.8%。

4 个类别的预测中，第 2 个类别 E-service 的预测效果最差，正确率仅是 4.6%，说明现有的自变量不能解释这类客户群的特性，应该对这一类别的客户群做进一步研究，找出有关的解释变量。

可以用 Save 按钮保存预测概率和预测值，表 10-6 是前 20 个样品的预测数值。从中看到，对客户 1，实际值是第 1 类，预测概率以 $\pi_4 = 0.38$ 最大，因此其预测值是第 4 类，是不正确的预测。对客户 2，实际值是第 4 类，预测概率以 $\pi_4 = 0.60$ 最大，因此其预测值是第 4 类，是正确的预测。

表 10-6   **前 20 个样品的预测数值**

序号	因变量观测值	因变量预测值	预测概率			
			π_1	π_2	π_3	π_4
1	1	4	0.22	0.26	0.14	0.38
2	4	4	0.07	0.28	0.04	0.60
3	3	3	0.19	0.16	0.61	0.05
4	1	1	0.43	0.18	0.26	0.12
5	3	1	0.47	0.15	0.33	0.05
6	3	3	0.25	0.19	0.39	0.16
7	2	1	0.31	0.18	0.27	0.24

续前表

序号	因变量观测值	因变量预测值	预测概率			
			π_1	π_2	π_3	π_4
8	4	3	0.31	0.18	0.32	0.19
9	3	4	0.06	0.18	0.17	0.59
10	2	3	0.23	0.17	0.54	0.06
11	1	4	0.25	0.26	0.15	0.34
12	3	3	0.28	0.19	0.38	0.16
13	1	3	0.30	0.19	0.32	0.19
14	4	4	0.06	0.29	0.17	0.47
15	1	1	0.50	0.11	0.35	0.03
16	2	4	0.11	0.34	0.05	0.51
17	3	3	0.10	0.24	0.49	0.18
18	3	1	0.36	0.17	0.29	0.18
19	1	1	0.58	0.10	0.29	0.03
20	4	4	0.21	0.23	0.11	0.45

10.6　因变量顺序数据的回归

当定性因变量 y 取 k 个顺序类别时，记为 $1，2，\cdots，k$，这里的数字 $1，2，\cdots，k$ 仅表示顺序的先后。例如对居住状况分为非常不满意、不满意、一般、满意、非常满意 5 个顺序类别。因变量 y 取值为每个类别的概率仍与一组自变量 $x_1，x_2，\cdots，x_p$ 有关。对于样本数据 $(x_{i1}，x_{i2}，\cdots，x_{ip}；y_i)(i=1，2，\cdots，n)$，顺序类别回归模型主要有两种类型：一种是位置结构（location component）模型；另一种是规模结构（scale component）模型。

（1）位置结构模型：

$$\text{link}(\gamma_{ij})=\theta_j-(\beta_1 x_{i1}+\beta_2 x_{i2}+\cdots+\beta_p x_{ip}) \tag{10.36}$$

式中，link($\cdot$）是联系函数；$\gamma_{ij}=\pi_{i1}+\cdots+\pi_{ij}$ 是第 i 个样品小于等于 j 的累积概率，由于 $\gamma_{ik}=1$，所以式（10.36）只针对 $i=1，2，\cdots，n；j=1，2，\cdots，k-1$。$\theta_j$ 是类别界限值（threshold）。

（2）规模结构模型：

$$\text{link}(\gamma_{ij})=\frac{\theta_j-(\beta_1 x_{i1}+\beta_2 x_{i2}+\cdots+\beta_p x_{ip})}{\exp(\tau_1 z_{i1}+\tau_2 z_{i2}+\cdots+\tau_m z_{im})} \tag{10.37}$$

式中，$z_1，z_2，\cdots，z_m$ 是 $x_1，x_2，\cdots，x_p$ 的一个子集，作为规模结构解释变量。

联系函数的几种主要类型如表 10-7 所示。

表 10 - 7

联系函数类型	形式	应用场合
Logit	$\ln(\gamma/(1-\gamma))$	各类别均匀分布
Complementary log-log	$\ln(-\ln(1-\gamma))$	高层类别出现概率大
Negative log-log	$-\ln(-\ln(\gamma))$	低层类别出现概率大
Probit	$\Phi^{-1}(\gamma)$	正态分布
Cauchit (inverse Cauchy)	$\tan(\pi(\gamma-0.5))$	两端的类别出现概率大

我们使用 SPSS 软件自带的一个数据文件 german _ credit. sav 说明此方法。

 例 10.8

一个信贷员想评估信贷业务的风险，选取客户的账户状态（Account status）作为因变量，有 5 个有序类别值，分别是 1——无债务历史；2——目前无债务；3——目前有正在偿还的债务；4——曾拖欠债款；5——危机的账户。解释变量由多个财务和个人资料变量构成。

依照 Analyze→Regression→Ordinal 的顺序进入有序数据回归对话框。

把因变量 Account status〔chist〕选入 Dependent 框条中。

把定性自变量 # of existing credits〔numcred〕，Other installment debts〔othnstal〕和 Housing〔housng〕选入 factors 框条中。

把数值型自变量 Age in years〔age〕和 Duration in months〔duration〕选入 Covariates 框条中。

点击 Options 按钮选择 Complementary log-log 类型的联系函数，这是因为通过对因变量的频数分析发现类别 3 和 5 出现的频率很大，属于高层类别出现概率大的分布。各选项都取默认值，点击 OK 运行，输出结果 10.16 是参数估计表。

输出结果 10.16

Parameter Estimates

		Estimate	Std. Error	Wald	df	Sig.
Threshold	[chist = 1.00]	−3.549	.667	28.323	1	.000
	[chist = 2.00]	−2.720	.656	17.167	1	.000
	[chist = 3.00]	−.137	.649	.044	1	.833
	[chist = 4.00]	.199	.649	.094	1	.759
Location	age	.015	.004	15.128	1	.000
	duration	−.002	.003	.379	1	.538
	[numcred = 1.00]	−1.134	.594	3.645	1	.056
	[numcred = 2.00]	.367	.598	.376	1	.540
	[numcred = 3.00]	.981	.711	1.902	1	.168
	[numcred = 4.00]	0[a]	.	.	0	.
	[othnstal = 1.00]	−.397	.118	11.389	1	.001
	[othnstal = 2.00]	−.469	.193	5.913	1	.015
	[othnstal = 3.00]	0[a]	.	.	0	.
	[housng = 1.00]	−.082	.165	.249	1	.617
	[housng = 2.00]	.132	.139	.897	1	.344
	[housng = 3.00]	0[a]	.	.	0	.

Link function: Complementary Log-log.

a. This parameter is set to zero because it is redundant.

默认功能使用的是位置联系函数，SPSS 的有序回归中没有提供逐步回归的功能，需要根据各自变量的显著性情况决定是否剔除。从输出结果 10.16 中看到，数值型自变量 Duration in months［duration］和定性自变量 Housing［housng］的两个取值的 Sig. 值都较大，是不显著的自变量，可以剔除。在确定最终的回归模型之后可以点击 Output 按钮保存预测变量。有序回归模块中没有提供预测值与观测值的交叉列表，在保存预测变量后可以自己计算这个表格，这些工作留给读者自己完成。

有序数据比类别数据含有的信息量更多，从理论上说有序数据因变量的回归应该比类别数据因变量的回归效果更好。但是从实际应用效果看，有序数据因变量的效果往往不尽如人意，其回归模型也正在研究和发展中。比较两者的回归函数式（10.35）和式（10.36）可以看到，类别因变量的式（10.35）对每一个类别分别建立一个线性回归方程，而顺序数据因变量的式（10.36）对因变量的不同取值建立了一个共同的线性回归方程，只是其界限值 θ_j（相当于常数项）不同。实际上，对于顺序数据因变量，也可以对因变量的不同取值分别建立回归方程，只是 SPSS 软件没有提供这个功能。在使用 SPSS 软件时，对顺序数据因变量回归问题也可以尝试使用多类别数据因变量回归的方法，尤其是在样本量较大的场合。

10.7　本章小结与评注

在这一章我们主要介绍了自变量含定性变量和因变量是定性变量的两大类回归模型。

对于自变量含定性变量的回归模型，我们用两个例子介绍了这类问题的处理方法。也许有读者会问，像例 10.1 的问题，为什么不对它分别拟合高学历家庭储蓄回归方程和低学历家庭储蓄回归方程，而是拟合带有一个虚拟变量的回归方程呢？这样做的原因有两个：一是模型假设对每类家庭具有相同的斜率和误差方差，把两类家庭放在一起可以对公共斜率 β_1 做出最佳估计；二是用带有一个虚拟变量的回归模型进行其他统计推断也会更加精确，这是因为均方误差的自由度更大。

推断统计中的单因素方差分析模型、无交互作用的双因素方差分析模型和有交互作用的双因素方差分析模型，都可以转化为 0-1 型自变量的回归分析模型。以单因素方差分析为例，设 y_{ij}（$i=1, 2, \cdots, n_j$）是正态总体 $N(\mu_j, \sigma^2)(j=1, 2, \cdots, c)$ 的样本，原假设为：

$$H_0 : \mu_1 = \mu_2 = \cdots = \mu_c \tag{10.38}$$

记 $\varepsilon_{ij} = y_{ij} - \mu_j$，则有 $\varepsilon_{ij} \sim N(0, \sigma^2)$，进而有

$$y_{ij} = \mu_j + \varepsilon_{ij}, \quad i = 1, 2, \cdots, n_j; j = 1, 2, \cdots, c \tag{10.39}$$

记 $\mu = \dfrac{1}{c} \sum_{j=1}^{c} \mu_j$，$a_j = \mu_j - \mu$，则式（10.39）改写为：

$$y_{ij}=\mu+a_j+\varepsilon_{ij}, \quad i=1,2,\cdots,n_j;j=1,2,\cdots,c \tag{10.40}$$

引入 0-1 型自变量 x_{ij}，将式（10.40）表示为：

$$y_{ij}=\mu+a_1x_{i1}+a_2x_{i2}+\cdots+a_cx_{ic}+\varepsilon_{ij}, i=1,2,\cdots,n_j;j=1,2,\cdots,c \tag{10.41}$$

其中

$$\begin{cases}x_{i1}=1, 当\ j=1\\ x_{i1}=0, 当\ j\neq1\end{cases}$$
$$\begin{cases}x_{i2}=1, 当\ j=2\\ x_{i2}=0, 当\ j\neq2\end{cases}$$
$$\vdots$$
$$\begin{cases}x_{ic}=1, 当\ j=c\\ x_{ic}=0, 当\ j\neq c\end{cases}$$

式（10.41）即我们熟悉的多元线性回归模型。但是其中还存在一个问题，就是 c 个自变量 x_1, x_2, $\cdots$, x_c 之和恒等于 1，存在完全的多重共线性。为此，剔除 x_c，建立回归模型

$$y_{ij}=\mu+a_1x_{i1}+a_2x_{i2}+\cdots+a_{c-1}x_{i,c-1}+\varepsilon_{ij}$$
$$i=1,2,\cdots,n_j;j=1,2,\cdots,c \tag{10.42}$$

式（10.42）回归方程显著性检验的原假设为：

$$H_0:a_1=a_2=\cdots=a_{c-1}=0 \tag{10.43}$$

由 $a_j=\mu_j-\mu=\mu_j-\dfrac{1}{c}\sum_{j=1}^{c}\mu_j$ 可知，式（10.38）与式（10.43）两个原假设是等价的。做式（10.43）的显著性 F 检验，这个检验与单因素方差分析的 F 检验是等价的。

对于无交互作用的双因素方差分析模型和有交互作用的双因素方差分析模型，也可以用类似的方法转化为 0-1 型自变量的回归分析模型，在此就不多做介绍了。

如果所建立的回归模型其中的自变量全是定性变量，我们称这样的回归模型为方差分析模型；如果模型中既包含数量变量，又包含定性变量，其中以定性自变量为主，则称为协方差模型。例 10.1 实际上就是建立一个协方差模型，对这些模型有兴趣的读者请参见参考文献 [6]。

分组数据的 Logistic 回归首先要对频率做逻辑变换，变换公式为 $p_i'=\ln\left(\dfrac{p_i}{1-p_i}\right)$，这个变换要求 $p_i=\dfrac{m_i}{n_i}\neq0$ 或 1，即要求 $m_i\neq0$，$m_i\neq n_i$。当 $m_i=0$ 或 $m_i=n_i$ 时，可以用如下修正公式计算样本频率

$$p_i=\frac{m_i+0.5}{n_i+1} \tag{10.44}$$

分组数据的 Logistic 回归存在异方差性，需要采用加权最小二乘估计。除了式

（10.22）给出的权函数 $w_i = n_i p_i (1 - p_i)$ 之外，也可以通过两阶段最小二乘法确定权函数：

第一阶段是用普通最小二乘法拟合回归模型。

第二阶段是从第一阶段的结果估计出组比例 $\hat{p}_i$，用权数 $w_i = n_i \hat{p}_i (1 - \hat{p}_i)$ 做加权最小二乘回归（见参考文献 [3]）。

因变量是定性变量的情况有广泛的应用，这种情况属于广义线性模型（generalized linear model，GLM）的研究范畴。GLM 的内容很广泛，其基本内容是假定因变量分布中的某个参数与一组自变量有关。例如，以 y 表示产品的缺陷数，x_1，x_2，$\cdots$，x_p 是与 y 相关的变量，假定 y 服从泊松分布 $P(\mu)$，$\mu = E(y) > 0$，$\ln\mu$ 的取值范围是整个实轴，可以建立 $\ln\mu$ 对 x_1，x_2，$\cdots$，x_p 的线性回归模型

$$\ln\mu = \beta_0 + \beta_1 x_1 + \beta_2 x_2 + \cdots + \beta_p x_p + \varepsilon$$

这就是所谓对数线性模型的一个例子。

Logistic 回归的应用非常广泛。我们将 Logistic 回归建模方法用于标准化试题的评价也得到了很有意义的结果，详见参考文献 [12]。

思考与练习

10.1 一个学生使用含有季节定性自变量的回归模型，对春、夏、秋、冬四个季节引入四个 0-1 型自变量，用 SPSS 软件计算的结果总是自动剔除其中的一个自变量，他为此感到困惑不解。出现这种情况的原因是什么？

10.2 对自变量中含定性变量的问题，为什么不对同一属性分别建立回归模型，而采取设虚拟变量的方法建立回归模型？

10.3 研究者想研究采取某项保险革新措施的速度 y 与保险公司的规模 x_1 和保险公司类型的关系（参见参考文献 [3]）。因变量的计量是第一个公司采纳这项革新和给定公司采纳这项革新在时间上先后间隔的月数。第一个自变量公司的规模是数量型的，用公司的总资产额（百万美元）来计量；第二个自变量公司的类型是定性变量，由两种类型构成，即股份公司和互助公司。数据资料如表 10-8 所示，试建立 y 对公司规模和公司类型的回归。

表 10-8

i	y	x_1	公司类型
1	17	151	互助
2	26	92	互助
3	21	175	互助
4	30	31	互助
5	22	104	互助
6	0	277	互助

续前表

i	y	x_1	公司类型
7	12	210	互助
8	19	120	互助
9	4	290	互助
10	16	238	互助
11	28	164	股份
12	15	272	股份
13	11	295	股份
14	38	68	股份
15	31	85	股份
16	21	224	股份
17	20	166	股份
18	13	305	股份
19	30	124	股份
20	14	246	股份

10.4 表 10-9 的数据是我国历年铁路里程数据，根据散点图观察在 1995 年（$t=16$）有折点，用折线回归拟合这些数据。

表 10-9 我国历年铁路里程数据 单位：万公里

年份	t	y	年份	t	y
1980	1	5.33	1993	14	5.86
1981	2	5.39	1994	15	5.90
1982	3	5.29	1995	16	5.97
1983	4	5.41	1996	17	6.49
1984	5	5.45	1997	18	6.60
1985	6	5.50	1998	19	6.64
1986	7	5.57	1999	20	6.74
1987	8	5.58	2000	21	6.87
1988	9	5.61	2001	22	7.01
1989	10	5.69	2002	23	7.19
1990	11	5.78	2003	24	7.30
1991	12	5.78	2004	25	7.44
1992	13	5.81			

10.5 某省统计局 1990 年 9 月在全省范围内进行了一次公众安全感问卷调查，参考文献［10］选取了调查表中的一个问题进行分析。本题对其中的数据做了适当的合并。对 1 391 人填写的问卷统计"一人在家是否害怕陌生人来"。因变量 $y=1$ 表示害怕，$y=0$ 表示不害怕。两个自变量：x_1 是年龄；x_2 是文化程度。各变量的取值含义如表 10-10 所示。

表 10-10

是否害怕 y	年龄 x_1	文化程度 x_2
害怕　1	16～28 岁　22	文盲　0
不害怕　0	29～45 岁　37	小学　1
	46～60 岁　53	中学　2
	61 岁及以上　68	中专及以上　3

现在的问题是："公民一人在家害怕陌生人来"这个事件，与公民的年龄 x_1、文化程度 x_2 有没有关系？调查数据如表 10-11 所示。

表 10-11

序号	x_1	x_2	n_i	$y=1$	$y=0$	p_i
1	22	0	3	0	3	0.125 00
2	22	1	11	3	8	0.291 67
3	22	2	389	146	243	0.375 64
4	22	3	83	26	57	0.315 48
5	37	0	4	3	1	0.700 00
6	37	1	27	18	9	0.660 71
7	37	2	487	196	291	0.402 66
8	37	3	103	27	76	0.264 42
9	53	0	9	4	5	0.450 00
10	53	1	6	3	3	0.500 00
11	53	2	188	73	115	0.388 89
12	53	3	47	18	29	0.385 42
13	68	0	2	0	2	0.166 67
14	68	1	10	3	7	0.318 18
15	68	2	18	7	11	0.394 74
16	68	3	4	0	4	0.100 00

其中，p_i 是根据式（10.44）计算的。

（1）把公民的年龄 x_1、文化程度 x_2 作为数量型变量，建立 y 对 x_1 和 x_2 的 Logistic 回归。

（2）把公民的年龄 x_1、文化程度 x_2 作为定性变量，用 0-1 型变量将其量化，建立 y 对公民的年龄和文化程度的 Logistic 回归。

（3）你对回归的效果是否满意？如果不满意，你认为主要的问题是什么？

10.6　研制一种新型玻璃，对其做耐冲击实验。用一个小球从不同的高度 h 对玻璃做自由落体撞击，玻璃破碎记 $y=1$，玻璃未破碎记 $y=0$。试对表 10-12 的数据建立玻璃耐冲击性对高度 h 的 Logistic 回归，并解释回归方程的含义。

表 10 - 12

序号	$h(m)$	y	序号	$h(m)$	y
1	1.50	0	14	1.76	1
2	1.52	0	15	1.78	0
3	1.54	0	16	1.80	1
4	1.56	0	17	1.82	0
5	1.58	1	18	1.84	0
6	1.60	0	19	1.86	1
7	1.62	0	20	1.88	1
8	1.64	0	21	1.90	0
9	1.66	0	22	1.92	1
10	1.68	1	23	1.94	0
11	1.70	0	24	1.96	1
12	1.72	0	25	1.98	1
13	1.74	0	26	2.00	1

10.7　数据用 SPSS 软件自带的数据文件 bankloan. sav。一家银行研究客户拖欠贷款问题，因变量是客户是否曾经拖欠贷款 Previously defaulted [default]，0＝"No"，1＝"Yes"。数据文件中共有 850 条记录，其中前 700 条记录是过去客户的资料，作为回归的样本。后 150 条记录是潜在客户的资料，希望用回归预测其拖欠贷款倾向。建立两类别 Logistic 回归，定性自变量是 Level of education [ed]，用 Categorical 按钮指定；数值型自变量是 Age in years [age]，Years with current employer [employ]，Years at current address [address]，Household income in thousands [income]，Debt to income ratio [debtinc]，Credit card debt in thousands [creddebt] 和 Other debt in thousands [othdebt]。

10.8　用 SPSS 软件自带的数据文件 cereal. sav 做多类别 Logistic 回归。这个数据来自一项调查：某快餐公司抽选了 880 名顾客品尝公司的 3 种早餐套餐，分别是 1——Breakfast Bar，2——Oatmeal，3——Cereal。每位顾客从中确定自己最喜欢的套餐，公司记录下顾客的年龄、性别、婚姻状况、健身运动状况。以 Preferred breakfast [bfast] 为因变量，以定性变量 Age category [agecat]，Gender [gender]，Marital status [marital]，Lifestyle [active] 为自变量做统计分析。

10.9　对例 10.7，根据输出结果 10.14 的参数估计表，手工计算出表 10 - 6 中前 2 个样品的预测概率。前 2 个样品的变量取值如下：

样品号	ed	address	employ	reside
1	4	9	5	2
2	5	7	5	6

10.10　某学校对本科毕业学生的去向做了一个调查，分析影响毕业去向的相关因素，结果如表 10 - 13 所示，其中毕业去向 "1" ＝工作，"2" ＝读研，"3" ＝出国留学。性别

"1"＝男生，"0"＝女生。用多类别 Logistic 回归分析影响毕业去向的因素。

表 10-13

序号	专业课 x_1	英语 x_2	性别 x_3	月生活费 x_4	毕业去向 y
1	95	65.0	1	600	2
2	63	62.0	0	850	1
3	82	53.0	0	700	2
4	60	88.0	0	850	3
5	72	65.0	1	750	1
6	85	85.0	0	1 000	3
7	95	95.0	0	1 200	2
8	92	92.0	1	950	2
9	63	63.0	0	850	1
10	78	75.0	1	900	1
11	90	78.0	0	500	1
12	82	83.0	1	750	2
13	80	65.0	1	850	3
14	83	75.0	0	600	2
15	60	90.0	0	650	3
16	75	90.0	1	800	2
17	63	83.0	1	700	1
18	85	75.0	0	750	2
19	73	86.0	0	950	2
20	86	66.0	1	1 500	3
21	93	63.0	0	1 300	2
22	73	72.0	0	850	1
23	86	60.0	1	950	2
24	76	63.0	0	1 100	1
25	96	86.0	0	750	2
26	71	75.0	1	1 000	1
27	63	72.0	1	850	2
28	60	88.0	0	650	1
29	67	95.0	1	500	1
30	86	93.0	0	550	1
31	63	76.0	0	650	1
32	86	86.0	0	750	2
33	76	85.0	1	650	1
34	82	92.0	1	950	3
35	73	60.0	0	800	1
36	82	85.0	1	750	2
37	75	75.0	0	750	1
38	72	63.0	1	650	1
39	81	88.0	0	850	3
40	92	96.0	1	950	2

10.11　对例 10.8 信贷风险数据，剔除 Housing［housng］和 Duration in months

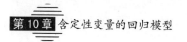

[duration] 两个自变量后重新做回归, 分析拟合优度、自变量的显著性, 保存预测值, 用 SPSS 的 Descriptive Statistics 中的 Crosstabs 做预测值与观测值的交叉列表, 分析预测效果。

10.12 对上题, 手工计算前 2 个样品的预测概率。前 2 个样品的变量取值如下:

样品号	age	numcred	othnstal	因变量 chist
1	67	2	3	5
2	22	1	3	3

部分练习题参考答案

第 2 章

2.2 $\hat{\beta}_1 = \dfrac{\sum\limits_{i=1}^{n} x_i y_i}{\sum\limits_{i=1}^{n} x_i^2}$

2.7 提示：

$$\sum_{i=1}^{n}(y_i - \hat{y}_i)(\hat{y}_i - \bar{y}) = \sum_{i=1}^{n} e_i(\hat{\beta}_1 x_i - \hat{\beta}_1 \bar{x})$$
$$= \hat{\beta}_1 \sum_{i=1}^{n} e_i x_i - \hat{\beta}_1 \bar{x} \sum_{i=1}^{n} e_i = 0$$

2.9 提示：

$$\begin{aligned}
\mathrm{var}(e_i) &= \mathrm{var}(y_i - \hat{y}_i)\\
&= \mathrm{var}(y_i) + \mathrm{var}(\hat{y}_i) - 2\mathrm{cov}(y_i, \hat{y}_i)\\
&= \mathrm{var}(y_i) + \mathrm{var}(\hat{\beta}_0 + \hat{\beta}_1 x_i) - 2\mathrm{cov}(y_i, \bar{y} + \hat{\beta}_1(x_i - \bar{x}))\\
&= \sigma^2 + \sigma^2\left[\frac{1}{n} + \frac{(x_i - \bar{x})^2}{L_{xx}}\right] - 2\sigma^2\left[\frac{1}{n} + \frac{(x_i - \bar{x})^2}{L_{xx}}\right]\\
&= \left[1 - \frac{1}{n} - \frac{(x_i - \bar{x})^2}{L_{xx}}\right]\sigma^2
\end{aligned}$$

2.14 $\hat{y} = -1 + 7x$，$x_0 = 4.2$ 时 $y_0 = 28.4$。y_0 置信水平 95% 的区间估计是（6.06，50.7），$E(y_0)$ 置信水平 95% 的区间估计是（17.1，39.7）。本例样本量 $n = 5$ 很小，所以区间估计的误差较大。

2.15 $\hat{y} = 0.118 + 0.00359x$，$x_0 = 1\,000$ 时 $y_0 = 3.7$。y_0 置信水平 95% 的区间估计是（2.5，4.9），y_0 置信水平 95% 的近似区间估计是（2.7，4.7）。$E(y_0)$ 置信水平 95% 的区间估计是（3.3，4.1）。

2.16 （1）散点图略，可以用直线反映两变量之间的关系。

（2）$\hat{y}=12\,112.6+3.314x$。

（3）从残差的直方图看，略呈右偏；从正态概率图看，散点基本呈直线趋势，可以认为残差服从正态分布。

第3章

3.11 x_3 的 P 值$=0.284$，不显著，予以剔除。

$\hat{y}_0=267.8$，y_0 置信水平 95% 的区间估计是（204.4，331.2）。y_0 置信水平 95% 的近似区间估计是（219.6，316.0），本例样本量 $n=10$ 较小，所以近似区间估计的误差较大。$E(y_0)$ 置信水平 95% 的区间估计是（240.0，295.7）。

3.12 x_1 的回归系数 0.798 3 明显不合理。

第4章

4.9 （1）普通最小二乘 $\hat{y}=-0.831+0.003\,68x$，$R^2=0.705$，残差图略。

（2）$|e_i|$ 与 x_i 的等级相关系数$=0.318$，P 值$=0.021$，存在异方差性。

（3）加权最小二乘幂指数 m 的最优取值为 $m=1.5$，得

$$\hat{y}_w=-0.683+0.003\,56x$$

计算出加权变换残差 $e'_{iw}=\sqrt{w_i}\cdot e_{iw}$，绘制加权变换残差图（略），$|e'_{iw}|$ 与 x_i 的等级相关系数$=-0.076$，P 值$=0.591$，说明异方差性已经消除。但是加权最小二乘的 $R^2=0.659$，小于普通最小二乘的 $R^2=0.705$，说明加权最小二乘的效果不好。

（4）对因变量做变换 $y'=\sqrt{y}$，得回归方程 $\hat{y}'=0.582\,2+0.000\,952\,9x$，保存预测值 $\hat{y}'_i$，将其平方得到因变量 y_i 的预测值，进而计算出残差。等级相关系数$=0.160$，P 值$=0.254$，说明异方差性已经消除。用公式 $R^2=1-\text{SSE}/\text{SST}$ 计算出 $R^2=0.710$，优于普通最小二乘的效果。

4.13 （1）普通最小二乘 $\hat{\sigma}=0.106$。

（2）普通最小二乘 $\text{DW}=0.771<d_L=1.120$，存在正的序列相关。

（3）迭代法，$\hat{\rho}=1-0.710/2=0.645$，$\hat{\sigma}_u=0.077$，$\text{DW}=1.48>d_U=1.41$，消除了序列相关，得方程 $\hat{y}'=-2.01+0.170x'$，还原为原始变量方程

$$\hat{y}_t=-2.01+0.645y_{t-1}+0.170(x_t-x_{t-1})$$

（4）差分法，$\hat{\sigma}_u=0.079$，$\text{DW}=1.44>d_U=1.41$，消除了序列相关，得方程 $\Delta\hat{y}=0.166\Delta x$，还原为原始变量方程

$$\hat{y}_t=y_{t-1}+0.166(x_t-x_{t-1})$$

（5）迭代法最好。

4.14 普通最小二乘 $\hat{\sigma}=329.69$，$\text{DW}=0.745<d_L=1.50$，存在正的序列相关。各

种自回归方法的主要结果见下表。

自回归方法	$\hat{\rho}$	$\hat{\beta}_0$	$\hat{\beta}_0'$	$\hat{\beta}_1=\hat{\beta}_1'$	$\hat{\beta}_2=\hat{\beta}_2'$	DW	$\hat{\sigma}_u$
迭代法	0.627	—	−179.0	211.1	1.437	1.716	257.8
差分法	—	—	0	210.1	1.397	2.040	281.0

第 5 章

5.9 后退法依次剔除 x_4，x_3，x_6，保留 x_1，x_2，x_5 作为最终模型。逐步回归法依次将 x_5，x_1，x_2 引入回归模型，两者的最终模型是

$$\hat{y}=874.6-0.611x_1-0.353x_2+0.637x_5$$

但是回归系数的解释不合理。

5.10 （1）略。

（2）后退法剔除 x_5，保留 x_2，x_3，x_4，x_6 作为最终模型。

（3）逐步回归法依次将 x_3，x_5，x_4 引入回归模型，没有剔除变量，保留 x_3，x_5，x_4 作为最终模型。

（4）两种方法得到的最终模型是不同的，后退法首先剔除了 x_5，而逐步回归法在第 2 步引入 x_5，说明两种方法对自变量重要性的认可是不同的，这与自变量之间的相关性有关联。相比之下，后退法首先做全模型的回归，每个自变量都有机会展示自己的作用，所得结果更值得信服。从本例内容看，x_5 是滞后 6 个月的最惠利率，对因变量的影响似乎不大。

第 6 章

6.6 方差扩大因子 $VIF_2=2\,636$，条件数 $\lambda_7=288.677$，说明存在严重的多重共线性。先剔除方差扩大因子最大的 x_2，重新做回归，再剔除方差扩大因子最大的 x_5，重新做回归，再剔除方差扩大因子最大的 x_1，而这三个自变量正是后退法和逐步回归法所保留的变量，可见按照共线性剔除变量与常规的后退法和逐步回归法按照 t 值显著性剔除变量会有较大的差别。重新做回归，此时共线性已经消除，再剔除不显著的 x_6，仅保留了 x_3 和 x_4 两个自变量，其中 x_4 的 P 值 $=0.076$，表示 x_4 只有较弱的显著性。

第 7 章

7.5 选取岭参数 $k=0.01$，得岭回归方程

$$\hat{y}=750.0+0.055\,26x_1+0.081\,4x_2+0.100\,9x_5$$

回归系数都能有合理解释。

7.6 采用逐步回归法，得回归方程 $\hat{y}=-0.443+0.050x_1-0.032x_4$，其中，$x_4$ 的系数是负数不合理，说明仍然存在共线性。

选取岭参数 $k=0.4$，得岭回归方程 $\hat{y}=0.357+0.025\,8x_1+0.004\,53x_4$，回归系数都能有合理解释。

用 y 对 x_1，x_2，x_3 做岭回归，选取岭参数 $k=0.4$，得输出结果：

	B	SE(B)	Beta	B/SE(B)
x1	.016 739 073	.003 359 156	.372 627 316	4.983 118 685
x2	.156 806 656	.047 550 034	.275 213 878	3.297 719 120
x3	.067 110 931	.032 703 990	.159 221 005	2.052 071 673
Constant	−.819 486 727	.754 456 246	.000 000 000	−1.086 195 166

岭回归方程 $\hat{y}=-0.819+0.016\,7x_1+0.157x_2+0.067\,1x_3$，回归系数都能有合理解释。表中 B/SE(B) 是近似的 t 值，$t_1=4.983$，$t_2=3.298$，说明 x_1 和 x_2 都是显著的，$t_3=2.052$，说明 x_3 也是比较显著的，所以做 y 对 x_1，x_2，x_3 的岭回归是可行的。

第 8 章

8.3 输出结果如下：

Total Variance Explained

Component	Initial Eigenvalues			Extraction Sums of Squared Loadings		
	Total	% of Variance	Cumulative %	Total	% of Variance	Cumulative %
1	2.236	55.893	55.893	2.236	55.893	55.893
2	1.576	39.402	95.294	1.576	39.402	95.294
3	.187	4.665	99.959	.187	4.665	99.959
4	.002	.041	100.000	.002	.041	100.000

Extraction Method: Principal Component Analysis.

Factor1	Factor2	Factor3	Factor4
−0.981 28	−1.515 86	−1.226 91	0.956 18
−1.428 43	−0.189 86	−0.671 76	−0.740 35
0.755 65	−0.146 47	−0.024 8	−2.325 33
−0.441 33	−1.255 98	0.414 84	−0.821 83
0.239 94	−0.385 16	−1.713 33	0.476 16
0.646 48	−0.135 37	0.198 39	−0.301 94
0.622 45	1.700 49	−0.400 45	0.205 86
−1.492 84	0.550 95	1.064 22	0.561
−0.235 09	1.140 85	−0.073 07	−1.116 44
1.111 9	−1.456 17	1.970 45	0.492 28
−1.096 94	1.031 62	1.143 99	0.778 97
1.132	0.312 45	−0.045 86	0.922 81
1.167 5	0.348 51	−0.635 71	0.912 64

现在用 y 对前两个主成分 Factor1 和 Factor2 做普通最小二乘回归，得主成分回归的回归方程

$$\hat{y}=95.423+14.777\text{Factor1}+0.157\text{Factor2}$$

分别以两个主成分 Factor1 和 Factor2 为因变量，以四个原始变量为自变量做线性回归，所得的回归系数就是所需要的线性组合的系数。

$$Factor1 = -0.43 + 0.054x_1 + 0.024x_2 - 0.041x_3 - 0.022x_4$$
$$Factor2 = -0.747 - 0.069x_1 + 0.021x_2 + 0.075x_3 - 0.021x_4$$

还原后的主成分回归方程为：

$$\hat{y} = 88.952 + 0.787x_1 + 0.358x_2 - 0.594x_3 - 0.328x_4$$

逐步回归法得到的回归方程为：

$$\hat{y} = 52.577 + 1.468x_1 + 0.662x_2$$

回归系数对因变量的解释较为合理，然而自变量个数本身就比较少，只有 4 个，这里舍弃了一半。两种方法的主要区别在于：普通最小二乘法认为自变量对因变量直接起作用，故要剔除对因变量作用不大的自变量；而主成分回归方程则是寻找影响自变量的主要因子，关注这些因子对因变量的作用。两种方法的选择应当结合实际研究问题，从实际情况出发，选取更优的解决方案。

8.4 用普通最小二乘得到的回归方程为：

$$\hat{y} = 62.405 + 1.551x_1 + 0.510x_2 + 0.102x_3 - 0.144x_4$$

从系数上可以发现明显不合理的地方，x_3 与 y 是负相关关系，但它的系数却是正的。

偏最小二乘的结果：

当迭代到第三次时，R-square 开始下降，因此我们只迭代两次：

Proportion of Variance Explained

Latent Factors	Statistics				
	X Variance	Cumulative X Variance	Y Variance	Cumulative Y Variance (R-square)	Adjusted R-square
dimension0 1	.559	.559	.968	.968	.965
2	.062	.621	.014	.982	.978

Weights

Variables	Latent Factors	
	1	2
dimension 0 x1	.497	.637
x2	.555	-.277
x3	-.364	.686
x4	-.559	-.218
y	.658	.267

得到的结果为：

$$t_1 = 0.497x_1^* + 0.555x_2^* - 0.364x_3^* - 0.559x_4^*$$
$$t_2 = 0.637x_1^* - 0.277x_2^* + 0.686x_3^* - 0.218x_4^*$$
$$y^* = 0.658t_1 + 0.267t_2$$

将 t 代入 y^* 中，得

$$y^* = 0.498x_1^* + 0.292x_2^* - 0.056x_3^* - 0.426x_4^*$$

还原为原始变量：

$$\hat{y} = 85.402 + 1.272x_1 + 0.282x_2 - 0.132x_3 - 0.383x_4$$

从系数上看，x_1，x_2 对 y 起正影响，x_3，x_4 对 y 起负影响，与相关分析得到的结果一致，因此偏最小二乘回归系数的解释比普通最小二乘更加合理，又比逐步回归保留了更多的自变量。

第 9 章

9.2 选取二次曲线，得 $\hat{y} = 5.843 - 0.00087x + 4.47 \times 10^{-7}x^2$，也可以使用指数曲线。

9.3 （1）乘性误差项：$\alpha = 0.021$，$\beta = 6.08$。

（2）加性误差项：$\alpha = 0.021$，$\beta = 6.06$。

9.4 （1）$b_0 = 0.157$，$b_1 = 0.768$。

（2）$u = 91.1$，$b_0 = 0.211$，$b_1 = 0.727$。

9.5 （1）线性化模型：$\alpha = 0.801$，$\beta = 0.402$。

（2）非线性化模型：$\alpha = 0.868$，$\beta = 0.270$。

（3）DW$=0.715$，存在自相关，用 SPSS 的自回归方法得

精确最大似然 $\alpha = 0.706$，$\beta = 0.688$

（4）VIF$=13.0$，取岭回归参数$=0.20$，得岭回归估计 $\alpha = 0.478$，$\beta = 1.127$。

9.6 （1）线性化模型：$\mu = 0.042$，$\alpha = 0.460$，$\beta = -0.027$。

（2）非线性化模型：$\mu = 0.046$，$\alpha = 0.395$，$\beta = 0.002$。

（3）DW$=1.285$，自相关现象不严重。

（4）最大的 VIF 值是 55.6，取岭回归参数$=0.20$，得岭回归估计 $\mu = 0.027$，$\alpha = 0.323$，$\beta = 0.724$。

第 10 章

10.3 $\hat{y} = 33.874 - 0.1017x_1 + 8.055x_2$

10.4 设 $x = \begin{cases} 0, & t \leqslant 16 \\ t - 16, & t > 16 \end{cases}$

得 $\hat{y} = 5.183 + 0.055t + 0.106x$，回归系数都显著非零，折线回归成立。

10.5 （1）未加权回归：回归方程 F 检验的显著性概率（Sig.）$=0.687$，回归方程不显著。x_1，x_2 两个自变量的 Sig. 分别是 0.619，0.487，也不显著。

加权回归：回归方程 F 检验的显著性概率（Sig.）$=0.037$，回归方程显著。回归系数表如下：

	Unstandardized Coefficients		Standardized Coefficients		
	B	Std. Error	Beta	t	Sig.
(Constant)	.146	.309		.472	.645
x1	.002	.005	.086	.398	.697
x2	−.331	.116	−.617	−2.858	.013

x_2 显著，其回归系数为-0.331，表明文化程度越高越不害怕。而 x_1 不显著，应该剔除。

（2）用 3 个 0-1 型变量表示年龄 x_1。未加权回归：F 检验的显著性概率（Sig.）$=0.106$，再用后退法选择变量，最后只保留了 x_{12}（年龄 29～45 岁组），x_2 被剔除，回归效果不好。

加权回归：用后退法选择变量，最后只保留了 x_2。

（3）对回归的效果不满意，主要问题是对年龄 x_1 是否显著的判定，如果能获得年龄的准确值做 Logistic 回归的最大似然估计，可能会改进回归效果。

10.6　Logistic 回归方程 $\hat{p}=\dfrac{\exp(-14.59+7.981h)}{1+\exp(-14.59+7.981h)}$

10.7　用后退法选择自变量，依次剔除不显著的自变量 ed，othdebt，income 和 age，这个过程可以借助软件提供的后退法完成。700 个观测值预测的效果见下表：

Classification Table[a]

Observed		Predicted		
		Previously defaulted		Percentage Correct（%）
		No	Yes	
Previously defaulted	No	478	39	92.5
	Yes	91	92	50.3
Overall Percentage				81.4

a. The cut value is .500.

10.8　剔除不显著的自变量 gender，点击 Statistics 进入统计量对话框，加上 Classification table 选项，重新做回归，预测的效果见下表，总正确率是 57.4%。

Classification

Observed	Predicted			
	Breakfast Bar	Oatmeal	Cereal	Percentage Correct
Breakfast Bar	116	30	85	50.2%
Oatmeal	19	239	52	77.1%
Cereal	81	108	150	44.2%
Overall Percentage	24.5%	42.8%	32.6%	57.4%

10.9　对样品 1，ed$=4$，由输出结果 10.14 得 π_{1j} 的分母是：

$$1+\exp(0.049-0.676+0.037address+0.026employ+0.148reside)$$

$$+\exp(-1.551+0.465+0.022\text{address}+0.051\text{employ}+0.084\text{reside})$$
$$+\exp(0.181-0.584+0.022\text{address}+0.042\text{employ}+0.258\text{reside})$$
$$=1+1.141+0.628+1.684=4.453$$

得 $\qquad \pi_{11}=\dfrac{1}{4.453}=0.22$

得 $\qquad \pi_{12}=\dfrac{1.141}{4.453}=0.26$

得 $\qquad \pi_{13}=\dfrac{0.628}{4.453}=0.14$

得 $\qquad \pi_{14}=\dfrac{1.684}{4.453}=0.38$

由于 $\pi_{14}=0.38$ 最大，所以第 1 个样品预测值是第 4 类。

同理计算出第 2 个样品的 $\pi_{24}=0.60$ 最大，预测值是第 4 类。

10.10　参照例 10.7，依照 Analyze→Regression→Multinomial Logistic 的顺序进入多类别 Logistic 回归对话框。把因变量 y 选入 Dependent 框条中，把定性自变量 x_3 选入 Factors 框条中。把数值型自变量 x_1，x_2 和 x_4 选入 Covariates 框条中。点击因变量框条下面的 Reference Category 按钮，选择以 First category 为参照类别，点击 Continue 返回多类别 Logistic 回归对话框，点击 OK 运行。

在输出的回归参数估计表中看到，性别变量 x_3 在 $y=2$ 和 $y=3$ 两个类别的回归系数的 P 值分别是 0.660 和 0.904，都不显著，因此把性别变量 x_3 剔除，重新做回归，同时点击 Statistics 按钮加上 Classification table 选项，得运行结果：

Parameter Estimates

毕业去向[a]		B	Std. Error	Wald	df	Sig.	Exp(B)
读研	Intercept	-19.116	6.383	8.970	1	.003	
	x1	.167	.057	8.650	1	.003	1.182
	x2	.038	.041	.851	1	.356	1.038
	x4	.004	.003	1.768	1	.184	1.004
出国	Intercept	-18.010	7.016	6.589	1	.010	
	x1	-.012	.065	.031	1	.860	.989
	x2	.122	.059	4.343	1	.037	1.130
	x4	.010	.004	6.406	1	.011	1.010

a. The reference category is: 工作.

从参数估计表中看到，与参加工作的同学相比，读研的同学其专业课成绩更好（x_1 的 P 值 $=0.003$），而外语成绩（x_2 的 P 值 $=0.356$）和经济状况（x_4 的 P 值 $=0.184$）没有显著差异；出国留学的同学其专业课成绩（x_1 的 P 值 $=0.860$）和参加工作的同学没有显著差异，外语成绩（x_2 的 P 值 $=0.037$）和经济状况（x_4 的 P 值 $=0.011$）则更好。

对 $y=2$（读研）

$$\pi_2=\dfrac{\exp(-19.116+0.167x_1+0.038x_2+0.004x_4)}{1+\exp(-19.116+0.167x_1+0.038x_2+0.004x_4)}$$
$$+\exp(-18.010-0.012x_1+0.122x_2+0.010x_4)$$

对 $y=3$（出国留学）

$$\pi_3=\frac{\exp(-18.010-0.012x_1+0.122x_2+0.010x_4)}{1+\exp(-19.116+0.167x_1+0.038x_2+0.004x_4)}$$
$$+\exp(-18.010-0.012x_1+0.122x_2+0.010x_4)$$

从 Classification 分类表中看到，预测的总正确率是 65%。

10.11 回归的参数估计表如下：

		Estimate	Std. Error	Wald	df	Sig.
Threshold	[chist = 1.00]	-3.562	.633	31.684	1	.000
	[chist = 2.00]	-2.732	.622	19.320	1	.000
	[chist = 3.00]	-.153	.614	.062	1	.803
	[chist = 4.00]	.182	.613	.088	1	.766
Location	age	.016	.004	18.170	1	.000
	[numcred=1.00]	-1.143	.593	3.710	1	.054
	[numcred=2.00]	.372	.597	.387	1	.534
	[numcred=3.00]	.954	.709	1.812	1	.178
	[numcred=4.00]	0(a)	.	.	0	.
	[othnstal=1.00]	-.401	.117	11.703	1	.001
	[othnstal=2.00]	-.436	.192	5.154	1	.023
	[othnstal=3.00]	0(a)	.	.	0	.

Link function : Complementary Log-log.

预测的效果见下表，因变量的观测值分为五类，而预测值只有两类。总正确率是 $(479+222)/1\,000=70.1\%$，仅对样本中频率大的类别预测效果好。

		Predicted Response Category		Total
		Payments current	Critical account	
Account status	No debt history	13	27	40
	No current debt	41	8	49
	Payments current	479	51	530
	Payments delayed	31	57	88
	Critical account	71	222	293
Total		635	365	1000

10.12 对样品 1，数值自变量 age$=67$，定性自变量 numcred$=2$，othnstal$=3$。由上题中的参数估计表得

$$\ln(-\ln(1-\gamma_{1j}))=\theta_j-(0.016\times67+0.372+0)$$
$$=\theta_j-1.444, \quad j=1,2,3,4$$

得

$$\gamma_{1j}=1-\exp(-\exp(\theta_j-1.444)), \quad j=1,2,3,4$$
$$\gamma_{11}=1-\exp(-\exp(-3.562-1.444))=0.006\,7$$

$\gamma_{12}=0.015\ 24$，$\gamma_{13}=0.183\ 3$，$\gamma_{14}=0.246\ 5$，$\gamma_{15}=1.0$

$\pi_{15}=1.0-0.246\ 5=0.753\ 5$，$\pi_{14}=0.246\ 5-0.183\ 3=0.063\ 2$

$\pi_{13}=0.183\ 3-0.015\ 24=0.168\ 06$，$\pi_{12}=0.015\ 24-0.006\ 7=0.008\ 54$

$\pi_{11}=0.006\ 7$

由于 $\pi_{15}=0.753\ 5$ 最大，所以第 1 个样品预测值是第 5 类。

同理，计算出第 2 个样品的 $\pi_{23}=0.715\ 6$ 最大，预测值是第 3 类。

附　　录

$n-2$	5%	1%	$n-2$	5%	1%	$n-2$	5%	1%
1	0.997	1.000	16	0.468	0.590	35	0.325	0.418
2	0.950	0.990	17	0.456	0.575	40	0.304	0.393
3	0.878	0.959	18	0.444	0.561	45	0.288	0.372
4	0.811	0.947	19	0.433	0.549	50	0.273	0.354
5	0.754	0.874	20	0.423	0.537	60	0.250	0.325
6	0.707	0.834	21	0.413	0.526	70	0.232	0.302
7	0.666	0.798	22	0.404	0.515	80	0.217	0.283
8	0.632	0.765	23	0.396	0.505	90	0.205	0.267
9	0.602	0.735	24	0.388	0.496	100	0.195	0.254
10	0.576	0.708	25	0.381	0.487	125	0.174	0.228
11	0.553	0.684	26	0.374	0.478	150	0.159	0.208
12	0.532	0.661	27	0.367	0.470	200	0.138	0.181
13	0.514	0.641	28	0.361	0.463	300	0.113	0.148
14	0.497	0.623	29	0.355	0.456	400	0.098	0.128
15	0.482	0.606	30	0.349	0.449	1 000	0.062	0.081

表 2　　　　　　　　　　　　　　　　　　*t* 分布表

例：自由度 $f=10$，$P(t>1.812)=0.05$，$P(t<-1.812)=0.05$

f \ α	0.25	0.20	0.15	0.10	0.05	0.025	0.01	0.005	0.000 5
1	0.100	1.376	1.963	3.076	6.314	12.706	31.821	63.657	636.619
2	0.816	1.061	1.386	1.886	2.920	4.303	6.965	9.925	31.598
3	0.765	0.978	1.250	1.638	2.353	3.182	4.541	5.841	12.941
4	0.741	0.941	1.190	1.533	2.132	2.776	3.747	4.604	8.610
5	0.727	0.920	1.156	1.476	2.015	2.571	3.365	4.032	6.859
6	0.718	0.906	1.134	1.440	1.943	2.447	3.143	3.707	5.959
7	0.711	0.896	1.119	1.415	1.895	2.365	2.998	3.499	5.405
8	0.706	0.889	1.108	1.397	1.860	2.306	2.896	3.355	5.041
9	0.703	0.883	1.100	1.383	1.833	2.262	2.821	3.250	4.781
10	0.700	0.879	1.093	1.372	1.812	2.228	2.764	3.169	4.587
11	0.697	0.876	1.088	1.363	1.796	2.201	2.718	3.106	4.437
12	0.695	0.873	1.083	1.356	1.782	2.179	2.681	3.055	4.318
13	0.694	0.870	1.079	1.350	1.771	2.160	2.650	3.012	4.221
14	0.692	0.868	1.076	1.345	1.761	2.145	2.624	2.977	4.140
15	0.691	0.866	1.074	1.341	1.753	2.131	2.602	2.947	4.073
16	0.690	0.865	1.071	1.337	1.746	2.120	2.583	2.921	4.015
17	0.689	0.863	1.069	1.333	1.740	2.110	2.567	2.898	3.965
18	0.688	0.862	1.067	1.330	1.734	2.101	2.552	2.878	3.922
19	0.688	0.861	1.066	1.328	1.729	2.093	2.539	2.861	3.883
20	0.687	0.860	1.064	1.325	1.725	2.086	2.528	2.845	3.850
21	0.686	0.859	1.063	1.323	1.721	2.080	2.518	2.831	3.819
22	0.686	0.858	1.061	1.321	1.717	2.074	2.508	2.819	3.792
23	0.685	0.858	1.060	1.319	1.714	2.069	2.500	2.807	3.767
24	0.685	0.857	1.059	1.318	1.711	2.064	2.492	2.397	3.745
25	0.684	0.856	1.058	1.316	1.708	2.060	2.485	2.787	3.725
26	0.684	0.856	1.058	1.315	1.706	2.056	2.479	2.779	3.707
27	0.684	0.855	1.057	1.314	1.703	2.052	2.473	2.771	3.690
28	0.683	0.855	1.056	1.313	1.701	2.048	2.467	2.733	3.674
29	0.683	0.854	1.055	1.311	1.699	2.045	2.462	2.756	3.659
30	0.683	0.854	1.055	1.310	1.697	2.042	2.457	2.750	3.646
40	0.681	0.851	1.050	1.303	1.684	2.021	2.423	2.704	3.551
60	0.679	0.848	1.046	1.296	1.671	2.000	2.390	2.660	3.460
120	0.677	0.845	1.041	1.289	1.658	1.980	2.358	2.617	3.373
∞	0.674	0.842	1.036	1.282	1.645	1.960	2.362	2.576	3.291

表3　　　　　　　　　　F 分布表

例：自由度 $n_1=5$，$n_2=10$，$P(F>3.33)=0.05$

$P(F>5.64)=0.01$

n_2 中下面的数字是1%的显著水平，上面的数字为5%的显著水平。

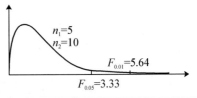

n_2 \ n_1	分子的自由度											
	1	2	3	4	5	6	7	8	9	10	11	12
1	161	200	216	225	230	234	237	239	241	242	243	244
	4 052	4 999	5 403	5 625	5 764	5 859	5 928	5 981	6 022	6 056	6 082	6 106
2	18.51	19.00	19.16	19.25	19.30	19.33	19.36	19.37	19.38	19.39	19.40	19.41
	98.49	99.00	99.17	99.25	99.30	99.33	99.34	99.36	99.38	99.40	99.41	99.42
3	10.13	9.55	9.28	9.12	9.01	8.94	8.88	8.84	8.81	8.78	8.76	8.74
	34.12	30.82	29.46	28.71	28.24	27.91	27.67	27.49	27.34	27.23	27.13	27.05
4	7.71	6.94	6.59	6.39	6.26	6.16	6.09	6.04	6.00	5.96	5.93	5.91
	21.20	18.01	16.69	15.98	15.52	15.21	14.98	14.80	14.66	14.54	14.45	14.37
5	6.61	5.79	5.41	5.19	5.05	4.95	4.88	4.82	4.78	4.74	4.70	4.68
	16.26	13.27	12.06	11.39	10.97	10.67	10.45	10.27	20.15	10.05	9.96	9.89
6	5.99	5.14	4.76	4.53	4.39	4.28	4.21	4.15	4.10	4.06	4.03	4.00
	13.74	10.92	9.78	9.15	8.75	8.47	8.26	8.10	7.98	7.87	7.79	7.72
7	5.59	4.74	4.35	4.12	3.97	3.87	3.79	3.73	3.68	3.63	3.60	3.57
	12.25	9.55	8.45	7.85	7.46	7.19	7.00	6.84	6.71	6.62	6.54	6.47
8	5.32	4.46	4.07	3.84	3.69	3.58	3.50	3.44	3.39	3.34	3.31	3.28
	11.26	8.65	7.59	7.01	6.63	6.37	6.19	6.03	5.91	5.82	5.74	5.67
9	5.12	4.26	3.86	3.63	3.48	3.37	3.29	3.23	3.18	3.13	3.10	3.07
	10.56	8.02	6.99	6.42	6.06	5.80	5.62	5.47	5.35	5.26	5.18	5.11
10	4.96	4.10	3.71	3.48	3.33	3.22	3.14	3.07	3.02	2.97	2.94	2.91
	10.04	7.56	6.55	5.99	5.64	5.39	5.21	5.06	4.95	4.85	4.78	4.71
11	4.84	3.98	3.59	3.36	3.20	3.09	3.01	2.95	2.90	2.86	2.82	2.79
	9.65	7.20	6.22	5.67	5.32	5.07	4.88	4.74	4.63	4.54	4.46	4.40
12	4.75	3.88	3.49	3.26	3.11	3.00	2.92	2.85	2.80	2.76	2.72	2.69
	9.33	6.93	5.95	5.41	5.06	4.82	4.65	4.50	4.39	4.30	4.22	4.16
13	4.67	3.80	3.41	3.18	3.02	2.92	2.84	2.77	2.72	2.67	2.63	2.60
	9.07	6.70	5.74	5.20	4.86	4.62	4.44	4.30	4.19	4.10	4.02	3.96
14	4.60	3.74	3.34	3.11	2.96	2.85	2.77	2.70	2.65	2.60	2.56	2.53
	8.86	6.51	5.56	5.03	4.69	4.46	4.28	4.14	4.03	3.94	3.86	3.80
15	4.54	3.68	3.29	3.06	2.90	2.79	2.70	2.64	2.59	2.55	2.51	2.48
	8.68	6.36	5.42	4.89	4.56	4.32	4.14	4.00	3.89	3.80	3.73	3.67
16	4.49	3.63	3.24	3.01	2.85	2.74	2.66	2.59	2.54	2.49	2.45	2.42
	8.53	6.23	5.29	4.77	4.44	4.20	4.03	3.89	3.78	3.69	3.61	3.55

左侧纵向标注：分母的自由度

续前表

n_2 \ n_1		分子的自由度										
		1	2	3	4	5	6	7	8	9	10	11	12
17		4.45	3.59	3.20	2.96	2.81	2.70	2.62	2.55	2.50	2.45	2.41	2.38
		8.40	6.11	5.18	4.67	4.34	4.10	3.93	3.79	3.68	3.59	3.52	3.45
18		4.41	3.55	3.16	2.93	2.77	2.66	2.58	2.51	2.46	2.41	2.37	2.34
		8.28	6.01	5.09	4.58	4.25	4.01	3.85	3.71	3.60	3.51	3.44	3.37
19		4.38	3.52	3.13	2.90	2.74	2.63	2.55	2.48	2.43	2.38	2.34	2.31
		8.18	5.93	5.01	4.50	4.17	3.94	3.77	3.63	3.52	3.43	3.36	3.30
20		4.35	3.49	3.10	2.87	2.71	2.60	2.52	2.45	2.40	2.35	2.31	2.28
		8.10	5.85	4.94	4.43	4.10	3.87	3.71	3.56	3.45	3.37	3.30	3.23
21		4.32	3.47	3.07	2.84	2.68	2.57	2.49	2.42	2.37	2.32	2.23	2.25
		8.02	5.78	4.87	4.37	4.04	3.81	3.65	3.51	3.40	3.31	3.24	3.17
22		4.30	3.44	3.05	2.82	2.66	2.55	2.47	2.40	2.35	2.30	2.26	2.23
		7.94	5.72	4.82	4.31	3.99	3.76	3.59	3.45	3.35	3.26	3.18	3.12
23		4.28	3.42	3.03	2.80	2.64	2.53	2.45	2.38	2.32	2.28	2.24	2.20
		7.88	5.66	4.76	4.26	3.94	3.71	3.54	3.41	3.30	3.21	3.14	3.07
24		4.26	3.40	3.01	2.78	2.62	2.51	2.43	2.36	2.30	2.26	2.22	2.18
		7.82	5.61	4.72	4.22	3.90	3.67	3.50	3.36	3.25	3.17	3.09	3.03
25		4.24	3.38	2.99	2.76	2.60	2.49	2.41	2.32	2.28	2.24	2.20	2.16
		7.77	5.57	4.68	4.18	3.86	3.63	3.46	3.34	3.21	3.13	3.05	2.99
26		4.22	3.37	2.98	2.74	2.59	2.47	2.39	2.32	2.27	2.22	2.18	2.15
		7.72	5.53	4.64	4.14	3.82	3.59	3.42	3.29	3.17	3.09	3.02	2.96
27		4.21	3.35	2.96	2.73	2.57	2.46	2.37	2.30	2.25	2.20	2.16	2.13
		7.68	5.49	4.60	4.11	3.79	3.56	3.39	3.26	3.14	3.06	2.98	2.93
28		4.20	3.34	2.95	2.71	2.56	2.44	2.36	2.29	2.24	2.19	2.15	2.12
		7.64	5.45	4.57	4.07	3.76	3.53	3.36	3.23	3.11	3.03	2.95	2.90
29		4.18	3.33	2.93	2.70	2.54	2.43	2.35	2.28	2.22	2.18	2.14	2.10
		7.60	5.42	4.54	4.04	3.73	3.50	3.33	3.20	3.08	3.00	2.92	2.87
30		4.17	3.32	2.92	2.69	2.53	2.42	2.34	2.27	2.21	2.16	2.12	2.09
		7.56	5.39	4.51	4.02	3.70	3.47	3.30	3.17	3.06	2.98	2.90	2.84
32		4.15	3.30	2.90	2.67	2.51	2.40	2.32	2.25	2.19	2.14	2.10	2.07
		7.50	5.34	4.46	3.97	3.66	3.42	3.25	3.12	3.01	2.94	2.86	2.80
34		4.13	3.28	2.88	2.65	2.49	2.38	2.30	2.23	2.17	2.12	2.08	2.50
		7.44	5.29	4.42	3.93	6.61	3.38	3.21	3.08	2.97	2.89	2.82	2.76
36		4.11	3.26	2.86	2.63	2.48	2.36	2.28	2.21	2.15	2.10	2.06	2.03
		7.39	5.25	4.38	3.80	3.58	3.35	3.18	3.04	2.94	2.86	2.78	2.72
38		4.10	3.25	2.85	2.62	2.46	2.35	2.26	2.19	2.14	2.09	2.05	2.02
		7.35	5.21	4.34	3.86	3.54	3.32	3.15	3.02	2.91	2.82	2.75	2.69

分母的自由度

续前表

n_2	n_1	1	2	3	4	5	6	7	8	9	10	11	12
							分子的自由度						
分母的自由度	40	4.08	3.23	2.84	2.61	2.45	2.34	2.25	2.18	2.12	2.07	2.04	2.00
		7.31	5.18	4.31	3.83	3.51	3.29	3.12	2.99	2.88	2.80	2.73	2.66
	42	4.07	3.22	2.83	2.59	2.44	2.32	2.24	2.17	2.11	2.06	2.02	1.99
		7.27	5.15	4.29	3.80	3.49	3.26	3.10	2.96	2.86	2.77	2.70	2.64
	44	4.06	3.21	2.82	2.58	2.43	2.31	2.23	2.16	2.10	2.05	2.01	1.98
		7.24	5.12	4.26	3.78	3.46	3.24	3.07	2.94	2.84	2.75	2.68	2.62
	46	4.05	3.20	2.81	2.57	2.42	2.30	2.22	2.14	2.09	2.04	2.00	1.97
		7.21	5.10	4.24	3.76	3.44	3.22	3.05	2.92	2.82	2.73	2.66	2.60
	48	4.04	3.19	2.80	2.56	2.41	2.30	2.21	2.14	2.08	2.03	1.99	1.96
		7.19	5.08	4.22	3.74	3.42	3.20	3.04	2.90	2.80	2.71	2.64	2.58
	50	4.03	3.18	2.79	2.56	2.40	2.29	2.20	2.13	2.07	2.02	1.98	1.95
		7.17	5.06	4.20	3.72	3.41	3.18	3.02	2.88	2.78	2.70	2.62	2.56
	55	4.02	3.17	2.78	2.54	2.38	2.27	2.18	2.11	2.05	2.00	1.97	1.93
		7.12	5.01	4.16	3.68	3.37	3.15	2.98	2.85	2.75	2.66	2.59	2.53
	60	4.00	3.15	2.76	2.52	2.37	2.25	2.17	2.10	2.04	1.99	1.95	1.92
		7.08	4.98	4.13	3.65	3.34	3.12	2.95	2.82	2.72	2.63	2.56	2.50
	65	3.99	3.14	2.75	2.51	2.36	2.24	2.15	2.08	2.02	1.98	1.94	1.90
		7.04	4.95	4.10	3.62	3.31	3.09	2.93	2.79	2.70	2.61	2.54	2.47
	70	3.98	3.13	2.74	2.50	2.35	2.23	2.14	2.07	2.01	1.97	1.93	1.89
		7.01	4.92	4.08	3.60	3.29	3.07	2.91	2.77	2.67	2.59	2.51	2.45
	80	3.96	3.11	2.72	2.48	2.33	2.21	2.12	2.05	1.99	1.95	1.91	1.88
		6.96	4.88	4.04	3.56	3.25	3.04	2.87	2.74	2.64	2.55	2.48	2.41
	100	3.94	3.09	2.70	2.46	2.30	2.19	2.10	2.03	1.97	1.92	1.88	1.85
		6.90	4.82	3.98	3.51	3.20	2.99	2.82	2.69	2.59	2.51	2.43	2.36
	125	3.92	3.07	2.68	2.44	2.29	2.17	2.08	2.01	1.95	1.90	1.86	1.83
		6.84	4.78	3.94	3.47	3.17	2.95	2.79	2.65	2.56	2.47	2.40	2.33
	150	3.91	3.06	2.67	2.43	2.27	2.16	2.07	2.00	1.94	1.89	1.85	1.82
		6.81	4.75	3.91	3.44	3.14	2.92	2.76	2.62	2.53	2.44	2.37	2.30
	200	3.89	3.04	2.65	2.41	2.26	2.14	2.05	1.98	1.92	1.87	1.83	1.80
		6.76	4.71	3.88	3.41	3.11	2.90	2.73	2.60	2.50	2.41	2.34	2.28
	400	3.86	3.02	2.62	2.39	2.23	2.12	2.03	1.96	1.90	1.85	1.81	1.78
		6.70	4.66	3.83	3.36	3.06	2.85	2.69	2.55	2.46	2.37	2.29	2.33
	1 000	3.85	3.00	1.61	2.38	2.22	2.10	2.02	1.95	1.89	1.84	1.80	1.76
		6.66	4.62	3.80	3.34	3.04	2.82	2.66	2.53	2.43	2.34	2.26	2.20
	∞	3.84	2.99	2.60	2.37	2.21	2.09	2.01	1.94	1.88	1.83	1.79	1.75
		6.64	4.60	3.78	3.32	3.02	2.80	2.64	2.51	2.41	2.32	2.24	2.18

续前表

n_2	n_1	分子的自由度											
		14	16	20	24	30	40	50	75	100	200	500	∞
1		245	246	248	249	250	251	252	253	253	254	254	254
		6 142	6 169	6 208	6 234	6 258	6 286	6 302	6 323	6 334	6 352	6 361	6 366
2		19.42	19.43	19.44	19.45	19.46	19.47	19.47	19.48	19.49	19.49	19.50	19.50
		99.43	99.44	99.45	99.46	99.47	99.48	99.48	99.49	99.49	99.49	99.50	99.50
3		8.71	8.69	8.66	8.64	8.62	8.60	8.58	8.57	8.56	8.54	8.54	8.53
		26.92	26.83	26.69	26.60	26.50	26.41	26.35	26.27	26.23	26.18	26.14	26.12
4		5.87	5.84	5.80	5.77	5.74	5.71	5.70	5.68	5.66	5.65	5.64	5.63
		14.24	14.15	14.02	13.93	13.83	13.74	13.69	13.61	13.57	13.52	13.48	13.46
5		4.64	4.60	4.56	4.53	4.50	4.46	4.44	4.42	4.40	4.38	4.37	4.36
		9.77	9.68	9.55	9.47	9.38	9.29	9.24	9.17	9.13	9.07	9.04	9.02
6		3.96	3.92	3.87	3.84	3.81	3.77	3.75	3.72	3.71	3.69	3.68	3.67
		7.60	7.52	7.39	7.31	7.23	7.14	7.09	7.02	6.99	6.94	6.90	6.88
7		3.52	3.49	3.44	3.41	3.38	3.34	3.32	3.29	3.28	3.25	3.24	3.23
		6.35	6.27	6.15	6.07	5.98	5.90	5.85	5.78	5.75	5.70	5.67	5.65
8		3.23	3.20	3.15	3.12	3.08	3.05	3.03	3.00	2.98	2.96	2.94	2.93
		5.56	5.48	5.36	5.28	5.20	5.11	5.06	5.00	4.96	4.91	4.88	4.86
9		3.02	2.98	2.93	2.90	2.86	2.82	2.80	2.77	2.76	2.73	2.72	2.71
		5.00	4.92	4.80	4.73	4.64	4.56	4.51	4.45	4.41	4.36	4.33	4.31
10		2.86	2.82	2.77	2.74	2.70	2.67	2.64	2.61	2.59	2.56	2.55	2.54
		4.60	4.52	4.41	4.33	4.25	4.17	4.12	4.05	4.01	3.96	3.93	3.94
11		2.74	2.70	2.65	2.61	2.57	2.53	2.50	2.47	2.45	2.42	2.41	2.40
		4.29	4.21	4.10	4.02	3.94	3.86	3.80	3.74	3.70	3.66	3.62	3.60
12		2.64	2.60	2.54	2.50	2.46	2.42	2.40	2.36	2.35	2.32	2.31	2.30
		4.05	3.98	3.86	3.78	3.70	3.61	3.56	3.49	3.46	3.41	3.38	3.36
13		2.55	2.51	2.46	2.42	2.38	2.34	2.32	2.28	2.26	1.24	2.22	2.21
		3.85	3.78	3.67	3.59	3.15	3.42	3.37	3.30	3.27	3.21	3.18	3.16
14		2.48	2.44	2.39	2.35	2.31	2.27	2.24	2.21	2.19	2.16	2.14	2.13
		3.70	3.62	3.51	3.43	3.34	3.26	3.21	3.14	3.11	3.06	3.02	3.00
15		2.43	2.39	2.33	2.29	2.25	2.21	2.18	2.15	2.12	2.10	2.08	2.07
		3.56	3.48	3.36	3.29	3.20	3.12	3.07	3.00	2.97	2.92	2.89	2.87
16		2.37	2.33	2.28	2.24	2.20	2.16	2.13	2.09	2.07	2.04	2.02	2.01
		3.45	3.37	3.25	3.18	3.10	3.01	2.96	2.89	2.86	2.80	2.77	2.75
17		2.33	2.29	2.23	2.19	2.15	2.11	2.08	2.04	2.02	1.99	1.97	1.96
		3.35	3.27	3.16	3.08	3.00	2.92	2.86	2.79	2.76	2.70	2.67	2.65
18		2.29	2.25	2.19	2.15	2.11	2.07	2.04	2.00	1.98	1.95	1.93	1.92
		3.27	3.19	3.07	3.00	2.91	2.83	2.78	2.71	2.68	2.62	2.59	2.57
19		2.26	2.21	2.15	2.11	2.07	2.02	2.00	1.96	1.94	1.91	1.90	1.88
		3.19	3.12	3.00	2.92	2.84	2.76	2.70	2.63	2.60	2.54	2.51	2.49

分母的自由度

续前表

n_2 \\ n_1	14	16	20	24	30	40	50	75	100	200	500	∞
20	2.23	2.18	2.12	2.08	2.04	1.99	1.96	1.92	1.90	1.87	1.85	1.84
	3.13	3.05	2.94	2.86	2.77	2.69	2.63	2.56	2.53	2.47	2.44	2.42
21	2.20	2.15	2.09	2.05	2.00	1.96	1.93	1.89	1.87	1.84	1.82	1.81
	3.07	2.99	2.88	2.80	2.72	2.63	2.58	2.51	2.47	2.42	2.38	2.36
22	2.18	2.13	2.07	2.03	1.98	1.93	1.91	1.87	1.84	1.81	1.80	1.78
	3.02	2.94	2.83	2.75	2.67	2.58	2.53	2.46	2.42	2.37	2.33	2.31
23	2.14	2.10	2.04	2.00	1.96	1.91	1.88	1.84	1.82	1.79	1.77	1.76
	2.97	2.89	2.78	2.79	2.62	2.53	2.48	2.41	2.37	2.32	2.28	2.26
24	2.13	2.09	2.02	1.98	1.94	1.89	1.86	1.82	1.80	1.76	1.74	1.73
	2.93	2.85	2.74	2.66	2.58	2.49	2.44	2.36	2.33	2.27	2.23	2.21
25	2.11	2.06	2.00	1.96	1.92	1.87	1.84	1.80	1.77	1.74	1.72	1.71
	2.89	2.81	2.70	2.62	2.54	2.45	2.40	2.32	2.29	2.23	2.19	2.17
26	2.10	2.05	1.99	1.95	1.90	1.85	1.82	1.78	1.76	1.72	1.70	1.69
	2.86	2.77	2.66	2.58	2.50	2.41	2.36	2.28	2.25	2.19	2.15	2.13
27	2.08	2.03	1.97	1.93	1.88	1.84	1.80	1.76	1.74	1.71	1.68	1.67
	2.83	2.74	2.63	2.55	2.47	2.38	2.33	2.25	2.21	2.16	2.12	2.10
28	2.06	2.02	1.96	1.91	1.87	1.81	1.78	1.75	1.72	1.69	1.67	1.65
	2.80	2.71	2.60	2.52	2.44	2.35	2.30	2.22	2.18	2.13	2.09	2.06
29	2.05	2.00	1.94	1.90	1.85	1.80	1.77	1.73	1.71	1.68	1.65	1.64
	2.77	2.68	2.57	2.49	2.41	2.32	2.27	2.19	2.15	2.10	2.06	2.03
30	2.04	1.99	1.93	1.89	1.84	1.79	1.76	1.72	1.69	1.66	1.64	1.62
	2.74	2.66	2.55	2.47	2.38	2.29	2.24	2.16	2.13	2.07	2.03	2.01
32	2.02	1.97	1.91	1.86	1.82	1.76	1.74	1.69	1.67	1.64	1.61	1.59
	2.70	2.62	2.51	2.42	2.34	2.25	2.20	2.12	2.08	2.02	1.98	1.96
34	2.00	1.95	1.89	1.84	1.80	1.74	1.71	1.67	1.64	1.61	1.59	1.57
	2.66	2.58	2.47	2.38	2.30	2.21	2.15	2.08	2.04	1.98	1.94	1.91
36	1.98	1.93	1.87	1.82	1.78	1.72	1.69	1.65	1.62	1.59	1.56	1.55
	2.62	3.54	2.43	2.35	2.26	2.17	2.12	2.04	2.00	1.94	1.90	1.87
38	1.96	1.92	1.85	1.80	1.76	1.71	1.67	1.63	1.60	1.57	1.54	1.53
	2.59	2.51	2.40	2.32	2.22	2.14	2.08	2.00	1.97	1.90	1.86	1.84
40	1.95	1.90	1.84	1.79	1.74	1.69	1.66	1.61	1.59	1.55	1.53	1.51
	2.56	2.49	2.37	2.29	2.20	2.11	2.05	1.97	1.94	1.88	1.84	1.81
42	1.94	1.89	1.82	1.78	1.73	1.68	1.64	1.60	1.57	1.54	1.51	1.49
	2.54	2.46	2.35	2.26	2.17	2.08	2.02	1.94	1.91	1.85	1.80	1.78
44	1.92	1.88	1.81	1.76	1.72	1.66	1.63	1.58	1.56	1.52	1.50	1.48
	2.52	2.44	2.32	2.24	2.15	2.06	2.00	1.92	1.88	1.82	1.78	1.75
46	1.91	1.87	1.80	1.75	1.71	1.65	1.62	1.57	1.54	1.51	1.48	1.46
	2.50	2.42	2.30	2.22	2.13	2.04	1.98	1.90	1.86	1.80	1.76	1.72

续前表

n_2	n_1	分子的自由度											
		14	16	20	24	30	40	50	75	100	200	500	∞
分母的自由度	48	1.90	1.86	1.79	1.74	1.70	1.64	1.61	1.56	1.53	1.50	1.47	1.45
		2.48	2.40	2.28	2.20	2.11	2.02	1.96	1.88	1.84	1.78	1.73	1.70
	50	1.90	1.85	1.78	1.74	1.69	1.63	1.60	1.55	1.52	1.48	1.46	1.44
		2.46	2.39	2.26	2.18	2.10	2.00	1.94	1.86	1.82	1.76	1.71	1.68
	55	1.88	1.83	1.76	1.72	1.67	1.61	1.58	1.52	1.50	1.46	1.43	1.41
		2.43	2.35	2.23	2.15	2.06	1.96	1.90	1.82	1.78	1.71	1.66	1.64
	60	1.86	1.81	1.75	1.70	1.65	1.59	1.56	1.50	1.48	1.44	1.41	1.39
		2.40	2.32	2.20	2.12	2.03	1.93	1.87	1.79	1.74	1.68	1.63	1.60
	65	1.85	1.80	1.73	1.68	1.63	1.57	1.54	1.49	1.46	1.42	1.39	1.37
		2.37	2.30	2.18	2.09	2.00	1.90	1.84	1.76	1.71	1.64	1.60	1.56
	70	1.84	1.79	1.72	1.67	1.62	1.56	1.53	1.47	1.45	1.40	1.37	1.35
		2.35	2.28	2.15	2.07	1.98	1.88	1.82	1.74	1.69	1.62	1.56	1.53
	80	1.82	1.77	1.70	1.65	1.60	1.54	1.51	1.45	1.42	1.38	1.35	1.32
		2.32	2.24	2.11	2.03	1.94	1.84	1.78	1.70	1.65	1.57	1.52	1.49
	100	1.79	1.75	1.68	1.63	1.57	1.51	1.48	1.42	1.39	1.34	1.30	1.28
		2.26	2.19	2.06	1.98	1.89	1.79	1.73	1.64	1.59	1.51	1.46	1.43
	125	1.77	1.72	1.65	1.60	1.55	1.49	1.45	1.39	1.36	1.31	1.27	1.25
		2.23	2.15	2.03	1.94	1.85	1.75	1.68	1.59	1.54	1.46	1.40	1.37
	150	1.76	1.71	1.64	1.59	1.54	1.47	1.44	1.37	1.34	1.29	1.25	1.22
		2.20	2.12	2.00	1.91	1.83	1.72	1.66	1.56	1.51	1.43	1.37	1.33
	200	1.74	1.69	1.62	1.57	1.52	1.45	1.42	1.35	1.32	1.26	1.22	1.19
		2.17	2.09	1.97	1.88	1.79	1.69	1.62	1.53	1.48	1.39	1.33	1.28
	400	1.72	1.67	1.60	1.54	1.49	1.42	1.38	1.32	1.28	1.22	1.16	1.13
		2.12	2.04	1.92	1.84	1.74	1.64	1.57	1.47	1.42	1.32	1.24	1.19
	1 000	1.70	1.65	1.58	1.53	1.47	1.41	1.36	1.30	1.26	1.19	1.13	1.08
		2.09	2.01	1.89	1.81	1.71	1.61	1.54	1.44	1.38	1.28	1.19	1.11
	∞	1.67	1.64	1.57	1.52	1.46	1.40	1.35	1.28	1.24	1.17	1.11	1.00
		2.07	1.99	1.87	1.79	1.69	1.59	1.52	1.41	1.36	1.25	1.15	1.00

表 4　　　　　　　　　　　　　　　　DW 检验上下界表

n 是观测值的数目；k 是解释变量的数目，包括常数项。　　　　　　　　　　　　　　　5% 的上下界

n	$k=2$		$k=3$		$k=4$		$k=5$		$k=6$	
	d_L	d_U	d_L	d_U	d_L	d_U	d_L	d_U	d_L	d_U
15	1.08	1.36	0.95	1.54	0.82	1.75	0.69	1.97	0.56	2.21
16	1.10	1.37	0.98	1.54	0.86	1.73	0.74	1.93	0.62	2.15
17	1.13	1.38	1.02	1.54	0.90	1.71	0.78	1.90	0.67	2.10
18	1.16	1.39	1.05	1.53	0.93	1.69	0.82	1.87	0.71	2.06
19	1.18	1.40	1.08	1.53	0.97	1.68	0.86	1.85	0.75	2.02
20	1.20	1.41	1.10	1.54	1.00	1.68	0.90	1.83	0.79	1.99
21	1.22	1.42	1.13	1.54	1.03	1.67	0.93	1.81	0.83	1.96
22	1.24	1.43	1.15	1.54	1.05	1.66	0.96	1.80	0.86	1.94
23	1.26	1.44	1.17	1.54	1.08	1.66	0.99	1.79	0.90	1.92
24	1.27	1.45	1.19	1.55	1.10	1.66	1.01	1.78	0.93	1.90
25	1.29	1.45	1.21	1.55	1.12	1.66	1.04	1.77	0.95	1.89
26	1.30	1.46	1.22	1.55	1.14	1.65	1.06	1.76	0.98	1.88
27	1.32	1.47	1.24	1.56	1.16	1.65	1.08	1.76	1.01	1.86
28	1.33	1.48	1.26	1.56	1.18	1.65	1.10	1.75	1.03	1.85
29	1.34	1.48	1.27	1.56	1.20	1.65	1.12	1.74	1.05	1.84
30	1.35	1.49	1.28	1.57	1.21	1.65	1.14	1.74	1.07	1.83
31	1.36	1.50	1.30	1.57	1.23	1.65	1.16	1.74	1.09	1.83
32	1.37	1.50	1.31	1.57	1.24	1.65	1.18	1.73	1.11	1.82
33	1.38	1.51	1.32	1.58	1.26	1.65	1.19	1.73	1.13	1.81
34	1.39	1.51	1.33	1.58	1.27	1.65	1.21	1.73	1.15	1.81
35	1.40	1.52	1.34	1.58	1.28	1.65	1.22	1.73	1.16	1.80
36	1.41	1.52	1.35	1.59	1.29	1.65	1.24	1.73	1.18	1.80
37	1.42	1.53	1.26	1.59	1.31	1.66	1.25	1.72	1.19	1.80
38	1.43	1.54	1.37	1.59	1.32	1.66	1.26	1.72	1.21	1.79
39	1.43	1.54	1.38	1.60	1.33	1.66	1.27	1.72	1.22	1.79
40	1.44	1.54	1.39	1.60	1.34	1.66	1.29	1.72	1.23	1.79
45	1.48	1.57	1.43	1.62	1.38	1.67	1.34	1.72	1.29	1.78
50	1.50	1.59	1.46	1.63	1.42	1.67	1.38	1.72	1.34	1.77
55	1.53	1.60	1.49	1.64	1.45	1.68	1.41	1.72	1.38	1.77
60	1.55	1.62	1.51	1.65	1.48	1.69	1.44	1.73	1.41	1.77
65	1.57	1.63	1.54	1.66	1.50	1.70	1.47	1.73	1.44	1.77
70	1.58	1.64	1.55	1.67	1.52	1.70	1.49	1.74	1.46	1.77
75	1.60	1.65	1.57	1.68	1.54	1.71	1.51	1.74	1.49	1.77
80	1.61	1.66	1.59	1.69	1.56	1.72	1.53	1.74	1.51	1.77
85	1.62	1.67	1.60	1.70	1.57	1.72	1.55	1.75	1.52	1.77
90	1.63	1.68	1.61	1.70	1.59	1.73	1.57	1.75	1.54	1.78
95	1.64	1.69	1.62	1.71	1.60	1.73	1.58	1.75	1.56	1.78
100	1.65	1.69	1.63	1.72	1.61	1.74	1.59	1.76	1.57	1.78

续前表

n	$k=2$		$k=3$		$k=4$		$k=5$		$k=6$	
	d_L	d_U	d_L	d_U	d_L	d_U	d_L	d_U	d_L	d_U
15	0.81	1.07	0.70	1.25	0.59	1.46	0.49	1.70	0.39	1.96
16	0.84	1.09	0.74	1.25	0.63	1.44	0.53	1.66	0.44	1.90
17	0.87	1.10	0.77	1.25	0.67	1.43	0.57	1.63	0.48	1.85
18	0.90	1.12	0.80	1.26	0.71	1.42	0.61	1.60	0.52	1.80
19	0.93	1.13	0.83	1.26	0.74	1.41	0.65	1.58	0.56	1.77
20	0.95	1.15	0.86	1.27	0.77	1.41	0.68	1.57	0.60	1.74
21	0.97	1.16	0.89	1.27	0.80	1.41	0.72	1.55	0.63	1.71
22	1.00	1.17	0.91	1.28	0.83	1.40	0.75	1.54	0.66	1.69
23	1.02	1.19	0.94	1.29	0.86	1.40	0.77	1.53	0.70	1.67
24	1.04	1.20	0.96	1.30	0.88	1.41	0.80	1.53	0.72	1.66
25	1.05	1.21	0.98	1.30	0.90	1.41	0.83	1.52	0.75	1.65
26	1.07	1.22	1.00	1.31	0.93	1.41	0.85	1.52	0.78	1.64
27	1.09	1.23	1.02	1.32	0.95	1.41	0.88	1.51	0.81	1.63
28	1.10	1.24	1.04	1.32	0.97	1.41	0.90	1.51	0.83	1.62
29	1.12	1.25	1.05	1.33	0.99	1.42	0.92	1.51	0.85	1.61
30	1.13	1.26	1.07	1.34	1.01	1.42	0.94	1.51	0.88	1.61
31	1.15	1.27	1.08	1.34	1.02	1.42	0.96	1.51	0.90	1.60
32	1.16	1.28	1.10	1.35	1.04	1.43	0.98	1.51	0.92	1.60
33	1.17	1.29	1.11	1.36	1.05	1.43	1.00	1.51	0.94	1.59
34	1.18	1.30	1.13	1.36	1.07	1.43	1.01	1.51	0.95	1.59
35	1.19	1.31	1.14	1.37	1.08	1.44	1.03	1.51	0.97	1.59
36	1.21	1.32	1.15	1.38	1.10	1.44	1.04	1.51	0.99	1.59
37	1.22	1.32	1.16	1.38	1.11	1.45	1.06	1.51	1.00	1.59
38	1.23	1.33	1.18	1.39	1.12	1.45	1.07	1.52	1.02	1.58
39	1.24	1.34	1.19	1.39	1.14	1.45	1.09	1.52	1.03	1.58
40	1.25	1.34	1.20	1.40	1.15	1.46	1.10	1.52	1.05	1.58
45	1.29	1.38	1.24	1.42	1.20	1.48	1.16	1.53	1.11	1.58
50	1.32	1.40	1.28	1.45	1.24	1.49	1.20	1.54	1.16	1.59
55	1.36	1.43	1.32	1.47	1.28	1.51	1.25	1.55	1.21	1.59
60	1.38	1.45	1.35	1.48	1.32	1.52	1.28	1.56	1.25	1.60
65	1.41	1.47	1.38	1.50	1.35	1.53	1.31	1.57	1.28	1.61
70	1.43	1.49	1.40	1.52	1.37	1.55	1.34	1.58	1.31	1.61
75	1.45	1.50	1.42	1.53	1.39	1.56	1.37	1.59	1.34	1.62
80	1.47	1.52	1.44	1.54	1.42	1.57	1.39	1.60	1.36	1.62
85	1.48	1.53	1.46	1.55	1.43	1.58	1.41	1.60	1.39	1.63
90	1.50	1.54	1.47	1.56	1.45	1.59	1.43	1.61	1.41	1.64
95	1.51	1.55	1.49	1.57	1.47	1.60	1.45	1.62	1.42	1.64
100	1.52	1.56	1.50	1.58	1.48	1.60	1.46	1.63	1.44	1.65

参考文献

[1] 何晓群. 回归分析与经济数据建模. 北京：中国人民大学出版社，1997.

[2] 陈希孺，王松桂. 近代回归分析. 合肥：安徽教育出版社，1987.

[3] 约翰·内特. 应用线性回归模型. 张勇，王国明，赵秀珍，译. 北京：中国统计出版社，1990.

[4] 达摩达尔·N. 古扎拉蒂. 计量经济学基础：第四版. 费建平，孙春霞，等译. 北京：中国人民大学出版社，2005.

[5] 方开泰. 实用回归分析. 北京：科学出版社，1988.

[6] 张尧庭，等. 定性资料的统计分析. 桂林：广西师范大学出版社，1991.

[7] 周纪芗. 回归分析. 上海：华东师范大学出版社，1993.

[8] 张寿，于清文. 计量经济学. 上海：上海交通大学出版社，1984.

[9] 李子奈. 计量经济学：方法和应用. 北京：清华大学出版社，1992.

[10] 王国梁，等. 问卷调查资料的一种统计分析方法：Logistic 回归模型. 统计研究，1991 (2).

[11] 卢文岱. SPSS for Windows 统计分析. 3 版. 北京：电子工业出版社，2006.

[12] 何晓群，等. 多元统计分析在考试评价中的应用. 国家教育部课题报告，2000.

[13] 陆游，等. 维生素 C 注射液抗变色配方的优选//均匀设计应用论文选（第一集）. 北京：[出版者不详]，1995.

[14] 徐秀兰，等. 均匀设计试验法在内燃机试验中的应用. 农业工程学报，1998 (12).

[15] 贾俊平. 统计学. 北京：中国人民大学出版社，2007.

[16] 何晓群，刘文卿. 关于加权最小二乘法的探讨. 统计研究，2006 (4).

[17] 何晓群，刘文卿. 应用回归分析. 2 版. 北京：中国人民大学出版社，2007.

[18] A. E. Hoerl，R. W. Kennard. Ridge Regression：Biased Estimation for Non-orthogonal Problems. Technometrics，1970 (12)：55−88.

[19] G. C. McDonald，R. C. Schwing. Instabilities of Regression Estimates Relating

Air Pollution to Mortality. Technometrics, 1973 (15): 463-481.

[20] He Xiaoqun. The Applications of Principal Component Estimation to Grain Production Analysis Model. 50th Session of the International Statistical Institute, Beijing, 1995.

[21] G. A. F. Seber. Linear Regression Analysis. New York: John Wiley, 1977.

[22] He Xiaoqun. Multiple Variable Statistical Analysis of the Causes of National Income Growth in China. IS MAA. Hong Kong, 1992.

[23] N. R. Draper, H. Smith. Applied Regression Analysis. New York: John Wiley, 1981.

[24] L. E. Frank, J. H. Friedman. A Statistical View of Some Chemometrics Regression Tools. Technometrics, 1993, 35 (2): 109-135.

[25] D. A. Ratkowsky. Handbook of Nonlinear Regression Models. New York: Marcel Dekker, 1990.

[26] J. Durbin, G. S. Watson. Testing for Serial Correlation in Least Squares Regression. II. Biometrika, 1951, 38: 159-177.

中国人民大学出版社 理工出版分社

教师教学服务说明

中国人民大学出版社理工出版分社以出版经典、高品质的统计学、数学、心理学、物理学、化学、计算机、电子信息、人工智能、环境科学与工程、生物工程、智能制造等领域的各层次教材为宗旨。

为了更好地为一线教师服务，理工出版分社着力建设了一批数字化、立体化的网络教学资源。教师可以通过以下方式获得免费下载教学资源的权限：

★ 在中国人民大学出版社网站 www.crup.com.cn 进行注册，注册后进入"会员中心"，在左侧点击"我的教师认证"，填写相关信息，提交后等待审核。我们将在一个工作日内为您开通相关资源的下载权限。

★ 如您急需教学资源或需要其他帮助，请加入教师 QQ 群或在工作时间与我们联络。

中国人民大学出版社 理工出版分社

🔔 **教师 QQ 群：** 229223561(统计2组) 982483700(数据科学) 361267775(统计1组)
教师群仅限教师加入，入群请备注（学校＋姓名）

☎ **联系电话：** 010-62511967，62511076

✉ **电子邮箱：** lgcbfs@crup.com.cn

📍 **通讯地址：** 北京市海淀区中关村大街 31 号中国人民大学出版社 507 室（100080）